CHOUSHUI XUNENG DIANZHAN
SHEBEI XUNDINGJIAN GUANLI

抽水蓄能电站
设备巡定检管理

华东天荒坪抽水蓄能有限责任公司　组编

中国电力出版社
CHINA ELECTRIC POWER PRESS

内 容 提 要

为更好适应抽水蓄能电站设备全过程、全寿命管理，实行以设备巡检和定检管理为核心的设备维修管理体系，本书结合抽水蓄能电站人员少及装备技术含量高的实际情况，希望在设备专业化、精细化巡定检管理及其标准化、信息化建设等方面提供借鉴。

本书内容主要包括抽水蓄能电站设备巡定检管理、巡检项目及要点、定检项目及要点、巡定检管理信息化建设等。

本书适用于抽水蓄能电站设备巡定检管理，尤其对新建抽水蓄能电站巡定检管理提供有益帮助，也可为常规水电站设备巡定检管理提供参考，还可为新进抽水蓄能运维人员提供学习用书。

图书在版编目（CIP）数据

抽水蓄能电站设备巡定检管理/华东天荒坪抽水蓄能有限责任公司组编．—北京：中国电力出版社，2018.4

ISBN 978-7-5198-2769-4

Ⅰ.①抽… Ⅱ.①华… Ⅲ.①抽水蓄能水电站—设备—巡回检测 Ⅳ.①TV743

中国版本图书馆CIP数据核字（2018）第279249号

出版发行：中国电力出版社
地　　址：北京市东城区北京站西街19号（邮政编码100005）
网　　址：http://www.cepp.sgcc.com.cn
责任编辑：孙建英（010-63412369）
责任校对：黄　蓓　郝军燕
装帧设计：赵丽媛
责任印制：蔺义舟

印　　刷：北京雁林吉兆印刷有限公司
版　　次：2018年4月第一版
印　　次：2018年4月北京第一次印刷
开　　本：787毫米×1092毫米　16开本
印　　张：20.25
字　　数：472千字
印　　数：0001—3000册
定　　价：128.00元

编　委　会

主　　编　李浩良　孙华平

副 主 编　姜　丰　万正喜　王海涛

编写人员（按姓氏笔画）

万正喜　王海涛　田　伟　朱德全

吴军锋　邹中林　范建强

审核人员（按姓氏笔画）

万正喜　王海涛　叶　林　田　伟

朱兴兵　杨众杰　郑小刚　赵毅锋

姜　丰

前言

抽水蓄能电站属装备密集型企业，人员少，技术含量高，电站设备设施是企业生产经营的物质基础和资产管理的主要内容，是电站实现安全、经济、节能环保运行过程中的重要环节。“工欲善其事，必先利其器”，加强设备定期巡检和检修维护管理，建立设备的健康档案，是对电力设备发展的、动态的、宏观的现代化管理要求，也是当今世界设备管理实践的先进理念和成功模式，还是实现电力设备资产可靠性和经济性的有效途径。

当前，我国电力体制改革不断深化，持续推进，在不断降低生产运行成本，追求经济效益最大化的要求下，抽水蓄能电站巡定检管理强调设备的全员、全过程、全寿命管理，从传统的以修为主转变为以管为主，实行以设备巡检和定检管理为核心的设备维修管理体制。通过完善巡检基础上的定修的这种设备维修管理体制，能使设备的可靠性和经济性达到最佳配合。在抽水蓄能电站这样一个资产密集型行业推行巡检定修制，是与电力行业的发展和电力体制改革的深入相符的，也符合电力行业集团化运作，集约化、专业化、精细化管理，标准化、信息化建设的总体要求和以安全生产管理为目标的发展方向。

本书系统地介绍了抽水蓄能电站设备巡定检管理的基本概念和理论，重点为巡定检管理的项目、要点和标准，包括巡定检标准制订、实施模式、实施具体步骤、计划编制、信息系统的接口等。本书力求结构严谨，内容丰富详实，易于理解，针对性强，具备较强的可操作性，特别是巡定检实施中的常见问题的解决办法，是众多一线巡检专工的经验汇集，更是编者长期工程实施经验的总结。编者将多年来在发电企业培训和实施巡定检系统的经验融合到本书中，使得本书成为一本很好的巡定检工作实施的参考书。希望本书对推动我国抽水蓄能电站巡定检工作、提高电力设备管理水平、促进巡定检人员技术水平起到积极作用。

本书共分七章，包括：概述，抽水蓄能电站设备巡定检管理的重要性，抽水蓄能电站设备巡检管理，抽水蓄能电站设备定检管理，抽水蓄能电站设备巡检项目及要点，抽水蓄能电站设备定检项目及要点，抽水蓄能电站设备巡定检管理信息化建设。

本书第一、二章由李浩良编写，第三章由万正喜编写，第四章由王海涛编写，第五章由万正喜、吴军锋、邹中林编写，第六章由王海涛、田伟、朱德全编写，第七章由王海涛、范建强编写。李浩良和孙华平担任主编，并负责全书的策划、组织与统审工作。全书目录策划由李浩良、王海涛、邹中林完成，朱兴兵、姜丰、万正喜、王海涛、赵毅锋、郑小刚、叶林、田伟、杨众杰对本书各专业内容进行审核并提出很多宝贵建议。

本书在编写的过程中，得到了国网新源华东天荒坪抽水蓄能有限责任公司相关人员及我国其他抽水蓄能部分单位的大力支持，尤其是许多来自生产一线员工的支持，他们提出了许多实施过程中的宝贵意见，在此一并表示感谢。

本书内容虽然经过多年认真编写和实际运用，但限于编者水平，书中难免还存在缺点和错误，欢迎广大读者批评指正。

编　者

2018 年 2 月

目　录

第一章 概　　述

第一节 抽水蓄能电站概况与发展

抽水蓄能电站在电力系统中具有调峰填谷、调频、调相、紧急事故备用和黑启动等多种功能，它成为现代电力系统有效的、不可缺少的调节工具。对于大型火电机组，特别是核电机组在电网中所占比重越来越大的今天，抽水蓄能电站发挥着越来越重要的作用。它与火（核）电机组配合运行，能节约燃料，提高火（核）电设备利用率，改善电网供电环境和质量，提高电网运行的灵活性和可靠性，确保电网安全、稳定、经济运行。先进的运行管理模式，合理的运营调度将更有利于抽水蓄能电站发挥和创造更大的经济效益，更有利于促进社会经济协调发展、环境保护和资源节约，对电力市场总体经济性具有关键性的影响。随着风电、光伏等新能源以及特高压电网的快速发展，在电力系统稳定器、调节器、平衡器和储能器的重要功用不断突显。

一、抽水蓄能电站的概况

随着我国国民经济的迅猛发展，电力系统的供电形势日趋紧张，随之而来的电网容量短缺、能源结构不合理、峰谷差加大、供电质量及安全可靠性下降等问题也逐步显现。正是在这种形势下，抽水蓄能电站应运而生，并在我国得到了蓬勃发展。

抽水蓄能电站的建成和投产对于改善系统能源结构、调峰填谷、调频调相、事故备用、提高电网的安全经济运行和火（核）电站的综合利用率，减少能源损耗等方面均发挥了重要作用，是现代电网发展的必然产物。特别是随着目前我国各地区电网供电形势的日益严峻、系统峰谷差的逐年加大，抽水蓄能电站已成为电网不可或缺的组成部分，并发挥了举足轻重的作用和良好的经济效益。

二、抽水蓄能电站的类型

抽水蓄能电站可按不同的分类原则分成不同的类型。

（一）按电站有无常规发电的功能分

按电站有无常规发电的功能可以分为纯抽水蓄能电站、混合式抽水蓄能电站。

1. 纯抽水蓄能电站

纯抽水蓄能电站专门用于调节电力系统的峰谷负荷和频率，其上水库没有水源或天然流量很小，需把水从下水库抽到上水库储存，待峰荷时发电。水只是在一个周期（日或周）

内，在上、下水库循环使用，抽水和发电的水量相等。这种抽水蓄能电站的流量和历时应按电力系统调峰填谷的需要来确定。

由于纯抽水蓄能电站的工作不依赖于天然水源，因而站址选择的空间范围宽广。一般其站址可选在靠近系统的负荷中心及抽水电源点附近，送电、受电方便灵活，输电损失小。能保证机组在高效区工作，如位于浙江安吉西苕溪上游支流上的天荒坪抽水蓄能电站。纯抽水蓄能电站的水头比较高、引用流量比较小，所需的蓄能库容不大，或没有淹没损失，不受洪水干扰可常年施工，且不需要昂贵的施工导流工程。正因为纯抽水蓄能电站具有上述有利条件，因此在需要调峰容量的电力系统中受到青睐。

2. 混合式抽水蓄能电站

混合式抽水蓄能电站（常蓄结合式）。上水库有一定的天然流量，这类电站设置有普通水轮发电机组，利用河川径流发电，并有抽水蓄能机组进行蓄能发电，承担电力系统调峰填谷任务。

混合式（又称常蓄结合式）抽水蓄能电站的主要特征是：其上水库具有天然径流汇入，来水流量已达到能安装常规水轮发电机组来承担系统的负荷。因而其电站厂房内所安装的机组，一部分是常规水轮发电机组，另一部分是抽水蓄能机组；这类电站的发电量也由两部分构成，一部分为抽水蓄能发电量，另一部分为天然径流发电量。所以这类水电站的功能，除了调峰填谷和承担系统事故备用等任务外，还有常规发电和满足综合利用要求等任务。因而这类电站的水头通常不高，水位变幅相对较大，机组的适应性较差，效率较低，如西藏羊卓雍湖电站。

混合式抽水蓄能电站通常结合常规水电站兴建，也可对已建的常规水电站进行改建、扩建或加装抽水蓄能机组而成混合式抽水蓄能电站。这类电站需要在其下游修建一个具有相应蓄水容量的下水库，并降低和挖深抽水蓄能机组的发电站房基础，而其他工程设施大部分可利用原有常规水电站的。因而与修建同样规模抽水蓄能电站相比，造价指标相应地比较低。但混合式抽水蓄能电站的站址，受天然水源和落差的限制，缺少广泛选择余地。

（二）按水库调节性能分

按水库调节性能可以分为日调节抽水蓄能电站、周调节抽水蓄能电站、季调节抽水蓄能电站。

1. 日调节抽水蓄能电站

日调节抽水蓄能电站，其运行周期呈日循环规律，如图 1－1 所示，抽水蓄能机组每天顶一次（晚间）或两次（白天和晚上）尖峰负荷，晚峰过后上水库水发电放空、下水库蓄满；继而利用午夜负荷低谷时系统的多余电能抽水，至次日清晨上水库蓄满、下水库被抽空。日调节抽水蓄能电站其水库的容积不大，发电和抽水的持续时间较短，一般每天发电顶峰 5～6 小时，抽水时间 6～7 小时。纯抽水蓄能电站大多为日调节蓄能电站。

2. 周调节抽水蓄能电站

周调节抽水蓄能电站其运行周期呈周循环规律，如图 1－2 所示，在一周的 5 个工作日中，抽水蓄能机组如同日调节抽水蓄能电站一样工作，每天顶供一或二次尖峰负荷，每夜抽水一次，但每天的发电用水量大于抽水蓄水量，故上水库的水位逐日下降，到第 5 个工作日结束时上水库水发电放空。周末双休日期间，由于系统负荷降低，故可以利用多余电能延长

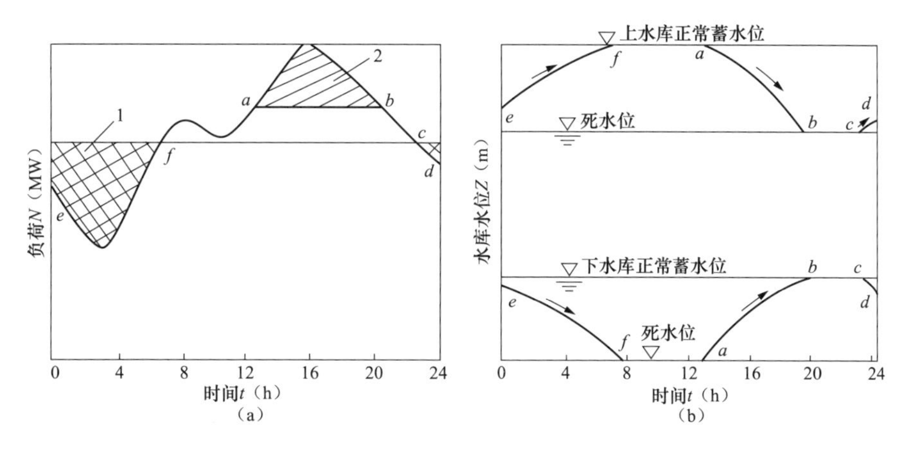

图 1-1　日调节蓄能电站的运行

（a）在系统日负荷上的工作位置；（b）上、下水库水位变化过程

1—夜间低谷负荷时抽水蓄能；2—日间高峰负荷时放水发电

抽水时间进行大量抽水蓄能，一般不发电，至星期一早上上水库又蓄满，开始新的一轮循环。国外这类抽水蓄能电站较多。

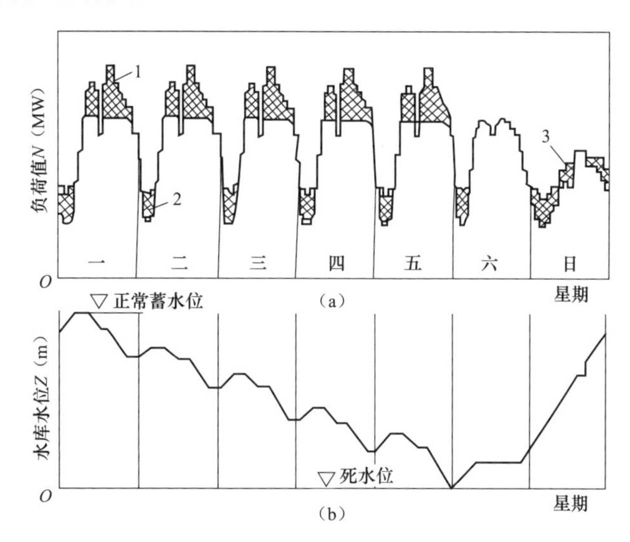

图 1-2　周调节蓄能电站的周运行

（a）在系统日负荷图上的工作位置；（b）上水库水位变化过程

1—高峰负荷时发电；2—平日夜间抽水；3—周末集中抽水

3. 季调节抽水蓄能电站

季调节抽水蓄能电站，每年汛期利用水电站的季节性电能作为抽水能源，将水电站（特别是径流式水电站）必须溢弃的多余水量，抽到上水库蓄存起来，在枯水季内放水发电，以增补天然径流的不足。这样将原来是汛期的季节性电能转化成了枯水期的保证电能。这类电站绝大多数为混合式抽水蓄能电站，其上水库为了能满足几个月的蓄水要求，需要巨大的蓄能库容，下水库的容积一般够蓄存几个小时的入流量即可，但其来水量应能满足连续抽水的需要。

（三）按站内安装的抽水蓄能机组类型分

按站内安装的抽水蓄能机组类型还可以分为四机分置式、三机串联式和二机可逆式等类型。

1. 四机分置式

这种类型的水泵和水轮机分别配有电动机和发电机，形成两套机组，即抽水机组和发电机组分列，这是比较早期的纯抽水蓄能电站所采用的机组型式。这种型式其抽水蓄能机组的优点是水泵和水轮机完全按照电站的两种工况的参数要求进行设计和工作，它能保证在任何情况下机组都在高效率范围内工作。四机分置式由于设备多、占地面积大、投资高、运行维护工作量大等原因，目前已不采用。

2. 三机串联式

其水泵、水轮机和兼作电动机及发电机的电机三者通过联轴器连接在同一轴上，抽水时电机以电动机方式带动水泵运转，发电时电机由水轮机带动以发电机方式运行。三机串联式有横轴和竖轴两种布置方式：前者水轮机和水泵分置在电机左右两端，如图 1－3（a）所示；后者电机装在最上端，水轮机在中间，水泵通过联轴器装在水轮机的下面，如图 1－3（b）所示，这是因为水泵所要求的装置高程比水轮机低。

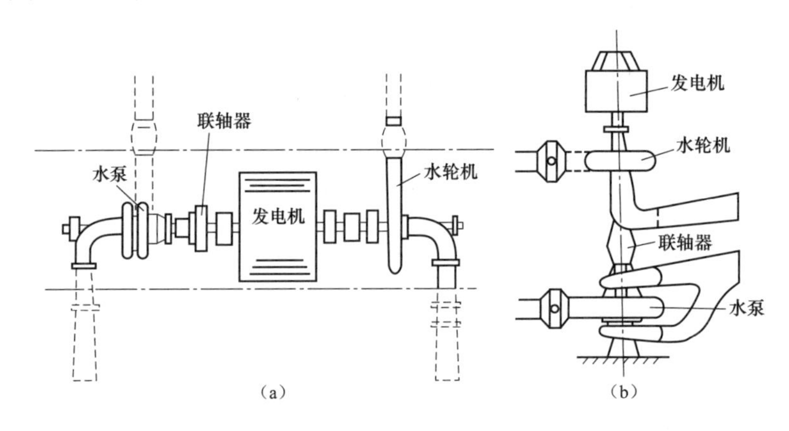

图 1－3　三机串联式蓄能机组装置示意图

（a）横轴装置；（b）竖轴装置

三机串联式抽水蓄能机组的主要优点是水泵和水轮机的性能均可按各自的运行要求进行设计。其主要缺点和四机分置式机组一样，水泵和水轮机需要两套进水管、两套尾水管和两个进口阀门，机构设备繁多。

3. 二机可逆式

二机可逆式其机组由可逆式水泵水轮机和可逆式电动发电机二者组成。可逆式水泵水轮机的转轮是特殊设计的两用转轮，具有双向运行的功能，即顺时针方向旋转为水轮机，反对针方向旋转为水泵。由于一机两用，结构紧凑，设计部件少，占地面积小，且不需要两套进、排水设备，因此投资显著降低，而且安装、运行、维修方便简单。但是一个转轮两用，设计时既要考虑水泵工况，又要考虑水轮机工况，从理论和实践上讲，两种工况不可能同时达到最优，因而运行时效率较低，汽蚀系数较大。可逆式机组在抽水启动时需设专门启动设备。

可逆式水泵水轮机和安装在常规水电站上的水轮机一样，也有混流式、斜流式、轴流式及贯流式等型式。

（四）按布置特点分

任一抽水蓄能电站的枢组一般均由上、下水库及进（出）水口、引水道、调压井、高压管道、电站厂房及尾水道等所组成。按其水工建筑物与地面所处的相对位置可分为：①地面式，全部建筑物都布置在地面上；②地下式，除上、下水库外，整个输水系统及厂房均布置在地下。抽水蓄能电站的一个重要特点是机组为防气蚀要求淹没深度达30m甚至更大，因此，只要地质条件允许，把厂房布置在地下，技术上和经济上都是比较有利的。

纯抽水蓄能电站的输水系统及厂房大多布置在地下，相对于厂房在输水系统中的位置又可分为首部式、中部式和尾部式三种基本类型。①首部式：地下厂房位于输水道的上游侧，距上水库较近，高压引水道较短，低压的尾水道较长，用尾水道代替部分高压引水道从而有可能降低电站建设投资；但因厂房位于上水库的下方，存在突出的防渗和防潮问题，水头较高时会因厂房位置过深而增加交通、出线和通风等竖井的投资及施工、运行的困难，故首部式多用于电站水头较低的情况下。②中部式：厂房位于输水道中部，厂房上下游都有比较长的输水道，因此上下游都有可能设置调压室；这种型式一般在输水道较长而中部地形又不太高的情况下选用，我国的广州抽水蓄能电站和十三陵抽水蓄能电站都采用了典型的中部式。③尾部式：厂房位于输水道末端，而且可以是地下式、半地下式或地面式；这是应用比较多的一种型式。

三、抽水蓄能电站的发展

（一）抽水蓄能电站的前期发展过程

抽水蓄能电站自1882年在瑞士苏黎世问世以来，已有近130多年的历史，但是具有近代工程意义的建设则是近四五十年才出现的。

早期的抽水蓄能电站多数以蓄水为目的，即在汛期利用工业多余电能把河水抽到山上的水库储存起来，到枯水季节再放下来发电。这些是季调节型的抽水蓄能工程，电站中使用的机组多属四机分置式，有的电站甚至将两种机组分别装在两座厂房内，抽水和发电各有其独立的运行规律。后来出现了将水泵、水轮机和电动发电机三者通过联轴器连结在同一轴上的三机串联式机组，这在结构布置上前进了一大步，到20世纪40年代中期，世界上约有50座抽水蓄能电站在运行，其中多数使用的是三机串联式机组。

第二次世界大战以后，各国的电力系统迅速扩大和发展，电力负荷的波动幅度不断加大，调节峰谷负荷的任务日趋迫切，抽水蓄能电站进而以调峰、调频、承担系统事故备用为主要任务，其运行方式为日循环或周循环，抽水蓄能电站从此进入了一个新的发展阶段。与此同时，随着抽水蓄能机组水力研究的进展，出现了将水泵和水轮机合并为一体的可逆式水泵水轮机，到20世纪60年代可逆式抽水蓄能机组已成为主要的机型，得到了广泛的应用，而且由于可逆式机组制造水平的不断提高，抽水蓄能电站的综合效率从初期的40%提高到目前的70%～75%，而抽水蓄能电站的建设规模和单机容量也迅速增大，高水头大容量的机组具有运行灵活、造价低等特点，进一步推动了抽水蓄能电站的发展。

（二）近代的发展特点和经验

1. 发展特点

（1）20 世纪 70～80 年代是国外抽水蓄能电站发展最快的时期，这一时期兴建抽水蓄能电站已由欧美日等工业发达国家扩展到世界各国。

（2）抽水蓄能电站的最初概念是将火电站非峰荷时的低价电能转化为峰荷时的高价电能，这一概念已发展到利用抽水蓄能电站来控制电力系统中电能质量的潮流趋势；抽水蓄能电站已成为现代大型电力系统构成中不可缺少的一个组成部分，近年来世界各国的抽水蓄能电站建设以每年大于 10%的速度发展。

（3）总的发展趋势是兴建高水头、大容量、大机组的抽水蓄能电站，以提高蓄能电站的经济性和可靠性。

2. 国外建设抽水蓄能电站的经验

（1）抽水蓄能机组已经证明是各种调峰机组中经济效益最好的一种。

（2）单机容量已超过 1000MW 的燃煤机组和单机容量已达 1600MW 的核电机组，它们的调节速度较差，需要大容量的抽水蓄能机组与之配合使用，有些抽水蓄能电站是与核电站同时修建的。

（3）抽水蓄能机组比之其他调峰机组的优点是在调峰之外还可以填充负荷的低谷，这样就允许提高系统里基荷的比重、降低调峰容量的比重。某些水电装机容量比较高的挪威、巴西、瑞典等国，水电已占基荷中重要部分，但仍需另外安装抽水蓄能机组来调节热力发电机组。

（4）水电资源已开发得比较充分的国家，如法国、瑞士、日本等不能再从常规水电开发更多的调节容量，而抽水蓄能的发展则完全不受水利资源的限制。

（5）电力系统运行经验证明，事故备用容量是十分重要的，只有水力机组才能在事故发生后的很短时间内发出足够出力来防止系统产生过大振荡。在没有合适条件开发常规水电时，要增加事故备用容量就应首先修建抽水蓄能电站。

（6）多数国家的供电在一天之内不同时间价格不同，高峰时电价高，低谷时电价低。国外高、低电价比值多为（3～4）：1，意利大为 5：1，法国曾为 10：1。修建抽水蓄能电站用低价的电力抽水，发出电力以高价售出，因而工程建设的投资可以较快收回。

（7）在电力系统中应该装设多少抽水蓄能容量就能达到最佳的效果，要根据电力系统的现状和特点而定，不能一概而论。但一般经验是抽水蓄能容量在电力系统中应占的比例大致为总装机容量的 5%～10%。从一个典型的负荷图来看，如果抽水蓄能容量能达到峰谷差的 1/3 左右，其调峰和填谷的功能可以平衡掉峰谷差的 2/3，则剩余的 1/3 负荷波动就容易由热力机组来应付了。

（三）我国抽水蓄能电站的发展概况与趋势

1. 改革开放以前情况

我国抽水蓄能电站的兴建，相比欧、美、日等国较晚，20 世纪 60 年代起步后的近 20 年时间里进展缓慢。在国外抽水蓄能电站大发展的 20 世纪 70～80 年代，我国大陆未建成一座大型抽水蓄能电站。造成我国抽水蓄能技术落后的主要原因在于：我国自 1970 年以来就逐渐形成全国性持久缺电的严峻局面；我国长期以来主要实行单一电价制，峰荷、低谷电价一样，再加上只是根据静态能量的概念而没有考虑到电力系统的动态效益来判断动能经济，因而认为兴建抽水蓄能电站以“三度电换二度电”或“四度电换三度电”，是不经济不合算的，只看到缺少电量而不认识因发电质量低下而带来的损失，拉闸限电倒成为一种“可行的”人工调峰措施。

1968 年，为解决石家庄地区电力调峰问题，我国在河北省岗南水电站 3 号机坑位置装设了一台引进的小型抽水蓄能机组，兴建了我国第一座混合式抽水蓄能电站，运行 40 多年来经济效果很好，但因机组容量太小（单机容量为 11MW），在电力系统中的效益不够明显。北京市密云水电站于 1973 和 1975 两年先后安装了两台我国仿制的岗南型机组，因为制造质量问题，没有充分发挥作用。自此之后的一段时间内，抽水蓄能电站处于无人问津状况。

2. 近年发展情况

进入 20 世纪 80 年代，随着改革、开放，国民经济进入高速发展阶段，人民生活水平日渐提高，负荷结构发生重大变化，峰谷差越来越大，以火电为主的华东、华北、东北和广东等电网，由于大型火电、核电的兴建，出现调峰容量严重短缺的现象，而负荷处于低谷时又有电量剩余，兴建抽水蓄能电站势在必行。同时，我们对国外抽水蓄能电站迅速发展的现实及其在电网中的作用也有了更多的了解。对兴建抽水蓄能电站的经济性的认识有了突破。目前，水电建设处于我国历史上最好的发展时期，抽水蓄能电站建设也得到了应有的重视而获得了相当的发展。

1981 年河北潘家口混合式抽水蓄能电站第 1 台常规机组投产，接着从国外引进的 3 台 90MW 抽水蓄能机组相继投入电网运行，打开了我国抽水蓄能长期被忽视的局面，并带来了各方对抽水蓄能电站的重视。进入 21 世纪，我国抽水蓄能电站加快建设步伐，截至 2017 年底，我国大陆地区抽水蓄能电站 40 余座，装机总容量 5462 万 kW（运行机组容量 2447 万 kW、在建规模 3015 万 kW），分布在我国 20 个省（自治区、直辖市）。目前开展可研和预可研抽水蓄能项目超过 4000 万 kW。辽宁的清原、吉林的敦化/蛟河、黑龙江的牡丹江、河北的丰宁/易县/抚宁、山东的文登/沂蒙/潍坊/泰山二期、重庆的蟠龙、浙江的宁海/缙云/衢江/磐安、安徽的绩溪/金寨/桐城、江苏的句容、福建的厦门、河南的天池/洛宁、湖南的平江、内蒙古的赤峰、陕西的镇安、新疆的阜康/哈密、山西的浑源/垣曲、广东的清远/阳江等百万千瓦级的抽水蓄能电站，均已做了相当深入的勘测设计工作，多处抽水蓄能电站正在选址和规划当中，有条件的已开工建设，新世纪抽水蓄能电站建设发展将进入一个新的高潮时期。

目前已建成并投入运行的大型抽水蓄能电站主要有广州抽水蓄能电站（8×300MW）、浙江天荒坪抽水蓄能电站（6×300MW）、北京十三陵抽水蓄能电站（4×200MW）、广东惠州抽水蓄能电站（8×300MW）、山东泰山抽水蓄能电站（4×300MW）、浙江桐柏抽水蓄能电站（4×300MW）、浙江仙居抽水蓄能电站（4×375MW）、安徽琅琊山抽水蓄能电站（4×150MW）、江苏宜兴抽水蓄能电站（4×250MW）、河北张河湾抽水蓄能电站（4×250MW）、湖北白莲河抽水蓄能电站（4×300MW）、山西西龙池抽水蓄能电站（4×300MW）、辽宁蒲石河抽水蓄能电站（4×300MW）、河南宝泉抽水蓄能电站（4×300MW）、湖南黑麇峰抽水蓄能电站（4×300MW）、安徽响水涧抽水蓄能电站（4×250MW）、福建仙游抽水蓄能电站（4×300MW）、河南回龙抽水蓄能电站（120MW）、河北的潘家口抽水蓄能电站（420MW）、江西洪屏抽水蓄能电站（4×300MW）等 20 余座，运行机组容量约2500万kW。

我国台湾省，也和大陆一样，20世纪60年代开始兴建抽水蓄能电站，初期的万大和龙涧电站，均系规模较小的混合式抽水蓄能电站。后来先后于1985、1995年建成投入运行的明湖、明潭两纯抽水蓄能电站，是一组姊妹项目，都以日月潭为上水库，但各有其下水库；两电站均安装了混流可逆式水泵水轮机，装机容量分别为4×250MW和6×275MW，投入运行后除获得发电效益外，还取得了原来没有预计到的环境效益。

第二节 抽水蓄能电站设备的结构特点与运行方式

一、抽水蓄能电站工作原理

抽水蓄能电站是一种特殊形式的水电站，也可以说是储存电能的水电站，故可简称为蓄能电站。它与常规的水电站的主要不同之处在于：它有上、下两个水库将水循环利用；它的机组不仅能像常规水电站一样发电，而且也能像水泵站那样抽水；它不仅能供给电网电能、进行调峰，而且也消耗电网电能用于抽水、进行填谷；它生产的产品是电，消耗的原材料还是电。

抽水蓄能电站是根据能量转换原理进行工作的。它通过电站内装置的可逆式水泵水轮机与发电电动机组成的抽水蓄能机组，在夜间系统电力负荷低谷时作水泵运行，利用系统的多余电能将下水库的水抽到上水库中，将这部分水量以位能形式储存起来。待白天和晚上系统电力负荷转为高峰时，机组做发电运行，将上水库的水放下来发电，以补充系统不足的尖峰容量和电能，满足系统调峰需求。如此不断循环工作，其能量转换过程如图1-4所示。

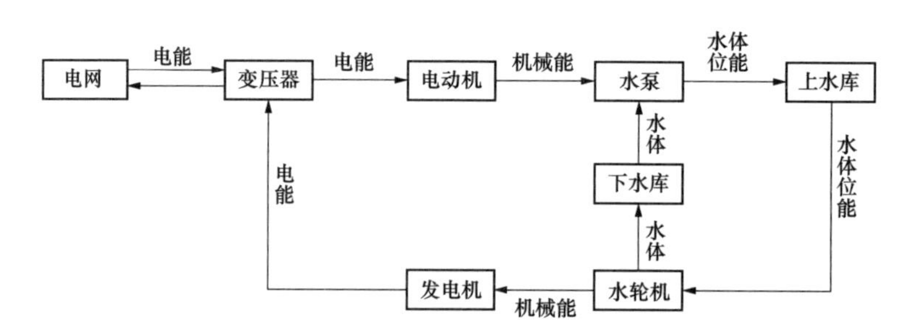

图1-4 抽水蓄能电站能量转换过程示意图

二、抽水蓄能电站的特点和运行方式

1. 抽水蓄能电站的工作特点

抽水蓄能电站具有下述工作特点：

（1）抽水蓄能电站利用午夜系统负荷低谷时的多余电能抽水，待白天和晚上系统出现高峰负荷时发电。

（2）抽水蓄能电站将低谷电能转换成高峰电能，在电能转换中必然伴随着能量损失，显然抽水用电量必然大于发电量。抽水蓄能电站的综合效率是变压器、水力机械、电气设备及输水管道各自在发电工况和抽水工况时的运行效率的总乘积。

（3）抽水蓄能电站的机组和输水系统，既要做发电运行，又要做抽水运行，故其流道内的水流是双向流动的。机组和输水系统中各组成建筑物的结构必须保证双向流动的良好水流条件。

（4）抽水蓄能机组启动迅速、运行灵活、工作可靠，特别是对负荷的急速变化可做出快速反应。因此抽水蓄能电站适宜承担系统的调峰、调频、事故备用等任务，在电网中可发挥巨大的作用。

2. 抽水蓄能电站设备特点

与常规水电站相比，抽水蓄能电站在结构特点和运行方式上存在着诸多不同之处，同时它又和常规水电站又存在很多共同点，因此可以说它立足于常规水电站，又脱胎换骨于常规水电站，也因此对抽水蓄能电站的运行管理模式的确定产生了不同程度的影响。具体说抽水蓄能电站主要有以下特点：

（1）设备结构复杂。

由于抽水蓄能电站比常规电站多了抽水和抽水调相等工况，因而在电气方面存在换相和泵工况的启动问题，并因此增加了换相设备和变频启动装置（SFC）、启动母线等设备，相应的二次控制及保护系统等需要监控和调节的量更多也更复杂，同时为适应机组旋转方向的不同和高水头的要求，在机械方面也做出了相应变化，因而检修维护和运行巡检的工作量会有所增加。

（2）地形条件和结构布置特殊。

抽水蓄能电站按与常规水电站的结合情况分为：纯抽水蓄能电站和混合式抽水蓄能电站；按调节性能分为：日调节蓄能电站、周调节蓄能电站、季调节蓄能电站；按布置特点分为：地面式、地下式等。在枢纽布置上存在上、下两个水库，水工建筑物也要比常规水电站复杂。

由于要兼顾发电和抽水需要，对机组水轮机的淹没深度有一定的要求，并考虑到设备的合理布局和节约成本，因而主设备（含机组和主变压器等）大都布置在山体内，同时考虑到更加有益于运行值班人员的身体健康，往往将中央集控室布置在地面。日常生产过程中，机组的开停机操作主要在中央控制室内进行，而设备的巡检操作和检修维护等工作大都要在地下厂房内进行，从工作的环境上看较为分散，对运行值班人员的配制和值班方式也提出了新的要求。

3. 抽水蓄能电站设备运行方式

抽水蓄能电站机组运行工况多且开停机及工况转换频繁，常规水电站的机组一般只进行发电或调相运行。而抽水蓄能机组除了发电和发电调相工况外，增加了抽水和抽水调相工况，部分抽水蓄能电站还增设了热备用、线路充电（黑启动）、抽水紧急直接转发电等特殊工况。对于电网来说，因其开机时间短，响应速度快，所以在满足负荷的迅速变化要求、稳定周波和保证电网可靠运行等方面，可利用的调节手段更多，系统响应速度比火电机组更快。

以国内某大型 6 台单机容量为 300MW 的日调节抽水蓄能电站为例，典型的运行方式是“二发一抽”，即每天早、晚峰发电，早峰 08:00－12:00，晚峰 17:00－22:00；低谷23:00 至次日 06:00 抽水，图 1－5 为该抽水蓄能电站一天 24 小时的功率曲线。而在系统迎峰度夏和供电紧张时期，运行方式调整为“三发两抽”或“两发两抽”，即在中午或晚峰前负荷相对低时增加抽水，从而将晚峰时段的发电负荷大大增加，以 6 台机组计，日机组最高启停次数达 42 次之多。由于机组启停、负荷调整过于频繁，大大地增加了运行人员的操作和检修人员的设备维护，其实际工作量与常规水电站相比大幅度增加，也带来了运行管理模式的变化。

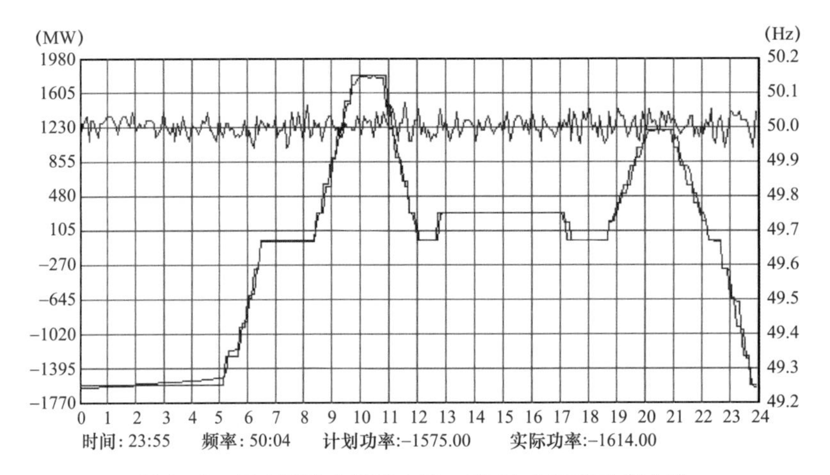

图 1-5　国内某抽水蓄能电站一天 24 小时的功率曲线

第二章　抽水蓄能电站设备巡定检管理的重要性

第一节　设备巡定检发现的典型缺陷

一、电气部分

1. 35kV 电缆头故障缺陷

2016 年 7 月，国内某抽水蓄能电站运维人员在 35kV 开关柜检查过程中发现，35kV 出线场至线路开关侧两根电缆接头均存在内部填充胶溢出，存在老化现象。停电后对电缆头进行了更换、重新制作处理，及时消除了设备缺陷，避免了电气火灾事故的发生。

2. 500kV 电缆头硅油异常缺陷

2002 年 10 月，国内某抽水蓄能电站运维人员在设备日常巡检中发现地下 GIS 500kV 电缆（XLPE 型）头硅油管路有挂油现象，通知外方人员到现场检查，确认 500kV 一回电缆地下终端 A 相有渗油。

经过最终停电解体检查，发现挡油模无油端充满了硅油，为多年渗漏所致。挡油模的油端侧存在细小的缝隙，油从缝隙爬过挡油模导致渗漏油。

电缆终端内充硅油，见图 2-1，正常压力为 1.8kg/cm^2，主要起到绝缘和均压作用。挡油模的模化、固定是在现场制作完成。造成挡油模有细小的缝隙原因可能是由于在现场制作安装不良产生，也可能是由于挡油模在运行中非正常轻微位移造成。当年施工工艺不良导致留下的设备安全隐患，运维人员认真仔细的巡检能够及时发现异常，避免了设备的进一步损坏。

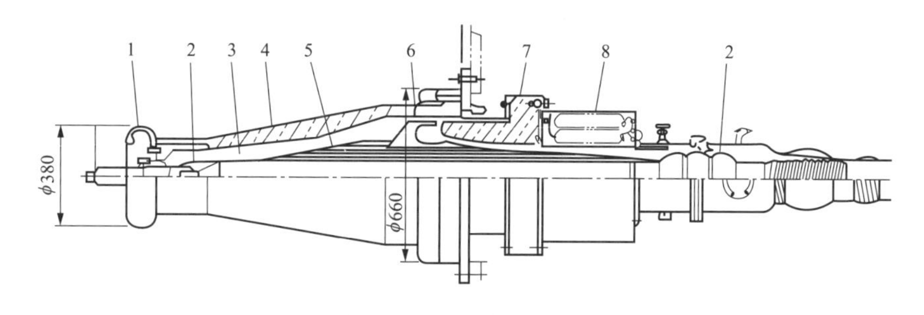

图 2-1　电缆终端结构图

1—屏蔽；2—密封；3—硅油；4—环氧树脂绝缘子；5—聚四氟乙烯绝缘层；6—预制喇叭口绝缘；7—支撑绝缘子；8—油箱

二、机械部分

1. 球阀工作密封异常

2017 年 7 月，国内某抽水蓄能电站运维人员巡检发现 1 号机球阀工作密封退出腔排水管漏水较大，汇报运维负责人（值长）并做进一步检查处理。经停役检查发现球阀工作密封投退腔所有盘根均有不同程度磨损，其中部分盘根损坏严重，甚至出现全部断裂现象。及时更换故障盘根，避免了球阀工作密封投退异常的隐患，确保了球阀健康稳定运行。

2. 球阀枢轴漏水

2003 年 9 月，国内某抽水蓄能电站运维人员巡检发现，球阀枢轴两侧的密封漏水，多次对接力器锁定的电气元件故障影响球阀启停，电站对球阀枢轴的 U 形密封进行改造，使用三层叠加的聚醚聚氨酯材料的“V”形密封圈并在其两端分别增设塑料支承环与压环的改进措施，分层安装“V”形密封圈，逐步将锈蚀的枢轴密封槽及伸缩节压环更换成不锈钢结构，彻底解决了法兰密封槽锈蚀的问题，很大程度上解决了渗漏问题，提高了设备健康运行水平。

3. 主轴密封增压泵风扇叶片断裂

2016 年 11 月，国内某抽水蓄能电站运行值守人员机组抽完水后巡检蜗壳层时，发现 5 号机 2 号主轴密封增压泵有明显异响。立即汇报运维负责人（值长）并将该泵切至备用。停役后检查发现该主轴密封增压泵发现风扇叶片断裂，更换设备恢复正常。见图 2－2。

图 2－2　风扇叶片断裂前后对比图

三、水工建筑物部分

1. 上水库库底廊道裂纹

2004 年 5 月 25 日，国内某抽水蓄能电站水工巡检人员巡检时发现 7 号廊道底板有 3 条裂缝，累计长度仅数米，6 月 3 日再次巡检时原有裂缝无明显变化。6 月 21 日巡检时发现底板裂缝条数显著增多，裂缝开度明显增大。

本次廊道底板出现裂缝的区域在该电站上水库环库廊道的西侧，该部位恰处在沥青混凝土防渗护面的反弧段的正下方，且排水垫层料厚度只有 60cm，调整不均匀沉降的能力较差，一旦防渗护面拉裂修补比较困难，甚至可能会出现上水库库底坍塌事故。发现异常后电站及时组织召开专家会，确定廊道加固措施。

水工巡检人员发现异常裂缝后，能及时进行跟踪监测，当异常现象进一步扩展后，及时邀请专家进行现场查勘，并确定施工方案，及时组织施工，避免了水工建筑物的进一步损坏。

2. 施工支洞涌水

2004 年 7 月 26 日，某抽水蓄能电站水工人员在例行巡检时，记录 6 号施工支洞空心堵头部位流向集水井的排水管和位于空心堵头底板部位的排水支管的渗水量，较以往无异常变化，5 号施工支洞堵头部位的渗水量亦无异常变化。

2004 年 7 月 29 日，该电站水工人员在例行巡检时，发现位于 5、6 号施工支洞交叉部位的 MCU（现场原型观测控制柜）无数据上传，且呼叫不应。水工有关人员即到现场拟对 MCU 进行检查、维护时，发现 5、6 号支洞内已被涌水充满，见图 2-3，涌水前沿距交通洞仅 60m 左右。根据支洞尺寸计算当时的涌水量已达 1.6 万 m^3，推测涌水发生的时间，初步估算涌水速度约为 100L/s；为确保电站安全，预防可能出现的严重后果，立即停机，并放空两条输水隧道，并采取后续措施及时进行了封堵。

水工人员在涌水前（7 月 26 日）严格执行例行检查，并认真记录相关数据，为后续原因查找和事件定性工作提供了有力数据支撑，避免了管理违章导致的不安全事件，7 月 29 日分析自动化数据时，及时发现无数据上传，并立即赶赴现地进行设备检查，设备管理到位，设备处理及时，及时发现了 5、6 号支洞涌水的事故，为后续及时采取措施提供了重要的时间，避免了 5、6 号支洞溢水倒灌主厂房导致的水淹厂房事故。

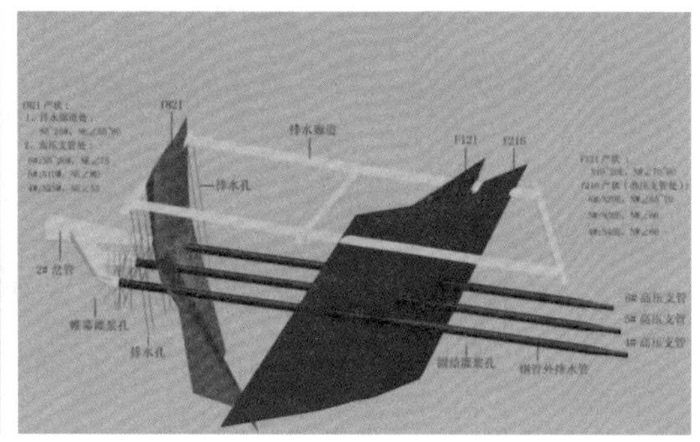

图 2-3　涌水现场及位置指示图

第二节　设备巡定检发现的典型设备隐患

一、电气部分

1. 变压器铁芯夹件绝缘隐患

2006 年，国内某抽水蓄能电站对 6.3kV 变压器进行了铁芯绝缘测试，从测试结果看，铁芯绝缘普遍偏低，容易引起铁芯多点接地而造成铁芯过热损坏变压器，后对变压器铁芯对地绝缘进行更换处理，避免了异常事件发生。

2010 年 9 月 18 日，国内某抽水蓄能电站在对电站 500kV 主变压器停电进行例行预防性试验时发现夹件对地绝缘阻值很低，只有 1kΩ，2009 年变压器交接试验时测量夹件对地绝缘为 7.5GΩ，发现铁芯夹件绝缘异常，发现异常后，电站及时处理，在铁芯夹件接地回路串接限流电阻限制接地电流，将铁芯夹件接地电流控制在 100mA 以内，避免了设备隐患的进一步发展。

2. 磁极连接线设计隐患

2000 年 3 月，国内某抽水蓄能电站在 4 号机组小修时，发现磁极连接线的转弯处有裂纹，紧接着对其他机组进行目测和PT探伤检查，都存在此问题。该磁极连接线采用是硬铜板连接，磁极连接线上的应力无处缓冲，直接集中到磁极连接线的弯部。针对转动部分这一重大隐患，电站联系厂家重新进行设计，将以前的硬连接改成带有多层紫铜做成的带Ω软连接，机组运行时产生在磁极连接线上的应力分散到Ω软连接上，避免了转子接地、磁极连接线断裂事故的发生。

3. 磁极线圈开匝、移位隐患

2005年3月，国内某抽水蓄能电站对3号机组常规性检修定检工作，发现磁极线圈有移位和开匝现象，针对此情况，对其他机组磁极线圈开展检查工作，发现其他机组磁极线圈也存在类似问题，并经比对分析，各台机组磁极线圈所存在问题有以下一些特点：一是普遍性，所有机组在不同程度上均存在磁极线圈匝间开匝及移位问题；二是与运行时间长短直接相关，磁极线圈匝间开匝及移位的数量、严重程度与机组运行时间长短有较为紧密的关联，机组运行时间越长、开停机次数越多、存在问题的磁极线圈也越多、问题也越严重。发现这重大隐患后，电站及时联系厂家对磁极的挡块支撑结构进行重新设计，通过加装全支撑挡块的方式避免了设备隐患的进一步发展。

4. 低压电缆头发热隐患

2017年8月，国内某抽水蓄能电站运维人员定期对400V配电柜大负荷开关（抽屉式开关柜）开展红外测温工作。检查过程中发现3号机组自用配电盘2号技术供水泵电源开关与馈线电缆头连接部分存在电缆三相间温差较大异常情况，主要为B相电缆头温度高达105℃，与A/C两相电缆头温差达50℃。停电后对其内部进行检查，发现开关内部B相一次U形插接头电缆压接部分的绝缘层存在严重发热老化现象，及时对其进行了处理，消除了电气设备火灾隐患，（见图2-4）。

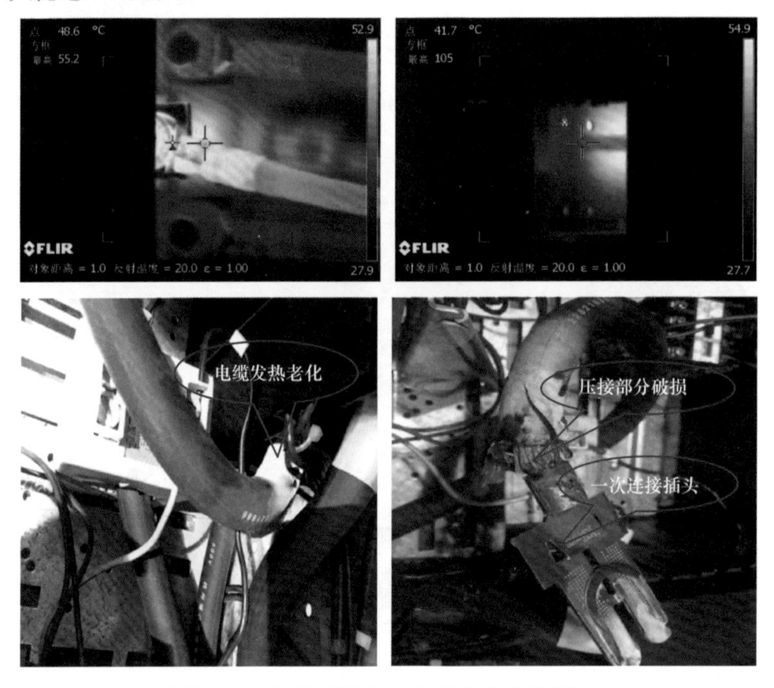

图2-4　红外测温发现电缆接头发热严重

二、机械部分

1. 主轴密封设计隐患

国内某抽水蓄能电站水轮机主轴密封为轴向水压平衡式机械密封。机组在投产初期，主轴密封多次出现因其运行温度高、移动环抬起不能复位而漏水过大、调相压水困难，最终导致跳机或 END SEAL 密封环磨损快甚至断裂而进行抢修的情况，严重影响机组的安全稳定运行。分析认为：该电站下水库水位变化太大（最高达到 49.5m）、运行工况多、工况转换复杂等是造成主轴密封位置处的压力变化太快，而主轴密封操作腔压力不能及时进行自动调节是主轴密封不能正常运行的主要原因，属于设计隐患。该电站在 2002 年 6 月，联系制造厂家对主轴密封重新从结构上进行设计，通过设备改造，将机组主轴密封改造更换成新型主轴密封。新型主轴密封结构简单，安装方便。移动环压紧力随尾水变化而自动调整，运行稳定可靠，工况转换时不需要人员调整压力，节省运行人员的人力，确保了设备运行的安全可靠性，消除了设备隐患。

2. 导叶上/下端盖密封漏水隐患

国内某抽水蓄能电站机组在投入运行没有多久，巡检发现导叶下端盖密封先后出现漏水，并且随着时间的推移，漏水的情况越来越严重，该电站在处理导叶下端盖密封的漏水方面花费了大量的人力物力。从导叶下端盖更换下来破损的“O”形密封圈来看，破坏的主要表现为橡胶密封圈剥落、挤破或咬断。漏水隐患发生后，该电站与国内专业密封制造厂商一同设计了唇边高低不同的“Y”形密封，该“Y”形密封圈有摩擦阻力小、承压变化大等特点，同时在导叶下端盖法兰上安装密封渗水排水管。通过设备改造后，该电站导叶下端盖没有再发生过大面积的渗水、漏水情况，设备隐患消除。

三、水工建筑物部分

2016 年 11 月，国内某抽水蓄能电站水工综合人员在巡视检查时发现该电站下水库大坝 12 号面板中间位置有轻微的渗漏水情况，报告后立即组织面板的现场检查。经检查发现，12 号坝段坝面存在细微的渗漏水点，高程为 329.87m，且面板中间存在一条竖向的混凝土剥蚀痕迹，长度接近 20m。通过现场检查、分析，确定下水库坝面渗漏水原因为高水位时库水透过缝隙进入测斜管内部，在库水位回落时，因缝隙较小测斜管内的水回落较慢，呈现出缓慢渗漏水的情况。发现隐患后，电站及时采取针对性措施，加强坝后渗水流量观测，加强坝面渗水观测和检查。同时与相关设计院联系，研究解决方案和措施，确保设备设施隐患在可控、能控、在控状态。

第三章　抽水蓄能电站设备巡检管理

第一节　设备巡检概述

发电设备的安全可靠运行是运维工作的首要任务和目的，对设备定时巡回检查是掌握设备的运行状况，确保设备安全稳定运行的有效制度。抽水蓄能电站所辖生产区域具有面积大，设备新，人员少，技术要求高，且运行工况转换频繁。特别是在以缺陷管理为中心的设备管理模式下，提高巡检质量，及时发现设备缺陷是确保机组正常发供电的重要保障，为认真进行设备巡检，提高巡检质量，以利于及时发现设备缺陷，将事故消灭在萌芽状态，起到防微杜渐之作用。

一、巡检类别

1. 值守业务巡检

值守业务巡视是按设备的部位、内容通过人的五感（形、声、色、味、触）进行的定路线巡视，为了"观察"系统的正常运行状态，重点发现设备是否有跑、冒、滴、漏等异常现象，这种方法对分散布置的设备比较合适，主要适用于机组启停前后的设备巡查。

2. 日常巡检

设备日常巡检就是借助于人的感官和检测工具，按照预先制定的技术标准，定点、定标准、定人、定周期、定方法、定量、定作业流程地对设备进行检查的一种设备管理方法。

3. 专业巡检

设备专职，根据自己所负责的专业不同，定期对自己所辖范围内设备进行巡检，通过对设备的全面检查和分析来达到对设备进行量化评价的目的。

4. 精密巡检

精密巡检是指设备专工或专职用检测仪器、仪表，对设备进行综合性测试、检查，在设备未解体情况下运用诊断技术、特殊仪器、工具或其他特殊方法测定设备的振动、温度、裂纹、变形、绝缘等状态量，并对测得的数据对照标准和历史记录进行分析、比较、判定，以确定设备的技术状况和劣化程度的一种检测方法。

5. 设备特巡

当发生设备异常或带缺陷运行；机组运行方式特殊或主要辅助设备失去备用；电网或厂用电系统处于特殊运行方；气候条件变化后对其有影响的设备；新投产设备、大修或改进后的设备第一次投运；发生事故的同类设备或可能受其影响的设备等特殊情况时，应进行设备特巡。

二、巡检人员

从各种不同巡检的实施人员来分，抽水蓄能电站巡检人员分为运行业务巡检人员、检修业务班组巡检人员，运行业务巡检人员负责设备的日常巡检，检修业务班组巡检人员负责设备的专业巡检和精密巡检。

三、巡检分析

运行巡检组，根据日常巡检内容并结合设备重要参数趋势分析，每天完成对巡检设备进行分析，形成巡检分析报告。检修业务班组的机电运维人员应根据自己所辖设备的不同，针对设备振动、温度等方面进行分析，形成专业巡检分析报告；机电运维专工应根据自己所辖专业的不同，每月完成一次巡检技术诊断、劣化倾向管理、设备综合性能测试分析，形成巡检总结分析报告并提出改进意见。

1. 设备劣化

设备劣化是指设备降低或丧失了应有的使用功能，是设备工作异常、性能降低、突发故障、设备损坏和经济价值降低等状态的总称。

2. 劣化倾向管理

劣化倾向管理是通过对专业巡检、精密巡检或其他手段测得的数据进行统计、分析，找出设备劣化趋势和规律，实行预知检修的一种管理方式。

3. 设备的精度和性能测试

设备的精度和性能测试是指按预先制定的周期和标准对设备进行综合性精度测试和性能指标测试，计算水耗、厂用电、机组效率等技术经济指标和性能指标，分析劣化点，评价设备性能。

四、巡检的基本要求

（1）巡检工作过程中，人员应遵守《国家电网公司安全生产工作规定》和《国家电网公司防止电气误操作装置管理规定》相关规定，不允许随意拆除检修安全措施或挪动遮栏，不允许擅自变更安全措施或设备运行方式。

（2）巡检必须按厂站运行规程要求进行，巡检或定期试验和切换中如发现设备异常或故障时，必须及时向当班运维负责人（值长）报告，并及时将异常或故障情况输入到生产管理系统的缺陷管理模块，必要时还须向运维检修部门负责人汇报并做好应急处理。

（3）巡检过程中如发现重大设备异常或人员伤亡现象应立即正确处理，并事后报告。

（4）巡检人员到达现场后应首先检查是否有明显异常情况，如漏水、漏油、漏气、设备变形、异常声音、异常气味等，然后再根据巡检项目要点对设备进行检查。巡检必须到位，要认真本着一看、二听、三嗅味、四摸清、五比较、六分析、七汇报的原则进行。做到五到：足到（该查的设备要去查）、心到（该查的内容要想到）、眼到（该查的项目要看到）、耳到（异常声音要听到）、鼻到（异常气味要嗅到）。

除正常检查内容外，还应重点关注：设备薄弱环节和易损、易耗部件；设备重负荷、过负荷、轻负荷时各部件发热、振动以及结露情况；设备有隐患或频发性缺陷的部件；设备因热胀冷缩易损坏、渗漏部件等。

(5) 进入危险区（如地下孔洞、沟道）或接近危险部位（如高压电气设备、机器的旋转部分）检查时，巡检人员还应遵守《国家电网公司电力安全工作规程（变电部分）》《国家电网公司电力安全工作规程　第3部分：水电站动力部分》相关规定，携带必要的安全工器具，并做好针对性的安全防护措施。

(6) 巡检人员在进行定期试验及定期切换前，必须先经当班运维负责人（值长）同意后方可执行，执行前应通知中控室当班人员。

(7) 运行巡检人员每天完成巡检工作后，须填写《运行巡检分析报告》。巡检报告中须写明本周发现的设备故障、异常，已采取的措施，对设备情况、历史数据的比较分析等。

(8) 对巡视人员的要求。

巡检人员应具备相应业务知识，高压设备巡检人员应经运维检修部考试合格，高压设备巡视要具备巡视资格，企业领导批准，精神状态良好、注意力集中。人员应熟悉电气规程有关规定，由运维检修部专业考核合格，经公司安全监察质量部安规考试合格，人员名单应由公司安全监察质量部书面公布，原则上应每年公布一次。新参加工作的人员、实习人员和临时参加劳动的人员（管理人员、非全日制用工等），不得单独进行设备巡回检查工作。在运维岗位工作期限未满3个月的新员工，不得单独巡视。

巡检人员应按照现场安全规程要求，正确穿戴绝缘鞋、工作服，佩戴安全帽、手电筒，特殊区域还应佩戴防毒面具、正压式呼吸器等劳动保护用品，做好个人安全防护。高压电气设备的巡检，还应遵守《国家电网公司电力安全工作规程　变电部分》相关规定。

巡回检查人员在工作过程中不得做与巡回检查工作无关的事情或其他未经批准的工作。巡回检查工作需要打开的设备房间门、开关箱、配电箱、端子箱等，在检查工作结束后应随手关好。根据巡检内容的需要，携带红外线测温仪、噪声仪、SF_6检漏仪、测氧仪、万用表等必要的检查用具，携带专用的巡检仪（PAD，下同），及时记录有关数据和检查结果。

(9) 巡检过程中，若发现异常：

1) 如发现设备参数或状态不正常时，应立即向当班运维负责人（值长）汇报，同时也应向自己所在班组班长汇报；

2) 如发现危及人身和设备安全的异常情况时，应按照现场事故处理规程先进行处理，然后再汇报；

3) 如发现一般缺陷，可在巡检或特巡任务完成后，一并向当班运维负责人（值长）汇报，同时也应向自己所在班组班长汇报，依据《设备缺陷管理标准》进行处理；

4) 如发现危急、严重缺陷或者威胁设备安全运行的设备隐患时，应立即向当班运维负责人（值长）汇报，同时也应向自己所在班组班长汇报，协助当班运维负责人（值长）进行现场处理。

(10) 特殊情况下的设备巡检要求。

1) 火灾、地震、台风、冰雪、洪水、泥石流、沙尘暴等灾害发生时，应尽量不安排或少安排户外设备巡回检查工作。如确实需要进行检查时，应制定并落实必要的安全措施，工作前应经过生产单位运维检修部领导批准，灾情严重的还应经过生产单位分管领导批准，并至少两人一组。工作过程中，当班运维负责人（值长）或机电运维班班长应加强与派出的巡检人员的沟通联系。

2) 下列情况下应针对性地进行设备特巡：

a. 检修后第一次投运和新设备投运；
b. 设备受事故冲击和事故处理后投入运行；
c. 运行工况改变；
d. 设备异常或带缺陷运行；
e. 超负荷运行；
f. 遇天气异常变化（如大雾、雷雨、大风等）；
g. 机组运行方式特殊或主要辅助设备失去备用时；
h. 电网或厂用电系统处于特殊运行方式时；
i. 发生事故的同类设备或可能受其影响的设备。

第二节　规范化的设备巡检管理体系

运维人员对所负责的设备进行周期性定时、定点、定项目、定区域、定路线等的检查，其目的是为了及时掌握设备的运行状况，及时发现事故预兆、排除故障。规范化的设备巡检体系强调全员参与、步步深入，通过制定规范、执行规范、评价效果、不断改善并推进巡检体系的建设，是抽水蓄能电站提升设备管理的重要途径。下面从巡检准备、巡检计划、巡检分工和巡检管理职责四个方面讨论规范化的设备巡检系统。

一、巡检准备“八定”

巡检的准备工作可以归纳为“八定”：定点、定标准、定人员、定周期、定方法、定量、定业务流程、定巡检要求。这也是巡检管理的基本原则。

（1）定点，即通过科学的分析预测设备的故障点，明确设备的巡检部位、项目和内容，以使巡检人员能够心中有数，做到有目的、有方向地去进行巡检。巡检要定地点，就是要确定设备巡检时的关键部位、薄弱环节，找出设备可能的故障点，明确巡检部位，同时确定各部位检查的项目和内容。

（2）定标准，按照检修技术标准的要求，确定每一个巡检点参数（如间隙、温度、压力、振动、流量、绝缘等）的正常工作范围和巡检要点。

（3）定人员，按区域、按设备、按人员素质要求，明确专业任务。

（4）定周期，制定设备的巡检周期，按分工进行日常巡检、精密巡检和专业巡检。

（5）定方法，根据不同设备和不同的巡检要求，明确巡检的具体方法，如用“五感”，或用仪器、工具进行。

（6）定量，采用技术诊断和劣化倾向管理方法，进行设备劣化的量化管理。

（7）定业务流程，明确巡检作业的程序，包括巡检结果的处理程序。

（8）定巡检要求，做到定点记录、定标处理、定期分析、定项设计、定人改进、系统总结。

二、设备巡检系统分类

抽水蓄能电站一般分为26个设备系统：发电电动机及其辅助设备（FDJ）、水泵水轮机及其辅助设备（SLJ）、主变压器系统（ZB）、主进水阀系统（JSF）、母线及启动设备

(MX)、高压电气设备（GYDQ)、厂用电系统（CYD)、计算机监控系统（JK)、继电保护系统（JDBH)、励磁系统（LC)、调速器系统（TSQ)、SFC系统（SFC)、全厂直流系统(ZL)、通信设备（TX)、闸门金属结构（ZMJJ)、厂内油系统（YXT)、压缩空气系统(QXT)、供排水系统（GPS)、消防系统（XF)、通风及空调系统（TFKT)、全厂照明系统(ZM)、信息系统设备（XX)、安防设施及工业电视系统（AFGYDS)、桥机、葫芦等起重设备（QZSB)、电梯（DT)、工器具及仪器仪表（GQJ)。

三、巡检的五层防护体系

(1) 第一层防护线。

值守业务人员，每班进行2次值守业务特巡工作，机组启停前后各1次，按设备的部位进行的定路线巡视，为了“观察”设备的正常运行状态，重点发现设备是否有跑、冒、滴、漏等异常现象，确保设备正常。

(2) 第二层防护线。

机电运维班负责全厂机电设备巡检工作，根据设备类型及运行方式的不同，分日巡检、周巡检、月巡检、年巡检。

(3) 第三层防护线。

机电运维班设备专职根据设备分工的不同，负责自己所辖设备的专业巡检工作，每周进行1次。

(4) 第四层防护线。

针对启动频繁、运行强度大、特别重要的设备，在日常巡检和专业巡检的基础上，机电运维班设备主专职（A角），根据设备分工的不同，负责自己所辖设备的精密巡检工作，每月进行1次。利用检测仪器、仪表，对设备进行综合性测试、检查，在设备未解体情况下运用诊断技术、特殊仪器、工具或其他特殊方法测定设备的振动、温度、裂纹、变形、绝缘、电流、电压等状态量，并对测得的数据对照标准和历史记录进行分析、比较、判定，以确定设备的技术状况和劣化程度。

(5) 第五层防护线。

机电运维专工，根据设备分工的不同，在日常巡检、专业巡检、精密巡检的基础上，负责设备巡检技术诊断和劣化倾向管理，对设备进行综合性精度检测和性能指标测定，以确定设备的性能和技术经济指标，评价巡检效果。

四、组织机构及职责

1. 分管领导

(1) 分管领导是电站设备巡检工作的主管领导。

(2) 负责审批电站巡回检查执行手册和有关规定。

2. 运维检修部

(1) 负责制定电站设备巡回检查执行手册，明确设备巡检内容、范围、周期，并具体落实各项相关工作。

(2) 是设备巡回检查管理工作的责任部门和执行部门。

(3) 对本部门巡回检查工作的执行情况进行监督、检查、点评。

3. 设备专工

（1）设备专工根据自己所负责专业不同，每月至少进行 1 次所辖设备的专业巡检工作。

（2）设备专工负责设备巡检技术诊断和劣化倾向管理、综合性能测试分析。

4. 检修业务巡检人员（设备专职 A/B 角）

（1）设备专职应每周至少进行 1 次专业巡检工作。

（2）根据专业的不同，不同专业的设备专职每月应进行一次所辖设备的精密巡检工作，设备专职应协助配合设备专工负责设备巡检技术诊断和劣化倾向管理、综合性能测试分析。

（3）设备专职 B 角应协助配合设备专职 A 角的工作，B 角是巡检管理分工责任制的一种补充，A 角因故不在时，B 角承担相应设备主专职的职责。设备 A/B 角间应互相交流，巡检人员在担任某些设备 A 角的同时，还可担任另外一些设备的 B 角。

5. 运行业务巡检人员

（1）运行业务巡检组人员应每天进行 1 次机电设备的日常巡检工作。原则上安排在机组发电、抽水运行时段执行，由从事运行业务具有资质的运维业务人员执行。

（2）运行业务巡检组人员除每天完成规定的巡检任务后，还应对设备运行参数、主要数据的趋势进行查看和分析。

（3）巡检工作结束后：

1）应立即向运维负责人（值长）汇报巡视情况；

2）及时将设备巡回检查记录和结果上传到生产管理信息系统，运维负责人（值长）应及时审核；

3）及时录入发现的设备缺陷；

4）将安全用具、检查用具、钥匙等放置原位。

5）认真拟写日巡检分析报告。

6. 安全监察质量部

（1）安全监察质量部是电站巡检管理工作的监督部门。

（2）对电站设备巡回检查工作进行监督、检查和考核。

（3）对电站设备巡回检查执行手册提出修改建议。

五、管理环节

由运维检修部制定设备巡回检查的巡检点、区域、路线、内容和要求。机电运维班班长（包括运行业务）每月生成月度设备巡回检查工作计划，布置设备巡回检查任务。巡回检查人员按照计划开展设备巡回检查工作，发现缺陷应填报缺陷单，并及时告知当班运维负责人（值长），完成检查任务后向机电运维班班长汇报缺陷及异常情况，并在生产管理信息系统上传巡回检查记录。机电运维班班长对巡回检查记录进行审核、批准。

六、管理保障

巡检标准制定依据包括国家、行业发布的安全工作规定、安全职责规范、安全工作规程、电气防误操作管理规定、重大反事故措施等。

七、管理内容

1. 总体要求

（1）抽蓄电站运维检修部应根据设备的运行规程、设备厂家、运行维护手册以及运维人员配置、倒班方式等实际，制定并公布以下内容：

1）每个具体设备的巡回检查内容、标准、周期；

2）明确正常情况时，设备巡回检查工作的巡检路线；

3）明确各种特殊情况时（如新投产设备、大修或改进后的设备第一次投运等），设备特殊巡回检查（简称设备特巡）工作的条件、内容及注意事项；

4）重要设备还应明确正常状态的标准和参数，明确预警值和报警值；

5）特巡的内容、标准、周期。

（2）新设备投产或设备更新改造后，要及时修订设备巡回检查内容。

（3）原则上，抽蓄电站每两年应调整并公布最新版本的设备巡回检查内容。

（4）备用中的设备应参照运行设备的巡回检查标准，开展巡回检查工作。

（5）主变压器室、母线洞、GIS 室等重要设备的巡回检查路线入口处应张贴工作注意事项。

（6）机电运维班班长负责安排每月运维日常巡回检查人员工作计划。设备运行方式和环境发生变化等特殊情况下，机电运维班班长或运维负责人（值长）可针对性安排设备特巡，特巡工作由操作（ONCALL）人员完成。

2. 人员资质要求

（1）巡检人员分为一般巡回检查人员和有权单独巡视高压电气设备人员两大类。

（2）新参加工作的人员、实习人员和临时参加劳动的人员（管理人员、非全日制用工等），不得单独进行设备巡回检查工作。

（3）一般巡回检查人员应经各单位运维检修部考试合格，且应具备单独巡视的能力，人员名单由电站运维检修部书面公布，原则上应每年公布一次。

（4）有权单独巡视高压设备的人员应熟悉电气规程有关规定，由各单位运维检修部专业考核合格，且经电站安全监察质量部安全考试合格，人员名单应由各单位安全监察质量部书面公布，原则上应每年公布一次。

（5）在运维岗位工作期限未满 3 个月的新员工，不得单独巡视。

3. 巡检的周期要求

（1）电站机组等主要设备（如发电电动机及其附属设备、水泵水轮机及其附属设备、主变压器设备、GIS 设备、SFC 设备、出线场设备、厂用电设备等）应至少每天巡回检查 1 次。

（2）电站其他设备（如公用辅助设备、上水库设备、下水库设备等）应至少每周巡回检查 1 次。

（3）上水库、下水库应至少每周巡回检查 1 次。

（4）机组运行期间，应安排 1 次有针对性的巡回检查。

（5）运维检修部机电运维班班长及专工每月应至少参加 1 次巡检工作。机电运维班设备专职应每周至少进行 1 次所辖设备的专业巡检工作，每月应进行一次所辖设备的精密巡检工作。

4. 任务管理

（1）机电运维班班长应严格按照设备巡回检查规程的要求，每月生成《月度设备巡回检查工作任务计划》。

（2）运维检修部负责人应根据现场实际，调整《月度设备巡回检查工作任务计划》，并明确任务分工。

（3）《月度设备巡回检查工作任务计划》应严格执行，若需调整，需经运维检修部负责人同意。

5. 检查与考核

（1）运维检修部每月应对设备巡回检查的工作情况进行一次检查，对设备巡检工作情况进行检查和点评，对检查发现的问题进行分析、整改，对责任班组和当事人进行教育和考核。

（2）运维检修部应将巡检数据和结果纳入每月的设备健康状态分析工作。

（3）运维检修部、安全监察质量部要对设备巡回检查工作情况进行检查，并提出考核意见。

6. 资料归档

（1）巡检资料主要包括：巡检数据，巡检分析报告（分周报告和月报告）。

（2）巡检任务完成后，应立即将有关的巡检数据上传，录入巡检管理系统，确保巡检数据的完整，以实现闭环管理。

（3）已经执行完毕的设备巡回检查任务由各单位运维检修部负责整理，形成设备巡回检查记录后上传到生产管理信息系统进行统一保管，保管期限为 12 个月。

八、巡检作业指导书

1. 定位及分类说明

巡检作业指导书适用于电站设备设施的巡检作业。作业指导书中的巡检项目根据现场实际情况确定，可以按照设备系统、巡检区域、巡检周期等作业习惯进行分类编制，一个区域的多个设备系统、同一设备系统的多个区域、相同巡检周期的不同设备系统和区域均可使用一份作业指导书。一般一个巡检任务对应一份作业指导书，也可以一个巡检任务对应多份作业指导书。

PIR（Patrol Inspection Record）单是指巡回检查记录单，作为巡检作业指导书的附表，主要对设备设施的温度、压力等巡检数据和状态进行记录并简要分析。

2. 标准结构和内容

巡检作业指导书包括：封面、适用范围及依据、巡检项目、作业基本条件、巡检工艺要求及质量标准、巡检小结、附表等部分组成。

封面：主要是作业指导书的基本信息，包括指导书名称、编号、作业部门、作业班组、巡检类别、周期、总页数、版本和修编记录等。

适用范围及依据：主要是说明作业指导书适用的设备类型和编制依据。

主要巡检项目：本次巡检作业执行的项目名称。

基本条件及要求：完成本次巡检作业需要的条件和要求，包括人员、工器具、注意事项及其他巡检要求等。

工艺要求及质量标准：作业指导书的核心内容，填写巡检要求、质量标准和其他相关信息。

小结：对本次巡检中发现的异常情况及现场处理情况、作业指导书的使用情况进行总结，提出相关建议和意见。

附表：巡回检查记录单（PIR）。PIR 单填写对应巡检项目的检查记录，内容应全面详细具体。

3. 填写说明

（1）作业指导书编号原则

巡检典型作业指导书的编号原则上第一字段为电站简称，第二字段为巡检业务简称（巡检 XJ），第三字段为设备巡检周期（日 D、周 W、月 M），后续字段各单位可根据自身需求予以规范。例如×××抽水蓄能电站日巡检作业指导书编号为“×××-XJ-D-×××-×××”。

后续字段中用到设备系统的应使用设备系统规范简称，设备系统规范简称见本节“二、设备巡检系统分类”。

（2）巡检类别分为值守业务巡检、日常巡检、专业巡检、精密巡检和特巡。

（3）周期及版本号：填写作业指导书中巡检项目的周期，分为天、周、月；版本号：按照 V1、V2…顺序排列。

（4）作业指导书版本修编记录：概述作业指导书的修编要点（比如“依据……对作业指导书‘巡检要求及质量标准’项进行修编”），修编依据可列专项反措要求、技术改造等。

4. 适用范围及依据

填写作业指导书适用的设备类型和依据的规程或标准，例如“本作业指导书适用于××公司制造的半伞式机组水轮机设备的巡检，依据×××抽水蓄能电站《水轮机导水机构设备运检规程》《水轮机水导轴承运检规程》等编制”。

5. 主要巡检项目

（1）“选择”栏采用打钩形式选择本次巡检作业要执行的巡检项目，若不执行则在对应“备注”栏说明原因。

（2）“任务布置人”栏填写运维负责人（值长）（或班组长），“巡检人”栏填写执行本作业指导书中巡检项目的人员。

6. 基本条件及要求

填写实施本次巡检需要完成的条件及要求，包括巡检人员资质、工器具准备、巡检中的安全注意事项、一般技术要求、异常情况处理原则等；“备注”栏填写其他信息。模板中所列为通用要求，各单位可参考并根据具体的巡检任务，结合电站设备实际情况进行针对性的修改完善。

7. 工艺要求及质量标准

（1）“巡检项目及内容”栏的序号 1 和 2 的第一行填写独立区域或独立设备系统的巡检项目（1 号机水车室设备检查），对应的 1.1 和 1.2 行填写完成对应项目的分项（1 号导叶接力器检查）；“工艺要求及质量标准”栏填写对应项目的巡检技术要求和质量标准，巡检要求及质量标准应明确具体细致，如红外测温的具体部位、采用的巡检手段（看、听，摸、嗅、分析）、必须查看的设备部位等；巡检重要设备还应明确正常状态的标准和参数，明确预警值和报警值，以便巡检人员准确做出分析判断；“注意事项”栏填写对应巡检项目的安全和技术注意事项，如巡检运行机组的水轮机导叶联臂时不得站立在控制环等运行设备上。

（2）巡检项目后的对应栏填写巡检项目的开始和结束时间。

（3）“设备状态”栏填写设备的运行状态，包括运行、备用、故障、检修等。

（4）“巡检数值”栏填写巡检项目需要记录的具体数据，无数据的为空，数据较多的可采用附表。

（5）“巡检结果”栏填写巡检结果，分为正常和异常。异常情况包括数值越限、趋势异常、声音振动异常、跑冒滴漏等。

（6）“备注”栏填写巡检中发现的异常情况描述和未执行原因。

8. 小结

对本次巡检中发现的异常及现场处理情况进行总结，如发现异常的数量，主要异常及处理过程描述，生成的缺陷单号等；对作业指导书的使用情况进行总结，提出相关建议和意见。

9. PIR 单

（1）PIR 单编号原则：第一字段为 PIR，第二字段为电站简称，第三字段为设备系统，后续字段各单位可根据自身需求予以规范。例如，×××抽水蓄能电站高压气机压力记录单编号为“×××-THP-QXT-×××-×××”。

（2）对于数据记录的，应标明正常范围值，巡检人员在小结中对巡检数据进行简要分析。

（3）一份作业指导书根据巡检项目内容，可附带多个 PIR 单。

10. 巡检作业指导书模板

×××抽水蓄能电站（厂）

编号：×××-XJ-D-×××-×××

<table>
<tr><th>作业部门</th><th colspan="3">运维检修部</th><th>作业班组</th><th colspan="3">机电一班</th></tr>
<tr><td>巡检类型</td><td colspan="3">值守业务巡检、日常巡检、
专业巡检、精密巡检、特巡</td><td>周期</td><td colspan="3">天/周/月</td></tr>
<tr><td>页数</td><td colspan="3">指导书总页数（包含附表）</td><td>版本号</td><td colspan="3">V1</td></tr>
<tr><td colspan="8">1 号水轮机及其辅助设备
巡检作业指导书（试行）</td></tr>
<tr><td colspan="8">作业指导书版本修编记录：</td></tr>
<tr><td>第一版</td><td colspan="7">××××年××月××日编制</td></tr>
<tr><td>第二版</td><td colspan="7">依据……对作业指导书“巡检要求及质量标准”1.3 项进行修编。（依据可列专项反措要求、技术改造等）</td></tr>
<tr><td></td><td colspan="7"></td></tr>
<tr><td>状态</td><td>版本号</td><td>编写人</td><td>时间</td><td>审核人</td><td>时间</td><td>批准人</td><td>时间</td></tr>
<tr><td></td><td></td><td></td><td></td><td></td><td></td><td></td><td></td></tr>
<tr><td></td><td></td><td></td><td></td><td></td><td></td><td></td><td></td></tr>
<tr><td></td><td></td><td></td><td></td><td></td><td></td><td></td><td></td></tr>
</table>

1 适用范围及依据

2 主要巡检项目

选择	序号	巡 检 项 目		已完成	备注
□	1			□	
□	2			□	
□	3			□	
□	4			□	
□	…			□	
任务布置人			巡检人		

注：以下内容由巡检人填写。

3 基本条件及要求

序号	基本条件及要求	完成否	备注
1	巡检人员必须符合有关资质要求	□	
2	巡检人员在工作过程中不得做与巡检工作无关或其他未经批准的工作	□	
3	应携带手电筒、测量表计、测温仪等必要的检查用具，携带专用的巡检仪（PAD），及时记录有关数据和检查结果	□	
4	应按照现场安全规程要求，做好个人安全防护，携带必要的安全用具	□	
5	巡回检查工作需要打开的设备房间门、开关箱、配电箱、端子箱等，在检查工作结束后应随手关好	□	
6	工作应做到“六到”，即：走到、看到、听到，摸到、嗅到、分析到	□	
7	进入危险区（如地下孔洞、沟道）或接近危险部位（如高压电气设备、机器的旋转部分）检查时，应遵守《电力安全工作规程》（简称《安规》）相关规定，携带必要的安全工器具，并做好针对性的安全防护措施	□	
8	发现设备参数或状态不正常时，应立即向运维负责人（值长）报告；运维负责人（值长）告知值守人员相关情况	□	
9	发现危及人身和设备安全的异常情况时，应按照现场事故处理规程先进行处理，然后再汇报	□	
10	发现一般缺陷，可在巡回检查任务完成后，一并向运维负责人（值长）报告，运维负责人（值长）告知值守人员相关情况	□	
11	发现危急、严重缺陷或者威胁设备安全运行的设备隐患时，应立即向运维负责人（值长）报告，接受运维负责人（值长）的指令进行现场处理；运维负责人（值长）告知值守人员相关情况	□	
12	工作过程中，应遵守相关规定，不允许随意拆除检修安全措施或挪动遮栏，不许擅自变更安全措施或设备运行方式	□	
13	工作过程中，检查人员应保持通信畅通	□	
14	…		

4　工艺要求及质量标准

序号		巡检项目及内容	设备状态	工艺要求及质量标准	注意事项	巡检数值	巡检结果	备注
1		1号机水车室设备检查	自××月××日××时××分至××月××日××时××分结束					
	1.1	1号导叶接力器检查					□正常□异常	
	1.2	2号导叶接力器检查					□正常□异常	
	1.3	顶盖检查					□正常□异常	
	1.4	…					□正常□异常	
2		蜗壳层1号机设备检查	自××月××日××时××分至××月××日××时××分结束					
	2.1	尾水管人孔门检查					□正常□异常	
	2.2	蜗壳人孔门检查					□正常□异常	
	2.3	…					□正常□异常	

5　小结

基本情况	异常简述	
	现场处理情况	
本作业指导书执行情况及意见建议		
其他		

6　巡回检查记录单（PIR）样表。

×××电站（厂）设备巡回检查记录单（PIR）

记录单编号：PIR-THP-QXT-×××-×××	**巡检项目：高压气机运行压力**
作业指导书名称：气系统设备巡检作业指导书	作业指导书编号：

	1级气压（bar[1]）	2级气压（bar）	3级气压（bar）	备注
正常范围				
1号气机				
2号气机				
3号气机				
4号气机				
5号气机				

小结：（由巡检人对以上采集数据简要分析）

巡检人签名：　　　　时间：

[1] 1bar=10^5Pa，下同。

九、管理流程

设备巡回检查管理流程如下：

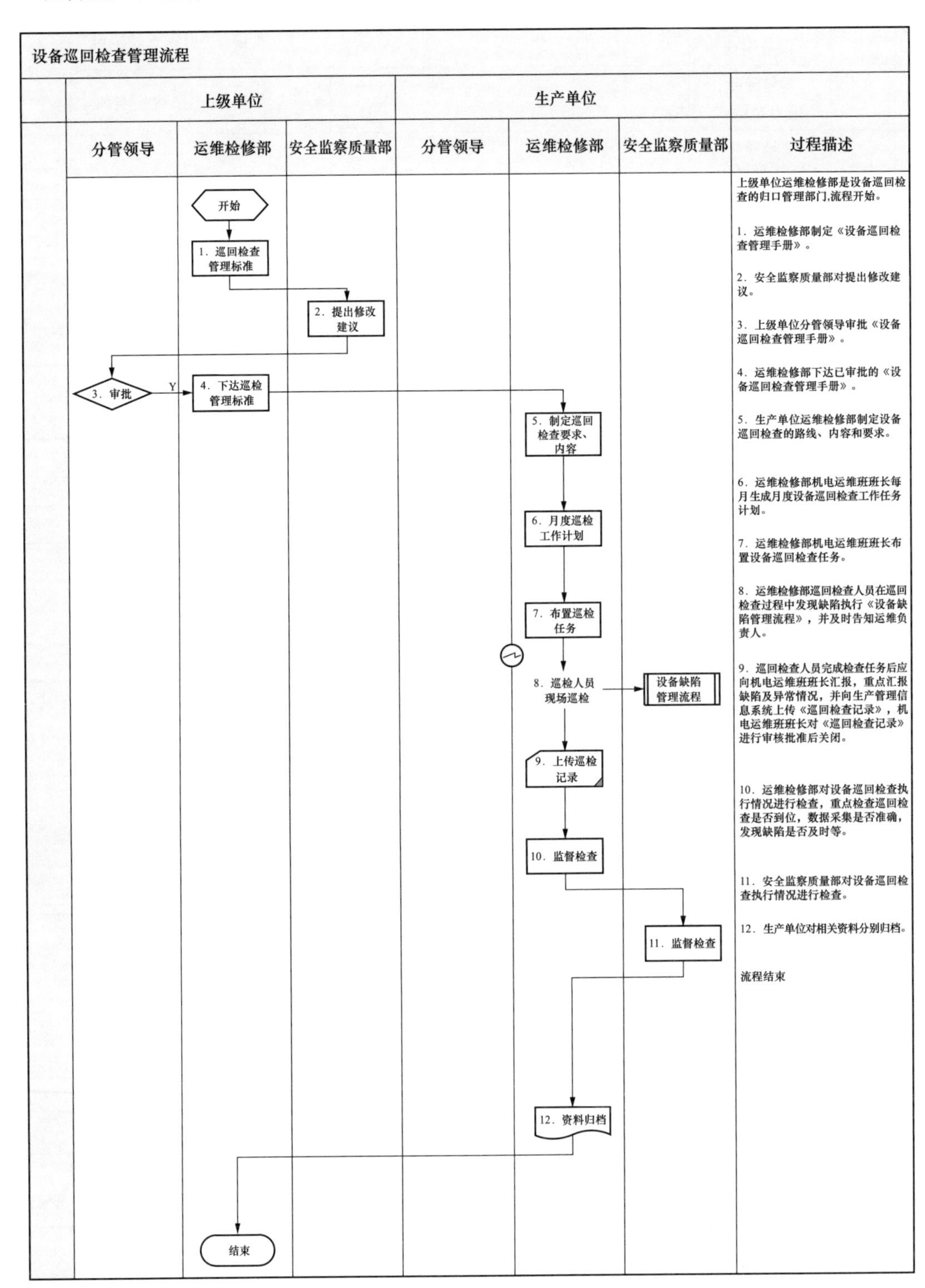

第四章　抽水蓄能电站设备定检管理

本章节重点讲述了抽水蓄能电站设备定期工作管理的职责、管理活动的内容与方法、重要风险识别与控制、检查与考核、报告与记录等。机电设备定期维护工作的检查和试验项目、检查和试验的要求和实施周期及条件等。

第一节　设备定检概述

一、定检类别

设备的定检工作包括设备定期启动、定期轮换与试验、定期维护、定期校验等工作，通过对设备的检测、轮换和维护工作以防止设备性能劣化或降低设备失效的概率，按计划或相应技术条件的规定开展的活动，从而确保设备处于良好的工作状态。

1. 设备定期启动

运行设备或备用设备进行动态或静态启动，以检测运行或备用设备的健康水平，确保其在应急状态下的启动或切换成功。

2. 设备定期轮换与试验

运行设备与备用设备之间经主备用切换后轮换运行，以确保主备用设备保持比较均匀的健康水平，保证在用设备具有较高的运行可靠性。

3. 设备定期维护

为保证设备处于正常运行状态，根据设备维护周期要求，结合设备月度停役计划执行的维护及缺陷处理工作，开展的设备日常检查、清洁、保养、试验、机组D级检修及月度定检等工作。

4. 定期校验

定期校验主要是根据校验周期对工器具和试验仪器进行的检查、检验。

5. 运行小时数及动作次数的定期抄录

为确保设备在规定的寿命周期内健康运行，便于设备的日常维护及健康状态分析，开展油水泵的运行小时数、开关和避雷器的动作次数定期抄录工作。

二、管理的总体要求

（1）设备定期维护工作应根据设备的运行特点，依据国家和电力行业的有关规定，确定合理的定期检查内容和周期。

（2）定期维护工作还应依据电站设备实际情况进行补充完善。

（3）设备定期维护工作的开展应在确保安全的前提下进行，依据设备运行的状态可分为设备运行时开展的工作和设备停运时开展的工作。

（4）主机辅助设备的部分日常维护项目，可按照周期结合机组月度定检、D修执行。

（5）定期维护工作应有详细完整的记录，记录类型可分为信息类或数据类，信息类主要记录定期维护工作开展的过程及结果，数据类是指形成具体的数据记录。

（6）定期维护工作执行完毕后，应及时在生产管理信息系统中回填执行情况，发现问题后应及时做好相关记录，做到闭环管理。

（7）为防止设备性能劣化或降低设备失效的概率，抽水蓄能电站班组应按计划或相应技术条件规定开展设备定期工作。

（8）设备定期工作执行完毕后，应进行相关试验确认设备运行功能正常。

（9）逐步推行设备定期工作移动作业，实现工作记录数据结构化。

（10）电站应编制专业设备定期工作记录单，规范工作项目对应的工艺质量标准、检查方法、设备状态以及记录类型等内容，明确工作记录要求，逐步实现定期工作数据记录的结构化。

（11）运维检修部应对设备定期工作的数据和记录进行总结和分析，有关结论应纳入月度、年度设备健康状态分析报告。

（12）设备定期试验与轮换后，应及时分析比较本次与上次试验结果，如试验结果与上次试验有较大变化时应立即分析原因，在确保安全的前提下可以重做一次，并将情况逐级汇报，并在定期工作记录表中做好记录。

三、标准项目库编制

（1）电站运维检修部根据设备定期工作修订本班组设备定期工作标准项目库。

（2）设备定期试验与轮换工作按设备特性及运行要求的不同分为周工作、月工作、季工作、半年工作、年工作五种周期。

（3）抽水蓄能电站定期试验一般包括以下项目：

1）机组背靠背拖动试验；

2）机组长时间冷态备用启动空转试验；

3）事故照明系统轮换试验；

4）高压气机启停试验；

5）高压注油泵启停试验；

6）柴油发电机启动试验；

7）主变压器冷却器电源切换试验；

8）厂用电备自投动作试验。

（4）定期轮换一般包括以下项目：

1）主变压器冷却器优先级定期轮换；

2）主变压器空载冷却水泵主备用定期轮换；

3）调速器油泵主备用定期轮换；

4）球阀压油泵主备用定期轮换；

5）机组技术供水泵主备用定期轮换；

6）机组主轴密封增压泵主备用定期轮换；

7）220V 直流系统充电屏定期启动及轮换；

8）110V 直流系统充电屏定期启动及轮换；

9）48V 直流系统充电屏定期启动及轮换；

10）励磁系统处理器及励磁风扇主备用定期轮换；

11）中控室主模拟屏水位测量系统定期轮换。

（5）定期维护一般包括以下项目：

1）设备定期维护及缺陷处理；

2）机组月度定检及 D 修；

3）设备日常检查、清洁、保养；

4）漏电保护器的校验；

5）大负荷开关的红外测温工作；

6）开关及避雷器动作次数、油水泵运行小时数的抄录。

第二节　设备定检计划

一、定期工作计划编制

（1）设备主人在生产管理信息系统中，依据设备定期工作标准项目库、设备厂家运行维护说明书、系统内同类型设备运维经验、设备实际运行情况、各类规程规范和反事故措施要求等项目来源，编制设备定期工作专业年度工作计划，明确项目周期、责任班组、工艺质量标准、实施时间、定期工作类型、项目来源等内容。

（2）专工负责汇总、审核各设备主人编制的设备定期工作专业年度工作计划，形成《设备定期工作年度工作计划》，经运维检修部负责人审核、分管领导审批后发布执行。以上工作应在每年 12 月中旬完成。

（3）电站班组可结合设备实际情况、最新规程规范要求、各类反措要求及工作负责人变动情况，提出《设备定期工作年度工作计划》变更申请并说明变更理由，经运维检修部负责人审核，分管领导审批后执行。

（4）《设备定期工作×××年度工作计划》（见表 4－1）由运维班组参照公司的标准项目清单、公司内同类型设备经验，依据电站设备实际运行情况、维护说明书、技术监督项目、反事故措施项目等，在生产管理信息系统中编制。

（5）《设备定期工作×××年度工作计划》中应包含设备定期启动、定期轮换、定期维护等内容。计划中应明确周期、责任班组、工艺标准、完成期限等。

（6）运维检修部应结合设备实际情况和相关管理要求责成运维班组及时对《设备定期工作×××年度工作计划》进行修订。

表 4-1　　设备定期工作×××年度工作计划

×××电站							
设备定期工作×××年度工作计划							
序号	设备名称	设备编号	对应标准项目	工作周期	起始日期	责任部门	备注

编制说明：

（1）序号指表格行的连续编号；

（2）设备名称指电站设备的图纸、运行规程、检修规程中定义的中文名称；

（3）设备编号指电站设备的图纸、运行规程、检修规程中定义的设备编号。

二、定期工作计划和周期

（一）定期（维护）工作

定期维护是指为保证设备处于正常运行状态，根据设备维护周期要求，开展的机组 D 级检修、机组月度定检、机组及其辅助设备设施、消防系统等日常检查、保养、试验等工作。定期（维护）工作计划由运维班组（一班、二班、水工班、综合班）根据设备分工参照公司的标准项目清单、公司内同类型设备经验，依据本单位设备实际运行情况、维护说明书、技术监督项目、反事故措施项目等，在生产管理信息系统日常维护模块中编制，并执行审批流程。定期维护工作内容清单，详见表 6-1。

（二）定期启动及轮换

定期启动是指运行设备或备用设备进行动态或静态启动，以检测运行或备用设备的健康水平，确保其在应急状态下的启动或切换成功，确保备用情况下能够紧急启动，保证全厂设备正常运行。定期轮换是指运行设备与备用设备之间经主备用切换后轮换运行，以确保主备用设备保持比较均匀的健康水平，保证在用设备具有较高的运行可靠性。

（1）定期启动工作应在生产管理信息系统定期工作模块中设置周期及相应操作步骤，执行时应使用相应的标准操作卡。

（2）定期轮换工作应在生产管理信息系统定期工作模块中设置周期及相应操作步骤，执行时应使用相应的标准操作卡。

（3）定期启动及轮换工作内容清单，见表 4-2。

表 4-2　　设备定期启动及轮换试验清单

序号	切换名称	切换周期
1	技术供水泵主备用切换	2次/月
	主轴密封增压泵主备用切换	
	球阀压力油泵主备用切换	
	调速器压力油泵主备用切换	
	主变压器冷却器启动优先级切换	
2	励磁通道及风扇主备用切换	1次/月
3	中控楼事故照明切换装置切换试验	1次/月
	地下厂房事故照明切换装置切换试验（1）	
	地下厂房事故照明切换装置切换试验（2）	
4	安全工器具检查	1次/月
5	中控楼主模拟屏上启停柴油发电机	1次/6月
	副厂房保安配电盘上启停柴油发电机	1次/6月
	柴油机现地控制盘上启停柴油发电机	1次/6月
	中控室 OWS 上启停柴油发电机	1次/6月
6	微增压气系统干燥器主备用切换	1次/月
7	全厂消防广播试验	1次/月
8	海事卫星电话充电及试验	1次/3月
9	上水库 48V 直流系统充电器由 1 号切至 2 号	1次/6月
	上水库 48V 直流系统充电器由 2 号切至 1 号	
10	中控楼 48V 直流系统充电器由 1、3 号改为 1、2 号	1次/6月
	中控楼 48V 直流系统充电器由 1、2 号改为 1、3 号	
11	110V 直流系统充电器由 1、2 号改为 1、3 号	1次/3月
	110V 直流系统充电器由 1、3 号改为 1、2 号	
	110V 直流系统充电器由 1、2 号改为 2、3 号	
	110V 直流系统充电器由 2、3 号改为 1、2 号	
12	220V 直流系统充电器由 1、2 号改为 1、3 号	1次/3月
	220V 直流系统充电器由 1、3 号改为 1、2 号	
	220V 直流系统充电器由 1、2 号改为 2、3 号	
	220V 直流系统充电器由 2、3 号改为 1、2 号	
13	主变压器冷却器交流电源切换试验	1次/6月

三、定期工作执行

（1）设备定期工作由电站运维班组负责按照《设备定期工作××××年度工作计划》，按月进行分解并结合实际予以完善，生成的月度工单经班长批准后由班组实施。

（2）月度工单应明确工作项目、工艺标准、执行人员、时间等内容，原则上设备定期工作应在机组月度定检和机组检修期间进行。

（3）生产管理信息系统中自动生成的定期工作工单，由责任班组负责实施。

（4）设备定期工作执行应遵守《电力安全工作规程》和电站相关管理手册的要求。对于不使用工作票的定期工作，还应发布清单。

定期启动（除机组定期启动外）、定期轮换与试验工作应建立并使用典型操作票，设备定期试验与轮换工作应按照规定周期和时间执行，严格执行操作票制度、操作监护制度；调度管辖范围内的设备进行定期试验与轮换工作，必须得到调度许可后方可执行。

运维人员在执行定期试验与轮换工作前，必须征得当班运维负责人（值长）的同意后方可执行，同时需向中控室值班负责人进行汇报沟通。执行完必后，应立即向当班运维负责人（值长）和中控室值班负责人汇报执行情况，并在本轮交班前将操作情况在设备定期试验与轮换台账表中进行整理记录，注明操作完成时间及完成人。若某项试验或轮换工作因故无法进行时，应在值班日志和台账内做好记录，并通知当班运维负责人（值长）。

定期维护工作原则上应办理工作票，对于不使用工作票的定期维护工作，按照电站工作票执行手册要求执行。

（5）设备定期启动、定期轮换完成后，定期工作的负责人应立即向当班运维负责人（值长）汇报定期工作执行情况。

（6）运维人员在定期工作中如发现设备异常或故障，须及时向当班运维负责人（值长）汇报，并及时将故障情况记入生产管理系统，按照电站设备缺陷管理制度的有关要求执行，以便进行设备消缺管理。在定期试验与轮换工作中，如发生事故，应立即终止工作，听从当班运维负责人（值长）统一安排，进行事故处理。

（7）设备定期工作执行完毕后，定期工作负责人应及时在生产管理信息系统中回填执行记录。

（8）定期工作工单中部分项目因故无法在计划时间内执行的，应如实填写未执行原因，并履行年度计划变更程序，纳入下月计划中实施。

第三节　规范化的设备定检管理体系

一、组织机构及职责

1. 分管领导

（1）分管领导是电站设备定检工作的主管领导。

（2）负责审批电站巡回检查执行手册和有关规定。

（3）对电站设备定期工作执行情况进行监督、检查和考核。

2. 运维检修部

（1）负责制定电站设备定检执行手册，明确设备定检内容、范围、周期，并具体落实各项相关工作。

（2）是设备定检管理工作的责任部门和执行部门。

（3）负责编制、审核电站年度设备定期工作计划。

（4）对本部门定检工作的执行情况进行监督、检查、点评。

3. 设备专工

（1）设备专工根据自己所负责专业不同，负责对设备定期工作的数据和记录进行总结和分析，有关结论应纳入月度、年度设备健康状态分析报告。

（2）设备定检质量管控与验收，负责技术诊断和劣化倾向管理、综合性能测试分析。

4. 安全监察质量部

（1）安全监察质量部是电站定检管理工作的监督部门。

（2）对电站设备定期检查工作进行监督、检查和考核。

（3）对电站设备定期检查执行手册提出修改建议。

二、管理环节

电站每年12月中旬在编制《设备定期工作年度工作计划》（生产管理信息系统中），经分管领导批准后发布。生产管理信息系统中自动生成的定期工作工单，经班长批准后实施。设备定期启动、定期轮换与试验执行完毕后由定期工作负责人向当班运维负责人（值长）汇报定期工作执行情况，并及时在生产管理信息系统中回填执行记录。

三、管理保障

定检标准制定依据包括国家、行业发布的安全工作规定、安全职责规范、安全工作规程、电气防误操作管理规定、重大反事故措施等。

DL/T 619—2012 水电站自动化元件（装置）及其系统运行维护与检修试验规程

DL/T 1066—2007 水电站设备检修管理导则

四、信息系统

生产管理信息系统是电站运维管理信息化平台，电站运维员工能够通过生产管理信息系统开展运维业务，为运维业务有效规范运转提供信息支撑。

五、检查与考核

（1）电站分管领导、运维检修部负责人对电站设备定期工作执行情况进行监督、检查和考核。

（2）电站运维检修部专工应定期对设备定期工作全过程执行情况进行监督检查，并在设备健康状况分析报告中就定期工作执行情况进行月度、年度总结。

（3）公司总部运维检修部对基层单位设备定期工作执行情况进行监督、检查和考核。

六、资料归档

设备定期工作记录由各单位运维检修部统一保管，保管期限 12 个月。

七、定检作业指导书

1. 定位及分类说明

（1）作业指导书以电站设备规程为依据，用于指导现场维修作业，是电站现场作业的受控执行类文件。

（2）现场维修作业均应使用作业指导书，作业指导书根据现场实际情况确定作业项目范围，一般一张工作票对应一份作业指导书，也可以一张工作票对应多份作业指导书。

（3）推行作业指导书目的是优化现有作业指导书的内容和结构，使其更简洁实用，并支撑移动作业终端的现场应用。

（4）QCR（Quality Control Record）单是指质量控制记录单，分为 H、W、G 三种类型，其中 H（Hold）单为停工待检点记录单，W（Witness）单为见证点记录单，G（General）单为一般记录单。

（5）QCR 单作为作业指导书的附表，是作业质量控制文件，代替目前使用的 W/H 质量控制点签证单。使用作业指导书后，项目验收情况在作业指导书中填写。

（6）RCR（Risk Control Remind）单是指风险控制提醒单，分为重大和较大两种类型，分别对应重大风险作业和较大风险作业。

（7）RCR 单作为作业指导书的附表，是作业风险控制文件，可与风险管控模块实现关联，其风险及预控措施内容通过日风险预控单执行。

（8）作业指导书根据现场维护和检修作业类型和设备系统予以分类编制。

2. 标准结构和内容

作业指导书包括：封面、适用范围及依据、主要作业项目、作业基本条件、作业工艺要求及质量标准、作业小结、附表等部分组成。

封面：主要是作业指导书的基本信息，包括指导书名称、编号、作业部门、作业班组、设备单元、作业类别、周期、总页数、版本和修编记录等。

适用范围及依据：主要是说明作业指导书适用的设备类型和编制依据。

主要作业项目：本次作业执行的项目名称。

作业基本条件：完成本次作业需要的条件，包括工作许可、人员、工器具、材料、开工前交代等。

作业工艺要求及质量标准：作业指导书的核心内容，填写工序工艺、质量标准和验收信息等。

作业小结：对本次作业和作业指导书的使用情况进行总结，提出相关建议和意见。

附表：包括 QCR 单和 RCR 单。

3. 填写说明

（1）作业指导书编号原则。

点检、定检、D 修、停电维修和检修类典型作业指导书的编号原则上第一字段为电站简称，第二字段为作业类别简称（如点检 dj、定检 DJ、D 修 DX 等），第三字段为 26 个设备系统简称（如主变压器 ZB、进水阀 JSF 等），后续字段各单位可根据自身需求予以规范。例如×××电站×号水轮机水导轴承 A 修作业指导书编号为“×××- AX - SLJ -×××-×××”。

（2）设备主单元。

设备主单元：填写对应设备树第二级设备的名称；设备子单元：填写对应设备树第三级设备的名称，根据需要，也可选取设备树第四级设备。

（3）作业类别。

按照作业内容对应的作业类别填写，机组设备的维护类别分为巡检、点检、定检、D修，机组检修类别分为 A/B/C 修，输变电和公用设备的维护类别分为巡检、点检和停电维修，输变电和公用设备的检修类别分为大修和小修。

（4）周期及版本号。

填写作业指导书中作业项目的周期，分为天、周、月、季度、半年和年；版本号：按照 V1、V2…顺序排列。

（5）作业指导书版本修编记录。

概述作业指导书的修编要点（比如“依据……对作业指导书‘作业工序工艺及质量要求’1.3 项进行修编”），修编依据可列专项反措要求、技术改造等。

4. 适用范围及依据

填写本作业指导书适用的设备类型和依据的规程或标准，例如“本作业指导书适用于××公司半伞式机组巴氏合金水导轴承瓦的检修，依据×××电站《水导轴承设备运检规程》编制”。

5. 主要作业项目

（1）“选择”栏采用打钩形式选择本次作业要执行的作业项目，若不执行则在对应“备注”栏说明原因。

（2）“QCR 单和 RCR 单”栏填写每个作业项目中包含的 QCR 单和 RCR 单的数量，“验收等级”栏填写一、二、三。

（3）“任务布置人”栏一般填写工作票签发人或班组长，“作业负责人”栏填写执行本作业指导书中作业项目的现场负责人。

6. 作业基本条件

填写实施本次作业需要完成的条件，“备注”栏可填写对应的工作票票号等。

7. 作业工艺要求及质量标准

（1）“作业项目及工序”栏的序号 1 和 2 的第一行填写作业项目（水导瓦间隙检查调整），对应的 1.1 和 1.2 行填写完成对应项目的工序；“工艺要求及质量标准”栏填写对应工序的工艺要求和质量标准；“注意事项”栏填写对应工序工艺的一般风险和其他注意事项。

（2）作业项目后的对应栏主要填写作业项目的开始和结束时间，验收意见和签名是对本作业项目进行工作验收，完成一个验收一个。

（3）作业项目验收是对完成情况进行验收，其验收等级可根据重要程度等由各单位自行确定。项目三级验收不同于 QCR 单的质量三级验收，只有该项目所有 QCR 单质量验收通过后，方可进行项目三级验收。

（4）项目三级验收分别对应作业负责人验收签字（一级）；检修单位专业技术负责人、监理工程师和电站班组技术负责人验收签字（二级）；检修单位专业技术负责人、监理工程师和电站专工验收签字（三级）。

8. 作业小结

（1）基本情况：填写本次作业完成项目情况，包括 QCR 单和 RCR 单的完成数量。

（2）人工日：填写完成本次作业投入的人工日等。

（3）遗留问题及建议措施：填写本次作业遗留的问题以及建议措施。

（4）执行情况及意见建议：填写本指导书执行中存在的问题及修改完善意见建议。

（5）备注：填写其他情况。

9. 典型质量控制记录单（QCR）

（1）与目前使用的 W/H 点质量签证单的主要内容基本一致。

（2）QCR 单编号原则：第一字段为 QCR，第二字段为电站简称，第三字段为设备系统，后续字段各单位可根据自身需求予以规范。例如，蒲石河电站×号机组水导轴承瓦间隙测量编号为“×××- THP - SLJ -×××-×××”。

（3）QCR 单的验收标准和实测数据：与目前使用的 W/H 点质量签证单的验收标准和实测数据填写内容一致。各单位在编制本单位的典型质量控制记录单时，应根据设备结构绘制质量控制点的检测图，标注具体检测部位，质量标准应符合电站设备运检规程的要求，应清晰具体可量化，不可笼统概括描述。

（4）QCR 单的小结由作业负责人对记录数据进行概述并分析。

（5）QCR 单的质量三级验收：原则上 G 单采用一级验收，W 单采用二级验收，H 单采用三级验收。

（6）由外来检修队伍实施的作业项目，检修单位作业负责人、监理工程师和电站设备主人负责一级验收，检修单位专业技术负责人和电站班组技术负责人负责二级验收，电站专工负责三级验收。

（7）由电站自行实施的作业项目，作业负责人负责一级验收，班组技术负责人负责二级验收，电站专工负责三级验收。

10. 典型风险控制提醒单（RCR）

（1）每一项较大及以上作业风险对应一张 RCR 单。

（2）RCR 单编号原则：第一字段为 RCR，第二字段为电站简称，第三字段为设备系统，后续字段各单位可根据自身需求予以规范。例如，蒲石河电站发电机推力头及卡环分解编号为“RCR - THP - FDJ -×××-×××”。

（3）RCR 单中“存在的风险”和“预控措施”栏内容应参考电站作业风险标准库填写，同时结合现场实际情况进行补充完善。

11. 作业类别及设备系统简称

作业类别简称：巡检（XJ）、点检（DJ）、定检（DJ）、D 修（DX）、C 修（CX）、B 修（BX）、A 修（AX）、大修（DX）、小修（XX）、停电维修（DDWX）。

12. 作业指导书模板及 QCR、RCR 样表

×××抽水蓄能电站（厂）

编号：THP - AX - SLJ -×××-×××

作业部门	**运维检修部**			**作业班组**	**机电一班**		
设备主单元	1 号水轮机（设备树第二级）			设备子单元	水导轴承（设备树第三级）		
作业类别	点检、定检、D 修、停电维修、A 修、B 修、C 修、大修、小修			周期	天/周/月/季度/半年/年		
页数	指导书总页数（包含附表）			版本号	V1		
1 号水轮机水导轴承 D 级检修作业指导书							
作业指导书版本修编记录：							
第一版	××××年××月××日编制						
第二版	依据……对作业指导书“作业工艺要求及质量标准”1.3 项进行修编。（依据可列专项反措要求、技术改造等）						
状态	版本号	编写人	时间	审核人	时间	批准人	时间

1　适用范围及依据

2　主要作业项目

选择	**序号**	**作业项目**	**QCR 单**			**RCR**		**验收等级**	**备注**
			H	**W**	**G**	**重大**	**较大**		
□	1								
□	2								
□	3								
□	…								

续表

选择	序号	作业项目	QCR单			RCR		验收等级	备注
			H	W	G	重大	较大		
新增项目	注意：此处新增加的作业项目应在当前作业工作票的安全措施隔离范围内								
	1								
	2								
	3								
	…								
任务布置人			作业负责人					时间	

3 作业基本条件

序号	作业基本要求	已完成	备注
1	作业工作许可手续办理完毕	□	
2	作业人员状态良好，已安排到位	□	
3	向作业人员交代工作内容、地点、危险点分析及预控	□	
4	工器具完好、校验合格，材料齐全、数量充足	□	
5	作业人员安全防护设备配备齐全	□	
6	作业现场文明生产防护已完成	□	
7	…	□	
8	…	□	

4 作业工艺要求及质量标准

序号		作业项目及工序	工艺要求及质量标准	注意事项	QCR H/W/G	RCR 较大/重大	已完成	备注
1		水导瓦间隙检查调整	1. 自××月××日××时××分至××月××日××时××分结束 2. 验收意见：（填写对本作业项目的验收意见） 3. 签名：根据作业项目验收等级，分别签名					验收等级
	1.1						□	
	1.2	水导轴瓦间隙测量			H		□	H单编号
	1.3					重大	□	RCR单编号
2			1. 自××月××日××时××分至××月××日××时××分结束 2. 验收意见： 3. 签名：					验收等级
	2.1						□	
	2.2						□	

5　作业小结

<table>
<tr><td rowspan="3">作业小结</td><td>基本情况</td><td></td></tr>
<tr><td>人工日</td><td></td></tr>
<tr><td>遗留问题及建议措施</td><td></td></tr>
<tr><td>本作业指导书执行情况及意见建议</td><td colspan="2"></td></tr>
<tr><td>备注</td><td colspan="2"></td></tr>
</table>

6　附表（QCR、RCR）

×××电站（厂）质量控制记录单（QCR）

<table>
<tr><td>记录单编号：QCR-×××-SLJ-×××-×××</td><td>类型：H☑　W☐　G☐</td></tr>
<tr><td>作业指导书名称：
1号机水导轴承系统A级检修作业指导书</td><td>作业指导书编号：</td></tr>
<tr><td>作业项目及工序：
水导轴承间隙检查调整（水导轴瓦间隙测量）</td><td>工序编号：1.2</td></tr>
<tr><td colspan="2">1. 验收标准：
“C”轴瓦间隙：单边间隙0.189～0.24mm，对边总间隙0.368～0.48mm</td></tr>
</table>

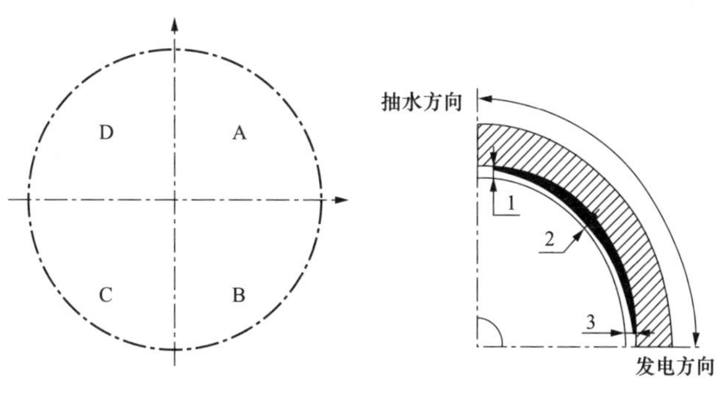

2. 实测数据：（如数据较多，表格较大，可单独做附表）

<table>
<tr><td rowspan="2">测点</td><td colspan="2">单边间隙（mm）</td><td rowspan="2">测点</td><td colspan="3">总间隙（mm）</td></tr>
<tr><td>检修前</td><td>检修后</td><td>检修前</td><td>检修后</td><td>比较值</td></tr>
<tr><td>A2</td><td>×××x</td><td>×××x</td><td rowspan="2">A2+C2</td><td rowspan="2"></td><td rowspan="2"></td><td rowspan="2"></td></tr>
<tr><td>B2</td><td></td><td></td></tr>
<tr><td>C2</td><td></td><td></td><td rowspan="2">B2+D2</td><td rowspan="2"></td><td rowspan="2"></td><td rowspan="2"></td></tr>
<tr><td>D2</td><td></td><td></td></tr>
</table>

测量人：　　　　记录人：　　　　测量工具：

续表

<table>
<tr><td colspan="3">小结：
由作业负责人对记录数据进行概述并分析</td></tr>
<tr><td>（G/W/H 单均填写）</td><td>作业负责人签名：
监理工程师签名（有□，无□）：
电站设备主人签名：</td><td>年　月　日
年　月　日
年　月　日</td></tr>
<tr><td>（仅 W/H 单填写）</td><td>检修单位专业技术负责人签名：
电站班组技术负责人签名：</td><td>年　月　日
年　月　日</td></tr>
<tr><td>（仅 H 单填写）</td><td>电站专工签名：</td><td>年　月　日</td></tr>
</table>

×××电站（厂）风险控制提醒单（RCR）

<table>
<tr><td colspan="3">告知单编号：RCR-×××-FDJ-×××-×××</td><td>风险等级：重大□　较大☑</td></tr>
<tr><td colspan="3">作业指导书名称：
1 号机推力轴承系统 A 级检修作业指导书</td><td>作业指导书编号：</td></tr>
<tr><td colspan="3">作业项目及工序：
推力头及卡环检查处理（推力头及卡环分解）</td><td>工序编号：3.5</td></tr>
<tr><td>序号</td><td>存在的风险</td><td>预控措施</td><td>备注</td></tr>
<tr><td rowspan="2">1</td><td rowspan="2">推力头损坏</td><td>推力头加热后膨胀量满足要求后方能拔出</td><td></td></tr>
<tr><td>利用桥机拔出推力头时注意不能强行拔出</td><td></td></tr>
<tr><td rowspan="3">2</td><td rowspan="3">机械伤害</td><td>卡环拆装过程做好卡环保护，防止坠落砸人</td><td></td></tr>
<tr><td>使用大锤时不得戴手套</td><td></td></tr>
<tr><td>做好防止磕碰、滑跌措施</td><td></td></tr>
<tr><td></td><td></td><td></td><td></td></tr>
<tr><td colspan="4">其他：</td></tr>
</table>

八、设备定期工作管理流程

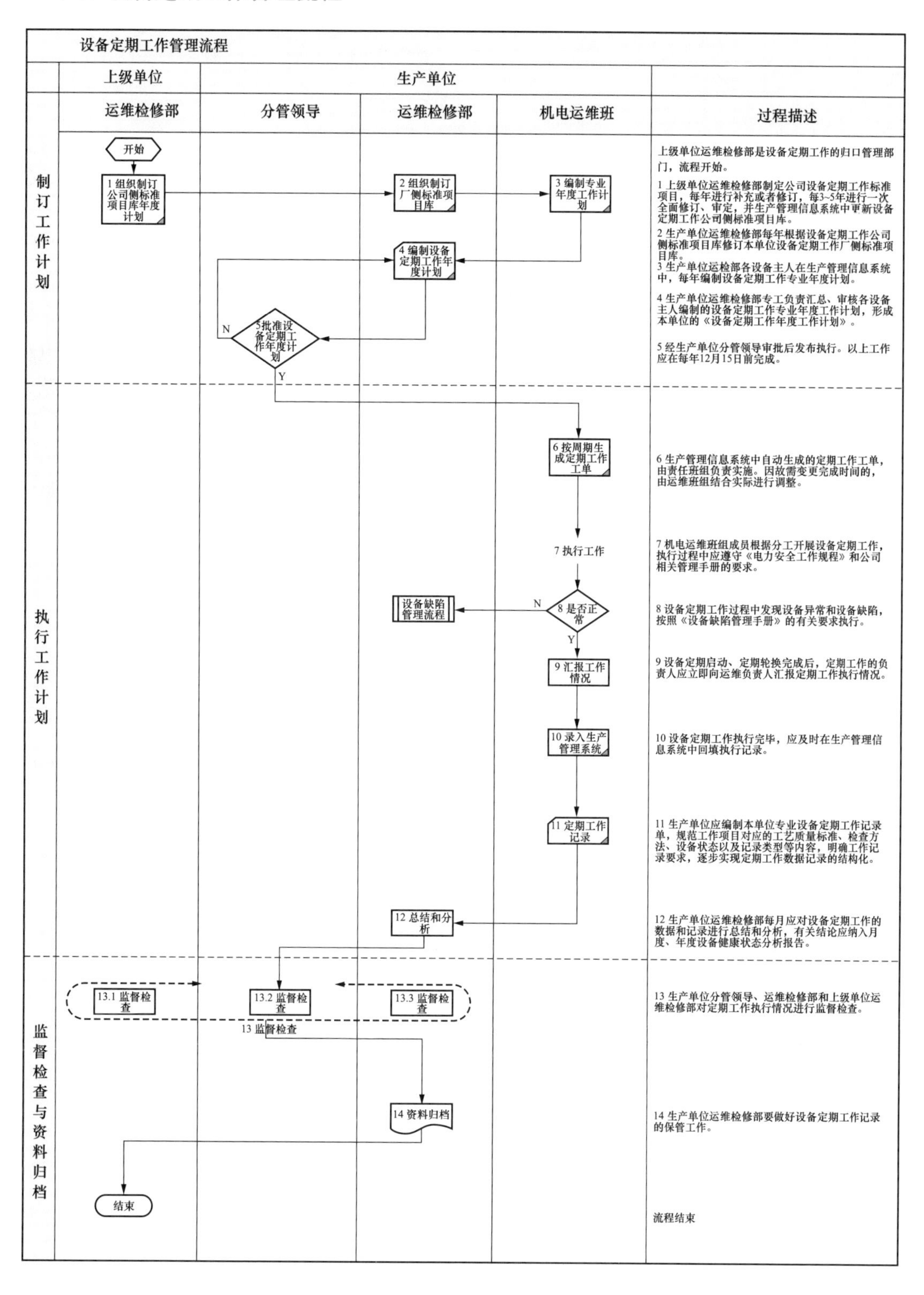

第五章　抽水蓄能电站设备巡检项目及要点

第一节　电　气　部　分

抽水蓄能电站电气设备包括发电机及自动化系统、500kV（110kV、220kV）及发电机出口电气设备系统、主变压器系统、厂用电系统、继电保护系统、励磁系统、静止变频器SFC系统、监控系统、直流及UPS系统、上下水库闸、水位测量及其辅助系统、消防系统、生产控制大区及信息安防系统等。电气设备巡检分为日常巡检、专业巡检、精密巡检和值守业务巡检。日常巡检和值守业务巡检由运行人员完成，专业巡检和精密巡检由班组人员完成。巡检项目及要点见表5-1～表5-12。

一、发电机及自动化系统

表5-1　发电机及自动化系统巡检项目及要点

巡检项目	巡　检　要　点	巡检类型和周期			
		日常巡检 1次/日	专业巡检 1次/周	精密巡检 1次/月	日常巡检1次/周或年
发电机机组振动情况	通过监控画面查看并分析运行发电机各部件温度、振动情况正常	√			
发电机运行电气参数	通过监控画面查看并分析运行机组定/转子电压、电流是正常；有功、无功分配正常；机组转速、抬机量正常	√			
机组直流接地装置	查看并分析机组直流接地装置运行情况及各分支电流情况是否正常	√			
发电机推力轴承各测温点温度	推力轴承铜瓦温度＜90℃，钢瓦温度＜报警值80℃，各测温点数值相差＜5℃		√		
发电机上导轴承各测温点温度	上导轴承温度＜85℃，各测温点数值相差＜5℃		√		
发电机下导轴承各测温点温度	下导轴承温度＜85℃，各测温点数值相差＜5℃		√		
发电机推力油封各测温点温度	推力油封温度＜70℃，各测温点数值相差＜5℃		√		

续表

巡检项目	巡检要点	巡检类型和周期			
		日常巡检1次/日	专业巡检1次/周	精密巡检1次/月	日常巡检1次/周或年
发电机定子绕组各测温点温度	定子绕组温度＜105℃，各测温点数值相差＜5℃		√		
发电机空气冷却器各测温点温度	空气冷却器温度＜45℃，各测温点数值相差＜5℃		√		
发电机定子铁芯各测温点温度	定子铁芯温度＜90℃，各测温点数值相差＜5℃		√		
水轮机水导瓦各测温点温度	水导瓦温＜70℃，各测温点数值相差＜5℃		√		
水轮机主轴密封各测温点温度	主轴密封温度＜37℃，各测温点数值相差＜5℃		√		
水轮机迷宫环各测温点温度	上、下迷宫环温度＜45℃，各测温点数值相差＜5℃		√		
发电机推力摆度、上导摆度、下导摆度	推力摆度、上导摆度、下导摆度值＜250μm		√		
发电机上机架振动X/Y方向、Z方向振动	上机架X/Y方向振动值＜100μm，下机架Z方向振动值＜150μm		√		
发电机下机架振动X/Y/X方向振动	下机架X/Y/Z方向振动值＜50μm		√		
发电机抬机量	抬机量＜1.5mm		√		
发电机各部位温度曲线分析	无尖波、无突变，趋势正常，结合上下水库水温进行分析			√	
发电机各振动摆度曲线分析	无尖波、无突变，趋势正常，结合水头进行分析			√	
推力盖板环境	集电环推力上盖板是否有油污及碳粉堆积	√			
推力油位、有色	推力油位及油色情况	√			
集电环运行情况	机组运行时集电环无异味、异音和放电火花	√	√		
集电环室自动化元器件	摆度探头，抬机量探头，抬机保护与轴电流保护碳刷安装牢固	√	√		
发电机水系统管路、阀门	发电机冷却水系统阀门状态正确，无渗漏	√			
发电机油系统管路、阀门	发电机油系统阀门状态正确，无渗漏	√			
发电机出口母线微增压系统	母线微增压系统运行方式正常，母线微增压系统压力正常，无漏气现象	√			

续表

巡检项目	巡检要点	巡检类型和周期			
		日常巡检 1次/日	专业巡检 1次/周	精密巡检 1次/月	日常巡检1次/周或年
高压注油泵设备（交直流）	高压注油泵运行方式正常，电源供电情况正常，运行指示灯指示转态正常，盘柜无报警	√			
风洞加热器	风洞加热器运行方式正常，电源供电情况正常，运行指示灯指示转态正常，盘柜无报警	√			
除尘器风机	除尘器风机运行方式正常，电源供电情况正常，运行指示灯指示转态正常，盘柜无报警	√			
其他辅机设备	运行方式正常，电源供电情况正常，运行指示灯指示转态正常，盘柜无报警	√			
上导冷却水出口流量	记录数值	√			
下导冷却水出口流量	记录数值	√			
推力冷却水出口流量	记录数值	√			
SAC冷却水出口流量	记录数值	√			
上导冷却水出口压力	记录数值	√			
下导冷却水出口压力	记录数值	√			
推力冷却水出口压力	记录数值	√			
SAC冷却水出口压力	记录数值	√			
SAC冷却水进口压力	记录数值	√			
发电机振动系统	发电机振动情况、卡件运行情况是否正常	√			
机械刹车气压	机械刹车装置气压（红、黑指针）（kPa）正常	√			
机械刹车管路系统	机械刹车装置各阀门状态是否正常、有无漏气	√			
转子顶起装置	转子顶起装置各阀门状态是否正常	√			
发电机消防系统	发电机消防运行方式正常，水压、阀门状态正常，手报装置位置状态正常	√	√		
发电机消防系统	发电机消防装置盘柜消防控制状态正常，无报警灯点亮，无蜂鸣器鸣叫声	√	√		
发电机高压注油泵控制盘	电源开关合上，控制方式在“Remote”，无报警灯点亮		√		
发电机集尘器与加热器控制盘	电源开关合上，控制方式在“自动”		√		
发电机振动控制盘卡件	电源与各通道状态指示绿灯常亮，无报警灯点亮		√		
发电机消防阀组	各阀门位置正常（与标示牌要求位置一致），管路无渗漏		√		

续表

巡检项目	巡　检　要　点	巡检类型和周期			
		日常巡检1次/日	专业巡检1次/周	精密巡检1次/月	日常巡检1次/周或年
发电机消防喷水阀进水侧压力	<200kPa		√		
发电机消防喷水阀压紧腔压力	>1000kPa		√		
运行机组调速器压力油泵电机	电机及其风扇无异音，无过热		√		
发电机模拟量端子盘	盘面完好，柜门关严、完好，柜内无异音、无异味，元器件外观完好，接地线连接完好，防火封堵完好			√	
发电机交直流端子盘	盘面完好，柜门关严、完好，柜内无异音、无异味，元器件外观完好，接地线连接完好，防火封堵完好			√	
发电机振动控制盘	盘面完好，柜门关严、完好，柜内无异音、无异味，元器件外观完好，接地线连接完好，防火封堵完好			√	
发电机集尘器	发电机集尘器电机启停或运行过程中无异音			√	

二、500kV（110kV、220kV）及发电机出口电气设备系统

表5-2　500kV（110kV、220kV）及发电机出口电气设备系统巡检项目及要点

巡检项目	巡检要点（标准要求）	巡检类型和周期			
		日常巡检1次/日	专业巡检1次/周	精密巡检1次/月	日常巡检1次/周或年
出线场设备一次连接与外观	外观完好、无电蚀和过热现象，电晕放电声音正常	√	√		
出线场支撑绝缘子	GIS出线套管、阻波器、避雷器、CVT等支撑瓷瓶表面清洁、无裂纹	√	√		
出线场避雷器泄漏电流	1.5～2.2mA	√	√		
出线场CVT端子箱	盘面完好，柜门关严、完好，柜内无异音、无异味，元器件外观完好，接地线连接完好，防火封堵完好	√	√		
出线场悬挂绝缘子	无破损、完整无缺失	√	√		
出现场其他设备	龙门架完好，无锈蚀现象，出现场围栏完好，锁具/门禁正常	√	√		
地面、地下GIS设备所处环境良好	门窗关严、无破损，照明良好，地面无破损、无积尘，环境温度为5～30℃、湿度<75%	√	√		

续表

巡检项目	巡检要点（标准要求）	巡检类型和周期			
		日常巡检1次/日	专业巡检1次/周	精密巡检1次/月	日常巡检1次/周或年
地面、地下GIS设备外观	外观完好、无异音、无异味或异常振动	√	√		
地面、地下GIS开关操作机构	无渗油，油位、油色正常，位置指示器指示正常，支架无锈蚀，连接螺栓紧固	√	√		
地面、地下GIS SF_6气隔	压力表（密度仪）指针位于绿区，防爆膜法兰端面无渗漏	√	√		
地面、地下GIS电缆终端	电缆终端油压正常，接地回流线外观正常，无异音或异常振动	√	√		
地面、地下GIS现地控制柜盘面	无报警掉牌，位置指示器指示正常，控制方式在“remote”	√	√		
地面、地下GIS SF_6气体泄漏监测系统	显示屏显示正常、SF_6和氧气含量播报正常，监测系统运行正常	√	√		
地面、地下GIS隔离开关、接地开关位置在线监视系统	监视系统运行正常，状态显示正常	√	√		
地面、地下GIS避雷器泄漏电流	1.5～2.2mA		√		
SF_6气体泄漏监测系统控制箱	盘面完好，柜门关严、完好，柜内无异音、无异味，元器件外观完好，接地线连接完好，防火封堵完好	√	√		
地面、地下GIS隔离开关、接地开关位置指示器	首末端位置指示一致			√	
地面、地下GIS现地控制柜	盘面完好，柜门关严、完好，柜内无异音、无异味，元器件外观完好，接地线连接完好，防火封堵完好			√	
电缆头油压分析及电缆终端检查	抄录电缆油压数值，结合环境温度，电缆带负荷情况进行分析			√	
500kV（110kV、220kV）电缆地面电缆通道、竖井（水平段、竖直段）	1）通风良好，照明良好，无冒烟、无异味； 2）清洁、卫生、无老鼠，地面无积水； 3）电缆支架安装牢固、无锈蚀； 4）电缆布置正常，电缆外观完好、无损伤； 5）防火门完好、关严； 6）阻燃段完好、标志齐全				√
启动母线隔离开关/接地开关控制盘	控制盘盘面完好，柜门关严、完好，指示灯指示正常、无缺失，无故障指示灯点亮，柜内无异音、无异味，元器件外观完好，接地线连接完好，防火封堵完好		√		
	控制盘盘面完好，柜门关严、完好，指示灯指示正常、无缺失，无故障指示灯点亮，控制方式选择开关位置正确	√			

续表

巡检项目	巡检要点（标准要求）	巡检类型和周期			
		日常巡检1次/日	专业巡检1次/周	精密巡检1次/月	日常巡检1次/周或年
SFC输出隔离开关/接地开关控制柜或控制箱	控制盘盘面完好，柜门关严、完好，指示灯指示正常、无缺失，无故障指示灯点亮，柜内无异音、无异味，元器件外观完好，接地线连接完好，防火封堵完好		√		
	控制盘盘面完好，柜门关严、完好，指示灯指示正常、无缺失，无故障指示灯点亮，控制方式选择开关位置正确	√			
母线洞拖动/被拖动隔离开关、接地开关	控制盘盘面完好，柜门关严、完好，指示灯指示正常、无缺失，无故障指示灯点亮，柜内无异音、无异味，元器件外观完好，接地线连接完好，防火封堵完好		√		
	控制盘盘面完好，柜门关严、完好，指示灯指示正常、无缺失，无故障指示灯点亮，控制方式选择开关位置正确	√			
启动母线	支架无锈蚀，螺栓连接紧固，母线无明显漏气，外壳无积水		√		
启动母线微增压气系统	压力显示正常（5～15mbar）[1]，机械表与电子表显示一致；盘面完好，柜门关严、完好，指示灯指示正常，无故障指示灯点亮	√			
	1）压力显示正常（5～15mbar），机械表与电子表显示一致； 2）盘面完好，柜门关严、完好，指示灯指示正常、无缺失，无故障指示灯点亮，柜内无异音、无异味，元器件外观完好，接地线连接完好，防火封堵完好		√		
	测量母线微增压补气间隔时间，分析母线漏气情况			√	
启动母线隔离开关、接地开关	视窗查看触头无烧蚀，绝缘拉杆、绝缘子无明显老化、损坏、烧蚀现象；操作机构箱外观完整、无锈蚀、轴端无明显漏气			√	
SFC输出隔离开关、接地开关	视窗查看触头无烧蚀，绝缘拉杆、绝缘子无明显老化、损坏、烧蚀现象；操作机构箱外观完整、无锈蚀、轴端无明显漏气现象			√	
母线洞拖动、被拖动隔离开关、接地开关	视窗查看触头无烧蚀，绝缘拉杆、绝缘子无明显老化、损坏、烧蚀现象；操作机构箱外观完整、无锈蚀、轴端无明显漏气			√	
中性点变压器、隔离开关	1）控制盘盘面完好，柜门关严、完好，指示灯指示正常、无缺失，无故障指示灯点亮； 2）控制方式选择开关位置正确	√			

[1] 1mbar=100Pa，下同。

续表

巡检项目	巡检要点（标准要求）	巡检类型和周期			
		日常巡检1次/日	专业巡检1次/周	精密巡检1次/月	日常巡检1次/周或年
中性点变压器、隔离开关	1）控制盘盘面完好，柜门关严、完好，指示灯指示正常、无缺失，无故障指示灯点亮，柜内无异音、无异味，元器件外观完好，接地线连接完好，防火封堵完好； 2）控制方式选择开关位置正确； 3）视窗查看触头无烧蚀，绝缘拉杆、绝缘子无明显老化、损坏、烧蚀现象		√		
机端电压互感器	1）控制盘盘面完好，柜门关严、完好，二次小开关无跳开现象； 2）电压互感器柜内无明显烧蚀现象	√			
	1）控制盘盘面完好，柜门关严、完好，二次小开关无跳开现象，柜内无异音、无异味，元器件外观完好，接地线连接完好，防火封堵完好； 2）接头无明显松动、烧蚀现象，电压互感器断线监视开关无动作； 3）电压互感器外部瓷套无裂纹或破损，高压保险无熔断现象		√		
主变压器低压侧电压互感器、避雷器	1）控制盘盘面完好，柜门关严、完好，二次小开关无跳开现象； 2）电压互感器柜及避雷器柜内无明显烧蚀现象	√			
	1）控制盘盘面完好，柜门关严、完好，指示灯指示正常、无缺失，无故障指示灯点亮，柜内无异音、无异味，元器件外观完好，接地线连接完好，防火封堵完好； 2）接头无明显松动、烧蚀现象，电压互感器断线监视开关无动作； 3）电压互感器外部瓷套无裂纹或破损，高压保险无熔断现象； 4）避雷器外部瓷套无裂纹或破损		√		
隔离开关/接地开关控制柜或控制箱	1）控制盘盘面完好，柜门关严、完好，指示灯指示正常、无缺失，无故障指示灯点亮，柜内无异音、无异味，元器件外观完好，接地线连接完好，防火封堵完好； 2）控制方式选择开关位置正确		√		
励磁变压器及励磁变压器低压侧开关	1）变压器运行正常，无放电现象，无异响；温度正常，温控器无报警；外壳封闭良好、接地完好； 2）开关外观完好，位置指示器与储能指示器指示正常； 3）现地盘柜门关严，柜内无异音，无异味，元器件无明显烧蚀、老化现象，盘柜接地良好		√		

续表

巡检项目	巡检要点（标准要求）	巡检类型和周期			
		日常巡检1次/日	专业巡检1次/周	精密巡检1次/月	日常巡检1次/周或年
励磁变压器运行情况	励磁变压器运行情况正常，ECB状态正常	√			
励磁变压器温度	励磁变压器绕组温度现地显示、温度正常	√			
换相隔离开关	控制盘盘面完好，柜门关严、完好，指示灯指示正常、无缺失，无故障指示灯点亮，控制方式选择开关位置正确	√			
	1）控制盘盘面完好，柜门关严、完好，指示灯指示正常、无缺失，无故障指示灯点亮，柜内无异音、无异味，元器件外观完好，接地线连接完好，防火封堵完好； 2）控制方式选择开关位置正确； 3）视窗查看触头无烧蚀，绝缘拉杆、绝缘子无明显老化、损坏、烧蚀现象； 4）操动机构箱外观完整、无锈蚀		√		
机组发电机断路器	1）控制盘盘面完好，柜门关严、完好，指示灯指示正常、无缺失，无故障指示灯点亮，柜内无异音、无异味，元器件外观完好，接地线连接完好，防火封堵完好； 2）控制方式选择开关位置正确； 3）开关本体紧固件无松动、脱落，分、合闸线圈无焦味、冒烟及烧伤现象； 4）操动机构、气罐无漏气（油），储能良好，机构箱完整、无锈蚀，接地外壳或支架接地良好		√		
机组发电机断路器操作机构气（油）压	数值抄录	√			
机组发电机断路器SF_6压力	数值抄录	√			
机组发电机断路器外观	外观检查正常，信号指示正常	√			
电气制动隔离开关（断路器）	1）控制盘盘面完好，柜门关严、完好，指示灯指示正常、无缺失，无故障指示灯点亮，柜内无异音、无异味，元器件外观完好，接地线连接完好，防火封堵完好； 2）控制方式选择开关位置正确； 3）视窗查看隔离开关触头无烧蚀，压紧弹簧无变形、缺失，绝缘子无开裂； 4）操动机构箱外观完整、无锈蚀； 5）断路器操动机构、气罐无漏气（油），储能良好，机构箱完整、无锈蚀，接地外壳或支架接地良好	√	√		
	电气制动隔离开关投入时机组转速，记录制动电流、制动时间，与以往数据进行对比			√	
	电气制动隔离开关退出时机组转速、定子电流情况			√	

续表

巡检项目	巡检要点（标准要求）	巡检类型和周期			
		日常巡检1次/日	专业巡检1次/周	精密巡检1次/月	日常巡检1次/周或年
发电机断路器发电工况停机时开断电流	500A左右（视机组容量大小、断路器型号而不同）			√	
发电机断路器抽水工况停机时开断电流	3500A左右（视机组容量大小、断路器型号而不同）			√	
机组断路器GCB操作气（油）压曲线	通过监控趋势查看，无尖波、无突变。			√	
母线洞环境	母线洞内照明、空调、渗漏水外观情况正常	√			
母线洞内断路器、隔离开关运行状态	母线洞内相关断路器、隔离开关运行方式正常	√			
发电机出口母线微增压气系统	发电机出口母线微增压系统压力数值抄录	√			
	压力显示正常（5～15mbar），机械表与电子表显示一致；盘面完好，柜门关严、完好，指示灯指示正常，无故障指示灯点亮	√			
	1）压力显示正常（5～15mbar），机械表与电子表显示一致； 2）盘面完好，柜门关严、完好，指示灯指示正常、无缺失，无故障指示灯点亮，柜内无异音、无异味，元器件外观完好，接地线连接完好，防火封堵完好。 3）发电机出口母线微增压系统盘柜内继电器、压力开关、控制选择开关位置状态是否正常，微增压呼吸器运行情况		√		
	测量母线微增压补气间隔时间，分析母线漏气情况			√	

三、主变压器系统

表5-3　主变压器系统巡检项目及要点

巡检项目	巡检要点（标准要求）	巡检类型和周期			
		日常巡检1次/日	专业巡检1次/周	精密巡检1次/月	日常巡检1次/周或年
主变压器运行总体情况	主变压器运行情况（声音、温度、气味、冷却器有无漏水、高低压侧有无渗漏油情况）	√			
主变压器油温表	记录数值	√			
主变压器油位	记录数值	√			

续表

巡检项目	巡检要点（标准要求）	巡检类型和周期			
		日常巡检1次/日	专业巡检1次/周	精密巡检1次/月	日常巡检1次/周或年
主变压器OLTC油位	记录数值	√			
主变压器高压绕组温度	记录数值	√			
主变压器低压绕组温度	记录数值	√			
报警情况	主变压器光字牌报警情况正常	√			
主变压器冷却器	主变压器冷却器运行情况正常	√			
主变压器油泵	主变压器油泵运行情况正常	√			
主变压器空载冷却水流量（L/s）	记录数值	√			
主变压器PPM值	记录数值	√			
油色谱	主变压器油色谱装置运行正常，无报警	√			
冷却水压力	主变压器冷却器进/出口水压正常	√			
主变压器油枕油位	记录数值	√			
呼吸器运行情况	主变压器呼吸器颜色	√			
室内环境	主变压器室内环境情况正常	√			
主变压器消防系统	主变压器室内各消防探测器工作状态正常	√			
	主变压器消防装置盘柜消防控制状态显示、报警情况、装置运行情况正常，手报装置正常	√			
	主变压器消防水压，查看相关阀门状态正常	√			
主变压器空载冷却水系统	主变压器空载冷却水泵控制方式，盘柜指示状态是否正常	√	√		
	主变压器空载冷却水泵前/后压力、压差是否正常	√	√		
	主变压器空载冷却水泵运行情况是否正常（声音、漏水情况）	√	√		
	PLC装置运行正常，报警面板及柜内设备，光子牌无报警	√	√		
	柜内干燥，无潮湿、异味现象，接线完好，无故障报警	√	√		
环境、温度、湿度	门窗关严、无破损，照明良好，地面无破损、无积尘，环境温度为5～30℃、湿度＜75％		√		
变压器上层油温	＜80℃，液晶表与指针表指示偏差＜5℃		√		
变压器HV绕组温度	＜105℃，液晶表与指针表指示偏差＜5℃		√		

续表

巡检项目	巡检要点（标准要求）	巡检类型和周期			
		日常巡检 1次/日	专业巡检 1次/周	精密巡检 1次/月	日常巡检1次/周或年
变压器LV绕组温度	＜105℃，液晶表与指针表指示偏差＜5℃		√		
冷却器进出口水(油)温	冷却器进出口水（油）温表显示正常		√		
冷却器进口水温	＜35℃		√		
冷却器进口油温	＜80℃		√		
冷却器控制柜盘面	1）PLC画面无报警； 2）直流电源A/B指示灯常亮，A/B/C/D油泵断路器合闸指示灯常亮，无报警灯点亮； 3）冷却器控制方式在自动		√		
启动柜	双电源切换装置H1和H2常亮，H3或H4常亮		√		
变压器本体	声响均匀、无异音，无异味，各部位无渗油		√		
有载分接开关	在线滤油装置无渗漏		√		
吸湿器	变色未超过2/3		√		
冷却器及其管路与阀门	无渗漏，无异常振动和声音，电动阀位置显示正常，无电池电量低报警		√		
冷却水流量	空载流量＞3L/s（或180L/min），负载流量＞250L/min		√		
冷却器进/出口水压	＞0.7MPa		√		
变压器在线油色谱分析装置	电源灯（绿色）亮，报警灯灭（红色）		√		
变压器故障在线监测装置	显示正常、数值无突变、传感器法兰面无渗漏		√		
变压器消防控制箱	控制方式在无人值班、自动，无异常报警		√		
变压器消防管路与阀门	管路无渗漏，出口隔离阀全开，控制回路隔离阀全开		√		
变压器消防喷淋阀控制腔水压	13bar左右		√		
变压器空载冷却水现地控制柜盘面	光字牌无报警，水泵控制方式在自动，电源与信号指示显示正常		√		
变压器空载冷却水泵电机	电机及其风扇无异音，无过热		√		
变压器空载冷却水泵盘柜或端子箱	盘面完好，柜门关严、完好，柜内无异音、无异味，元器件外观完好，接地线连接完好，防火封堵完好		√		
变压器温度趋势分析	各油温、水温趋势无突变			√	
变压器盘柜或端子箱	盘面完好，柜门关严、完好，柜内无异音、无异味，元器件外观完好，接地线连接完好，防火封堵完好			√	

续表

巡检项目	巡检要点（标准要求）	巡检类型和周期			
		日常巡检 1次/日	专业巡检 1次/周	精密巡检 1次/月	日常巡检1次/周或年
变压器PLC运行情况	运行指示灯亮，无报警，通信情况正常			√	
变压器铁芯接地电流	<100mA			√	
变压器夹件接地电流	<100mA			√	
变压器油位	油位与油温关系满足运行曲线要求			√	
变压器在线油色谱分析装置状态分析	各数据无突变，启动周期正常			√	
在线监测系统盘柜或端子箱	盘面完好，柜门关严、完好，柜内无异音、无异味，元器件外观完好，接地线连接完好，防火封堵完好			√	
主变压器油色谱系统	工控机工作正常，主变压器油色谱数据无突变			√	
主变压器套管绝缘在线监测系统	工控机工作正常，主变压器高压套管绝缘在线监测数据无突变			√	
主变压器铁芯在线监测系统	主变压器铁芯与夹件接地电流值及其趋势正常（<30mA）			√	

四、厂用电系统

表5-4　　厂用电系统巡检项目及重点

巡检项目	巡检要点（标准要求）	巡检类型和周期			
		日常巡检 1次/日	专业巡检 1次/周	精密巡检 1次/月	日常巡检1次/周或年
干式变压器	1）变压器运行正常，无放电现象，无异响；温度正常，温控器无报警；外壳封闭良好； 2）变压器防误闭锁装置良好；防火封堵良好	√	√		
	1）中压配电柜表计指示、指示灯等正常；开关本体正常； 2）柜内无异音、无异味、无放电、无明显发热痕迹； 3）柜内环境温度、湿度正常，无结露，盘柜封堵良好；柜门关闭	√	√		
	门窗关严、无破损，照明良好，地面无破损、无积尘，环境温度为5～30℃、湿度<75%	√	√		
油浸式变压器	1）变压器运行正常，无放电现象，无异响、油位正常、无漏油；温度正常，温控器无报警；外壳封闭良好； 2）变压器防误闭锁装置良好；防火封堵良好	√	√		

续表

巡检项目	巡检要点（标准要求）	巡检类型和周期			
		日常巡检1次/日	专业巡检1次/周	精密巡检1次/月	日常巡检1次/周或年
中压配电柜	1）中压配电柜表计指示、指示灯等正常；开关本体正常；保护装置无报警、保护压板投入、开关控制方式及位置状态正确； 2）柜内无异音、无异味、无放电、无明显发热痕迹；电缆无老化，绝缘无破损； 3）柜内环境温度、湿度正常，无结露，盘柜封堵良好；柜门关闭；防误闭锁装置良好，备自投装置运行正常	√	√		
	母线电压抄录	√			
	大负荷开关进行红外测温，温度正常			√	
低压配电盘	1）低压配电柜表计指示、指示灯等正常；开关本体正常；空气断路器脱扣器无报警，开关控制方式及位置状态正确； 2）柜内无异音、无异味、无放电、无明显发热痕迹；电缆无老化，绝缘无破损； 3）柜内环境温度、湿度正常，无结露，盘柜封堵良好；柜门关闭	√	√		
	大负荷开关进行红外测温，温度正常			√	
厂用变压器电抗器（围栏外检查）	电抗器运行正常，无异音、无放电、无闪络、无爬电现象	√	√		
厂用变压器电抗器设备所处环境良好	门窗关严、无破损，照明良好，地面无破损、无积尘，环境温度为5～30℃、湿度<75%	√	√		
远控装置	1）柜内指示灯等正常；PLC元器件网络通信设备柜内无异音、无异味、无放电、无明显发热痕迹；电缆无老化，绝缘无破损； 2）柜内环境温度、湿度正常，无结露，盘柜封堵良好；柜门关闭	√	√		
计量柜	1）柜内计量表计指示正常；计量装置无报警； 2）柜内无异音、无异味、无放电、无明显发热痕迹；电缆无老化，绝缘无破损； 3）柜内环境温度、湿度正常，无结露，盘柜封堵良好；柜门关闭	√	√		
柴油机、发电机	柴油机无漏液、无漏油、外观良好；油箱油位指示正常，无漏油现象	√	√		
柴油发电机控制柜	控制柜无报警；柜内无异音、无异味、无放电、无明显发热痕迹；封堵良好，柜门关闭	√	√		
柴油发电机蓄电池	1）无漏液、无鼓包、无破裂、无积尘； 2）极柱无异常抬升，密封完好	√	√		

续表

巡检项目	巡检要点（标准要求）	巡检类型和周期			
		日常巡检1次/日	专业巡检1次/周	精密巡检1次/月	日常巡检1次/周或年
柴油发电机中压配电柜	1）中压配电柜表计指示、指示灯等正常；开关本体正常；保护装置无报警、保护压板投入； 2）柜内无异音、无异味、无放电、无明显发热痕迹；电缆无老化，绝缘无破损； 3）柜内环境温度、湿度正常，无结露，盘柜封堵良好；柜门关闭； 4）防误闭锁装置良好	√	√		
柴油发电机设备所处环境良好	门窗关严、无破损，照明良好，地面无破损、无积尘，环境温度为5～30℃、湿度<75%	√	√		
事故照明低压配电盘	1）低压配电柜表计指示、指示灯等正常；开关本体正常； 2）柜内无异音、无异味、无放电、无明显发热痕迹；电缆无老化，绝缘无破损； 3）柜内环境温度、湿度正常，无结露，盘柜封堵良好；柜门关闭	√	√		
事故照明逆变器	1）柜内指示灯等正常；控制器运行、显示正常； 2）柜内无异音、无异味、无放电、无明显发热痕迹；电缆无老化，绝缘无破损； 3）柜内环境温度、湿度正常，无结露，盘柜封堵良好；柜门关闭	√	√		
厂用电地方备用电源输电线路	1）输电线路无放电、无闪络，绝缘子无破损；线路完好。 2）户外架空线路，与周围树木、毛竹的安全距离符合要求，无放电的现象		√		
厂用电地方备用电源出线场	隔离开关、接地开关操作机构正常； 避雷器及计数器外观无损坏； 防误闭锁装置良好		√		
	35kV系统避雷器动作次数，泄漏电流正常		√		
厂用电地方备用电源母线	系统电压（kV）数值抄录	√	√		
	厂用电保护装置工作情况，无异常报警信号，保护压板正常投入	√	√		
	各开关运行状态、控制方式正常，盘柜指示正常，保护装置工作、报警正常，开关动静触头检查（通过观察窗）正常	√	√		
电缆接头	1）通风良好，无冒烟、无异味； 2）电缆支架安装牢固、无锈蚀； 3）电缆布置正常，电缆外观完好、无损伤； 4）电缆中间接头运行正常，温度正常		√		
	红外测温，温度正常			√	

续表

巡检项目	巡检要点（标准要求）	巡检类型和周期			
		日常巡检1次/日	专业巡检1次/周	精密巡检1次/月	日常巡检1次/周或年
电缆道、电缆竖井、电缆桥架、电缆沟（包括上下水库连接电缆）	1）通风良好，照明良好，无冒烟、无异味； 2）清洁、卫生、无老鼠，地面无积水； 3）电缆支架安装牢固、无锈蚀； 4）电缆布置正常，电缆外观完好、无损伤； 5）消防设施正常； 6）防火封堵正常，防火门完好、关严； 7）电缆盖板完好、无破损； 8）阻燃段完好、标志齐全				√
电缆室	1）通风良好，照明良好，无冒烟、无异味； 2）清洁、卫生、无老鼠，地面无积水； 3）电缆支架安装牢固、无锈蚀； 4）电缆布置正常，电缆外观完好、无损伤； 5）消防设施正常； 6）防火封堵正常，防火门完好、关严； 7）阻燃段完好、标志齐全		√		

五、继电保护系统

表5-5　继电保护系统巡检项目及要点

巡检项目	巡检要点（标准要求）	巡检类型和周期			
		日常巡检1次/日	专业巡检1次/周	精密巡检1次/月	日常巡检1次/周或年
保护装置现场环境（通用）	门窗关严、无破损，照明良好，地面无破损、无积尘，环境温度为5～30℃、湿度＜75%	√	√		
	各盘柜盘面完好，盘柜前后门关严，柜内无异音，无异味	√	√		
发电机变压器组保护	现地OIS无保护相关异常报警		√		
	保护装置运行指示灯常亮，无故障指示灯点亮或闪亮液晶显示屏显示正常20Hz发生器“RUN”绿灯常亮，“BLOCKED”灯不亮	√	√		
	保护装置无报警指示灯点亮，无跳闸指示灯点亮	√	√		
	各保护跳闸矩阵插拔式二极管插入完好		√		
	各保护压板正常投入	√	√		
	故障录波器运行指示绿灯闪亮，对时指示灯闪亮，无故障指示灯点亮	√	√		

续表

巡检项目	巡检要点（标准要求）	巡检类型和周期			
		日常巡检1次/日	专业巡检1次/周	精密巡检1次/月	日常巡检1次/周或年
厂用电保护（包括开关保护）	保护装置运行指示灯常亮，无故障指示灯点亮或闪亮，液晶显示屏显示正常	√	√		
	各保护装置无保护动作报警	√	√		
	各保护压板正常投入	√	√		
	备自投装置无报警，控制方式正常	√	√		
500kV（110kV、220kV）线路保护（包括开关失灵保护）	1）保护装置及操作继电器箱运行指示绿灯常亮，无故障、报警、跳闸指示灯点亮； 2）LOCKOUT继电器箱无动作指示红灯点亮； 3）按钮、切换把手状态正常； 4）液晶显示屏信息显示正常； 5）各保护压板正常投入； 6）继电器无动作指示，光字牌未掉牌	√	√		
500kV（110kV、220kV）线路开关重合闸装置	1）重合闸装置“RELAY HEALTHY”绿灯点亮； 2）同期检测继电器红灯常亮，继电器无掉牌指示； 3）自动重合闸投退开关位置正常； 4）液晶显示屏信息显示正常； 5）各保护压板正常投入； 6）保护装置及操作继电器箱运行指示绿灯常亮，无故障、报警、跳闸指示灯点亮	√	√		
500kV（110kV、220kV）母差（电缆线）保护（包括主机、从机）	1）保护装置运行指示绿灯常亮，FOX装置运行指示灯常亮，无故障、报警、跳闸指示灯点亮； 2）柜内相应开关跳闸回路监视卡、电源卡件运行正常，无异音，绿灯点亮； 3）LOCKOUT继电器箱无动作指示红灯点亮； 4）液晶显示屏显示正常； 5）继电器无掉牌现象； 6）各保护压板正常投入	√	√		
500kV（110kV、220kV）故障录波器	1）柜内装置上部电源层的POWER ON红灯点亮，顶部风扇运行正常； 2）status状态为standby； 3）保护装置及操作继电器箱运行指示绿灯常亮，无故障、报警、跳闸指示灯点亮； 4）按钮、切换把手状态正常； 5）液晶显示屏信息显示正常	√	√		
频率协控系统主机柜	1）主机运行指示绿灯闪亮，I/O接口装置运行指示绿灯闪亮，无故障、报警、跳闸指示灯点亮，液晶显示屏显示正常； 2）液晶显示屏信息显示正常； 3）各保护压板正常投入	√	√		
卫星时钟	北斗卫星时钟、GPS时钟信号正常		√		
电流互感器、电压互感器端子情况	各盘柜电流/电压端子无灼伤、放电痕迹			√	

续表

巡检项目	巡检要点（标准要求）	巡检类型和周期			
		日常巡检1次/日	专业巡检1次/周	精密巡检1次/月	日常巡检1次/周或年
盘柜或端子箱内部检查	盘面完好，柜门关严、完好，柜内无异音、无异味，元器件外观完好，接地线连接完好，防火封堵完好			√	
同步时钟与保护装置时间核对	时钟同步			√	
故障录波仪分析	结合故障录波仪分析保护动作、运行情况，评估设备运行的健康状况			√	

六、励磁系统

表5-6　励磁系统巡检项目及要点

巡检项目	巡检要点（标准要求）	巡检类型和周期			
		日常巡检1次/日	专业巡检1次/周	精密巡检1次/月	日常巡检1次/周或年
励磁电压、电流	数据正常	√			
励磁变压器低压侧电压、电流	数据正常	√			
机端电压及机组无功	数据正常	√			
晶闸管桥臂电流	电流分配平衡	√			
励磁控制柜调节器	1）电源卡件工作状态正常，信号指示无异常报警； 2）主板MRB3：RUN、HWDK、POWER三个黄灯亮； 3）操作面板ELTERM液晶屏显示正常，无报警、调节器在远方自动状态（Rem AUTO）		√		
励磁控制柜调节器	1）normal/test切换开关在“normal”位置； 2）磁场断路器分合闸指示灯指示正常（绿灯为合闸、红灯为分闸）	√	√		
励磁控制柜表计指示	运行机组机端电压、机端电流、励磁电压、电流无异常波动	√	√		
励磁功率柜	正负母电流差值不大于100A	√	√		
励磁功率柜	励磁盘柜功率柜柜门锁上	√	√		
励磁风扇	风扇运行正常（百叶窗开启正常、无卡涩、无脱落），风扇声音运行正常	√	√		
励磁控制柜内元器件	调节器、接触器、继电器、变送器、空气开关等元器件接线正常、外观正常			√	
磁场断路器	停机状态下，检查磁场断路器灭弧罩、灭磁电阻、分合闸线圈无明显异常			√	

七、静止变频器 SFC 系统

表 5－7　　静止变频器 SFC 系统巡检项目及要点

巡检项目	巡检要点（标准要求）	巡检类型和周期			
		日常巡检 1 次/日	专业巡检 1 次/周	精密巡检 1 次/月	日常巡检 1 次/周或年
环境、温度、湿度	门窗关严、无破损，照明良好，地面无破损、无积尘，环境温度为 5～30℃、湿度＜75%	√	√		
盘柜或端子箱	盘面完好，柜门关严、完好，柜内无异音、无异味，元器件外观完好，接地线连接完好，防火封堵完好，冷却柜各阀门位置状态正确，冷却柜无异常渗漏现象	√	√		
去离子水渗漏情况	去离子水无渗漏，柜底无积水	√	√		
去离子水压力	1.5～3.0bar	√	√		
去离子水整流/逆变桥功率柜流量	＞25m^3/h		√		
去离子水整流/逆变桥空冷器流量	＞5m^3/h		√		
冷却柜去离子水无渗漏现象	1）管接头无渗漏； 2）柜底无积水； 3）冷却器无渗漏	√	√		
去离子水水温	25～35℃	√	√		
去离子水电导率	0.7～1.0μs	√	√		
控制盘柜	1）控制方式在“远方”； 2）控制电源开关在“ON”位置，盘柜及卡件指示灯显示正常； 3）控制盘 GA01 手持器信息正常，无报警	√	√		
一次开关柜	各开关柜控制方式在“远方”，各开关小车储能、位置显示正常	√	√		
	电压互感器电压显示正常，小车开关在工作位置	√	√		
	防误闭锁装置正常，置换钥匙位置正确、无缺失	√	√		
	各带电指示器，试验显示正常	√	√		
SFC 输入、输出电抗器；直流电抗器（围栏外检查）	电抗器运行正常，无异音、无放电、无闪络、无爬电现象		√		
	门窗关严、无破损，照明良好，地面无破损、无积尘，环境温度为 5～30℃、湿度＜75%		√		
整流桥/逆变桥空气冷却柜	1）电源卡“DC OK”绿灯常亮； 2）脉冲分配卡工作正常； 3）盘柜门关闭，闭锁良好		√		

续表

巡检项目	巡检要点（标准要求）	巡检类型和周期			
		日常巡检1次/日	专业巡检1次/周	精密巡检1次/月	日常巡检1次/周或年
各保护装置	1）电源指示灯常亮； 2）无报警； 3）屏幕信息显示正常； 4）保护压板投运		√		
输入、输出变压器室环境、温度、湿度	门窗关严、无破损，照明良好，地面无破损、无积尘，环境温度为5～30℃、湿度<75%	√	√		
输入、输出变压器本体	1）变压器运行正常，无放电现象，无异响、油位正常、无漏油；温度正常，温控器无报警；外壳封闭良好； 2）输入变压器室内各消防探测器工作状态正常	√	√		
输入、输出变压器冷却器	1）油水管无渗漏； 2）油混水装置无积液； 3）油流指示器外观正常、指示正常； 4）油泵无异音	√	√		
输入、输出变压器油枕油位	油枕油位位置在min～max刻度线之间	√	√		
输入、输出变压器油温	15～30℃	√	√		
输入、输出变压器呼吸器	1）外观正常； 2）硅胶变色数量不超过2/3； 3）油封油位正常； 4）无渗漏	√	√		
输入变压器消防	管路无渗漏，各阀门状态位置正确	√	√		
	消防装置盘柜消防控制状态显示、报警情况、装置运行状态、控制方式正常，手报装置正常。消防水压、相关阀门状态正常	√	√		
SFC信息分析	检查分析控制器内信息记录、各模拟量、监控SFC模拟量趋势			√	
控制器、卡件检查	检查各卡件、电源监视继电器、绝缘检测模块运行情况			√	
SFC启动全程监控	SFC拖动机组，记录从脉冲释放至机组并网时间，记录拖动电流曲线，对SFC启动性能进行分析			√	

八、监控系统

表 5-8　监控系统巡检项目及要点

巡检项目	巡检要点（标准要求）	巡检类型和周期			
		日常巡检 1次/日	专业巡检 1次/周	精密巡检 1次/月	日常巡检1次/周或年
环境、温度、湿度	门窗关严、无破损，照明良好，地面无破损、无积尘，环境温度为5～30℃、湿度<75%		√		
盘柜或端子箱	盘面完好，柜门关严、完好，柜内无异音、无异味，元器件外观完好，接地线连接完好，防火封堵完好		√		
监控模件柜	1）模件状态指示灯绿灯亮，BRC（MFP）控制器运行指示主用7/8灯亮，备用8灯亮； 2）网络处理卡（NIS+NPM）主用NIS卡通道灯闪动，NPM卡7/8灯亮，备用（NIS+NPM）NIS卡通道灯不闪动，NPM8灯亮； 3）ASI/ASO/DSO/SED/SET/FEC卡状态指示灯绿灯亮； 4）盘柜后屏卡件预制电缆连接无松动。监控电源模件运行正常，状态指示灯绿灯亮，机柜风扇、电源风扇、模件风扇运行正常		√		
监控UPS	1）负载率<50%； 2）无异常报警		√		
同期装置	ready指示灯绿灯常亮，屏幕指示正常		√		
励磁与监控通信正常	1）监控励磁通信监视画面信号接收正常； 2）装置运行正常		√		
PMU厂房从机	PMU装置从机运行状态指示灯正常，无异常报警		√		
OIS	1）OIS监视画面运行正常； 2）切换无卡滞，ICT卡数据传输正常，电源卡运行正常； 3）网络端子板运行正常，同轴电缆尾纤连接牢固无松动		√		
AGU柜	1）BRC（MFP）控制器及输入输出卡运行正常； 2）DSO状态指示灯绿灯亮		√		
微波通信柜设备正常	无异常告警灯		√		
上水库集控室监控柜	1）集控室监控装置无异常告警灯； 2）上水库水位闸门信号异常		√		
卫星时钟柜	1）卫星时钟主时钟备时钟运行正常； 2）北斗与GPS时钟信号接收正常，无异常失步； 3）装置无异常报警灯亮，监控无异常报警； 4）厂房卫星时钟从机与主时钟保持同步		√		

续表

巡检项目	巡检要点（标准要求）	巡检类型和周期			
		日常巡检 1次/日	专业巡检 1次/周	精密巡检 1次/月	日常巡检1次/周或年
模拟屏卫星时钟与监控上位机卫星时钟正常	1）卫星时钟信号同步（精度13级）； 2）各上位机卫星时钟信号同步一致		√		
PMU主机柜及专用卫星时钟接收装置	1）PMU装置运行正常，同步时钟单元SMU-2gps运行正常，RUN灯绿闪，sync灯常亮； 2）时钟信号正常，卫星数大于等于3。同步相量测量装置运行灯绿闪，电源灯同步灯秒脉冲常亮，屏幕显示正常； 3）无异常告警灯，主机与厂房从机信号接收正常		√		
操作链路前置机柜	1）操作链路前置A/B机运行正常，监视画面与华东调度及浙江省调连接正常； 2）监控系统ICI连接正常，负荷计划下发协议连接正常； 3）AVC主站连接正常		√		
AVC上位机柜	1）AVC装置运行正常无异常告警； 2）电脑无异常卡滞现象，电源正常； 3）屏幕显示正常		√		
AVC下位机柜设备	1）下位机设备运行指示灯正常； 2）无异常告警（com灯红闪，CPU绿灯亮，pwr常亮，压板在退出状态）		√		
监控Ⅰ区交换机柜	1）厂房与中控室光纤收发器运行正常； 2）厂房与中控室Ⅰ区网络连接无停滞		√		
监控Ⅰ区安防柜设备	安防设备运行正常，无异常告警		√		
工程师站操作员站客户机	监视画面显示正常		√		
调度数据网通信机柜	1）交换机路由器纵向隔离装置运行正常； 2）无告警		√		
监控网络端子柜	1）网络端子板指示绿灯亮； 2）同轴电缆尾纤连接牢固无松动			√	
ION7550多功能表	主备用多功能表装置运行正常，测量无偏差，与监控通信正常			√	
LMC装置	1）钥匙位置正常； 2）电源模块正常，输入输出模块状态指示灯与实际一致正确		√	√	
上下水库OPC通信连接柜	1）OPC连接程序运行正常，无报警框跳出； 2）监视画面连接点表13看门狗信号点实时更新无停滞			√	

续表

巡检项目	巡检要点（标准要求）	巡检类型和周期			
		日常巡检 1次/日	专业巡检 1次/周	精密巡检 1次/月	日常巡检1次/周或年
模拟屏信号指示正常	测试信号灯正常，仪器仪表指示正常			√	
0WS	1）OWS监视画面运行正常，切换无卡滞，ICT卡数据传输正常； 2）电源卡运行正常，网络端子板运行正常，同轴电缆尾纤连接牢固无松动			√	
上下水库OPC通信连接柜	1）光电转换装置运行正常； 2）指示灯正常，电源供电正常			√	
监控盘柜	监控各种卡件、电源卡件及盘柜风扇运行情况正常	√			
OIS	OIS卡件、显示器及鼠标键盘运行情况正常	√			
画面监视	OIS各画面切换情况正常	√			
	通过OIS画面查看并分析运行机组发电机、水轮机各部件温度、振动（抬机）情况正常	√			
	通过OIS画面查看并分析主变压器各部件温度情况、PPM值情况正常	√			
	通过OIS画面查看并分析500kV、厂用电、机组、SFC等设备断路器、隔离开关、接地开关状态是否在正确位置，查看上下水库闸门开度情况是否正常	√			
控制链路、SOE、成组控制	调度数据网是否正常	√			
电量计费系统	工作正常	√			
上下水库通信系统（光纤）	正常	√			
OWS	OWS运行正常，检查卫星时钟运行是否正常	√			
SOE后台机，检查继电保护后台机	运行正常	√			
工业电视、主模拟屏	信号显示及各表计运行正常。盘柜内各元器件运行正常	√			
其他辅助设备PLC装置	PLC“POWER”“RUN”灯亮，触摸屏画面切换正常，电源指示灯亮，各信号信息显示正确，无相关异常报警	√			
	柜内设备干燥，无潮湿、异味，接线完好，防火封堵完好	√	√		
其他	1）测速装置指示正常； 2）直流绝缘检测仪运行正常； 3）各交直流电源盘柜运行情况正常，无小开关跳开现象，电源监视回路运行正常	√	√		

九、直流及 UPS 系统

表 5-9　　直流及 UPS 系统巡检项目及要点

巡检项目	巡检要点（标准要求）	巡检类型和周期			
		日常巡检 1次/日	专业巡检 1次/周	精密巡检 1次/月	日常巡检 1次/周或年
直流配电室环境、温度、湿度	门窗关严、无破损，照明良好，地面无破损、无积尘，环境温度为5～30℃、湿度<75%	√	√		
直流盘柜或端子箱	盘面完好，柜门关严、完好，柜内无异音、无异味，元器件外观完好，接地线连接完好，防火封堵完好	√	√		
充电屏	各表计显示正常	√	√		
	充电屏输出电压正常（$48V_{DC}$：43.2～52.8V；$110V_{DC}$：99～126.5V；$220V_{DC}$：198～242V）	√	√		
	充电屏输出电流正常（$48V_{DC}$：0～75A；$110V_{DC}$：0～180A；$220V_{DC}$：0～120A）	√	√		
	充电屏监控器显示正常、运行指示灯常亮、无报警	√	√		
	充电屏各充电模块运行正常，“输入”指示灯常亮，“正常”指示灯闪烁，无故障指示灯点亮、限流指示灯亮	√	√		
	充电屏各充电模块均流正常，电流差值<2A	√	√		
	充电屏屏后各充电模块风扇运行正常	√	√		
蓄电池	1）无漏液、无鼓包、无破裂、无积尘； 2）极柱无异常抬升，密封完好	√	√		
蓄电池组巡检模块	运行指示灯常亮、通信指示灯闪烁	√	√		
绝缘检测装置工作正常	显示正常、无故障灯点亮	√	√		
$48V_{DC}$直流母线屏	绝缘检测装置工作正常，无故障报警	√	√		
	Ⅰ母正母对地电压22.5～27.5V	√	√		
	Ⅰ母负母对地电压22.5～27.5V	√	√		
	Ⅰ母正母对地电阻>4kΩ	√	√		
	Ⅰ母负母对地电阻>4kΩ	√	√		
	Ⅱ母正母对地电压22.5～27.5V	√	√		
	Ⅱ母负母对地电压22.5～27.5V	√	√		
	Ⅱ母正母对地电阻>4kΩ	√	√		
	Ⅱ母负母对地电阻>4kΩ	√	√		
	馈线开关无脱扣或异常拉开现象	√	√		
	Ⅰ母母线电压45～55V	√	√		

续表

巡检项目	巡检要点（标准要求）	巡检类型和周期			
		日常巡检1次/日	专业巡检1次/周	精密巡检1次/月	日常巡检1次/周或年
48V_{DC}直流母线屏	1号蓄电池电压43.2～52.8V	√	√		
	1号蓄电池电流＜35A	√	√		
	2号蓄电池电压43.2～52.8V	√	√		
	2号蓄电池电流＜35A	√	√		
	Ⅱ母母线电压45～55V	√	√		
	闸刀开关运行方式正常	√	√		
110V_{DC}直流母线屏	绝缘检测装置工作正常，无故障报警。	√	√		
	Ⅰ母正母对地电压49.5～60.5V	√	√		
	Ⅰ母负母对地电压49.5～60.5V	√	√		
	Ⅰ母正母对地电阻＞6kΩ	√	√		
	Ⅰ母负母对地电阻＞6kΩ	√	√		
	Ⅱ母正母对地电压49.5～60.5V	√	√		
	Ⅱ母负母对地电压49.5～60.5V	√	√		
	Ⅱ母正母对地电阻＞6kΩ	√	√		
	Ⅱ母负母对地电阻＞6kΩ	√	√		
	馈线开关无脱扣或异常拉开现象	√	√		
	Ⅰ母母线电压99～121V	√	√		
	1号蓄电池电压93.6～119.6V	√	√		
	1号蓄电池电流＜150A	√	√		
	2号蓄电池电压93.6～119.6V	√	√		
	2号蓄电池电流＜150A	√	√		
	Ⅱ母母线电压99～121V	√	√		
	闸刀开关运行方式正常	√	√		
220V_{DC}直流母线屏	绝缘检测装置工作正常，无故障报警	√	√		
	Ⅰ母正母对地电压99～121V	√	√		
	Ⅰ母负母对地电压99～121V	√	√		
	Ⅰ母正母对地电阻＞20kΩ	√	√		
	Ⅰ母负母对地电阻＞20kΩ	√	√		
	Ⅱ母正母对地电压99～121V	√	√		
	Ⅱ母负母对地电压99～121V	√	√		
	Ⅱ母正母对地电阻＞20kΩ	√	√		
	Ⅱ母负母对地电阻＞20kΩ	√	√		
	馈线开关无脱扣或异常拉开现象	√	√		

续表

巡检项目	巡检要点（标准要求）	巡检类型和周期			
		日常巡检1次/日	专业巡检1次/周	精密巡检1次/月	日常巡检1次/周或年
220V$_{DC}$直流母线屏	Ⅰ母母线电压198～242V	√	√		
	1号蓄电池电压93.6～119.6V	√	√		
	1号蓄电池电流<50A	√	√		
	2号蓄电池电压93.6～119.6V	√	√		
	2号蓄电池电流<50A	√	√		
	Ⅱ母母线电压198～242V	√	√		
	闸刀开关运行方式正常	√	√		
直流绝缘检测装置	绝缘检显示正常，通信指示正常，无故障报警	√	√		
直流分配电屏	盘面完好，柜门关严、完好，柜内无异音、无异味，元器件外观完好，接地线连接完好，防火封堵完好	√	√		
	绝缘检显示正常，通信指示正常，无故障报警	√	√		
	各电源小开关在正确分合位置，直流电压正常，直流接地系统显示正常	√	√		
直流配电盘	直流配电盘各电源小开关在正确分合位置，直流电压正常，直流接地系统显示正常	√			
直流系统监控器历史信息	通过直流系统监控器历史信息查询，对蓄电池的电压、浮充/均充电压电流限制等进行分析，总结分析直流系统运行健康情况			√	
UPS	市电供电、直流（或者蓄电池）供电正常	√	√		
	整流器、逆变器运行正常，无报警	√	√		
	旁路运行正常，UPS输出电压正常	√	√		
	负载率<50%	√	√		
	UPS输出电压的纹波系数、频率、交直流分量等技术参数符合产品说明书要求；整流器、逆变器、旁路切换正常			√	

十、上下水库闸、水位测量及其辅助系统

表5-10　上下水库闸、水位测量及其辅助系统巡检项目及要点

巡检项目	巡检要点（标准要求）	巡检类型和周期			
		日常巡检1次/日	专业巡检1次/周	精密巡检1次/月	日常巡检1次/周或年
闸门控制柜设备	1）供电主备用指示灯正常，空气开关无跳开现象，接线完好、无烧蚀痕迹； 2）盘柜内继电器、接触器、电源小开关运行正常，无松动、烧蚀及跳开现象，防火封堵良好	√	√		

续表

巡检项目	巡检要点（标准要求）	巡检类型和周期			
		日常巡检 1次/日	专业巡检 1次/周	精密巡检 1次/月	日常巡检1次/周或年
闸门开度	1）闸门触摸屏闸门开度指示正常； 2）闸门开度显示无上下波动现象	√	√		
闸门锁定状态	1）触摸屏显示锁定位置信号正常，锁定投入位置开关指示灯亮； 2）锁定现地实际状态在投入状态	√	√		
闸门电源监视	触摸屏显示“＃1泵动力电源监视”、“＃2泵动力电源监视”、交流电源监视、“UPS电源监视”、“直流源电源监视”状态正常	√	√		
闸门PLC	状态显示正常，无报警信号	√	√		
闸门状态及表计	1）“控制电源”白灯亮、“闸门全开”绿灯亮、“锁定投入”红灯亮、“充水位置”绿灯亮；电源电压表在380～400V之间。 2）闸门储能器油压，闸门下腔油压正常，尾闸各阀组、阀门、接头无渗漏，阀门状态正确，压力开关，电磁阀接头正确	√	√		
闸门控制面板	油泵控制方式在切换开关“自动”位置，闸门控制方式切换开关在“现地”位置	√	√		
闸门油泵电机	两台油泵电机及其电缆外观检查无异常	√	√		
闸门下滑位置开关	下滑位置开关未动作，电缆接线无脱落，开关工作状态良好无松脱，防火封堵良好	√	√		
水位测量系统柜内设备	1）供电主备用指示灯正常，空气开关无跳开现象，接线完好、无烧蚀痕迹； 2）盘柜内继电器、接触器、电源小开关运行正常，无松动、烧蚀及跳开现象，防火封堵良好； 3）水位显示正常，卡件及柜内设备无异常，柜内相关管路无漏气、烧蚀现象； 4）水位测量控制系统1/2压力正常，空压机启动正常，安全阀正常，相关管路无漏气，起包现象，手动进行气罐排污（应缓慢打开排污阀，排污阀对面防止站人，排污1min后关闭排污阀）		√		
上下水库拦污栅	上下水库拦污栅压差数值抄录，面板无拦污栅压差报警	√	√		
闸门开度	上下水库闸门开度数值抄录分析	√	√		
报警信息	报警屏信号正常，无异常报警信号	√	√		
水位测量控制柜	上水库水位测量控制系统盘柜内相关管路有无漏气现象	√	√		
闸门自动提门情况分析	结合环境温度、闸门液压缸渗漏和油泵运行情况及闸门重提门动作频次，分析闸门动作情况是否正常			√	

续表

巡检项目	巡检要点（标准要求）	巡检类型和周期			
		日常巡检1次/日	专业巡检1次/周	精密巡检1次/月	日常巡检1次/周或年
水淹厂房系统	1）状态“回路监视”绿灯亮，箱内干燥，无潮湿、异味，接线完好，防火封堵完好； 2）水位浮子位置正确，浮子无动作现象，状态正常	√	√		
其他	上水库水位测量系统气罐1/2压力正常，空压机启动正常，安全阀正常，相关管路无漏气、起包现象，手动进行气罐排污（应缓慢打开排污阀，排污阀对面防止站人，排污1min后关闭排污阀）		√		

十一、消防系统

表5-11　消防系统巡检项目及要点

巡检项目	巡检要点（标准要求）	巡检类型和周期			
		日常巡检1次/日	专业巡检1次/周	精密巡检1次/月	日常巡检1次/周或年
火灾报警工作总站主机	1）装置主、备电源状态正常，与各个控制器通信正常； 2）无探测器故障及火灾报警； 3）工作站运行正常	√	√		
火灾报警从机控制器	1）装置主、备电源状态正常，与主机通信正常； 2）无探测器故障及火灾报警	√	√		
管网式七氟丙烷气体控制器	1）主、备电源状态正常，通信正常； 2）无探测器故障及火灾报警； 3）各分区控制器运行正常，控制方式正确	√			
七氟丙烷消防系统	1）气瓶、启动瓶瓶组状态正常，气体压力正常（启动瓶5.5～6.0MPa，储气瓶4.2～4.5MPa）； 2）气瓶外观无异常； 3）管路、阀门位置转态正确，无漏气现象	√	√		
柜式七氟炳烷控制器与气瓶	1）气瓶、启动瓶瓶组状态正常，气体压力正常（启动瓶5.5～6.0MPa，储气瓶4.2～4.5MPa）； 2）主、备电源状态正常，通信正常	√	√		
电缆光纤测温系统	1）无测温异常信息； 2）系统主机运行正常，无故障报警		√		
高泡灭火系统	1）泡沫液位正常； 2）管路运行正常，无渗漏； 3）阀门状态位置正确； 4）高泡泵运行状态正常，有无渗漏现象； 5）主、备电源状态正常，通信正常		√		

续表

巡检项目	巡检要点（标准要求）	巡检类型和周期			
		日常巡检1次/日	专业巡检1次/周	精密巡检1次/月	日常巡检1次/周或年
可燃气体报警器	1）主、备电源状态正常，通信正常； 2）无探测器故障及火灾报警		√		
消火栓系统	1）消火栓接口无渗漏； 2）管路无渗漏； 3）阀门状态位置正确； 4）消防泵运行状态正常，控制方式正常，无渗漏现象； 5）主、备电源状态正常，通信正常； 6）消防水压正常		√		
喷淋系统	1）喷淋泵运行状态正常，无渗漏； 2）管路无渗漏； 3）阀门状态位置正确； 4）喷淋泵控制方式正常； 5）主、备电源状态正常，通信正常		√		
红外线光束报警器	1）主、备电源状态正常，通信正常； 2）无探测器故障及火灾报警		√		
防火阀	1）联动模块运行正常； 2）防火阀及机构状态正常； 3）阀体清洁状态正常		√		
消防水池	1）水位、水压正常； 2）外观无破损和渗漏现象； 3）相关管路阀门状态正常		√		
火灾报警控制器	1）主、备电源状态正常，通信正常； 2）无火灾报警和故障现象		√		
排烟风机	1）主、备电源状态正常； 2）现地开关开启情况； 3）查看电源状况		√		
防火卷帘门	1）主、备电源状态正常； 2）检查卷帘门电机及外观正常，无损坏		√		

十二、生产控制大区及信息安防系统

表5-12　　生产控制大区及信息安防系统巡检项目及要点

巡检项目	巡检要点（标准要求）	巡检类型和周期			
		日常巡检1次/日	专业巡检1次/周	精密巡检1次/月	日常巡检1次/周或年
机房环境检查，温湿度在标准范围内	温度应保持在25℃±3℃，湿度应保持在50%～75%		√		

续表

巡检项目	巡检要点（标准要求）	巡检类型和周期			
		日常巡检1次/日	专业巡检1次/周	精密巡检1次/月	日常巡检1次/周或年
空调运行是否正常	无红灯、声音报警，显示屏正常显示20℃制冷模式		√		
机房出入口处的《入室登记表》本册的放置及填写情况	《入室登记表》本册的放置在机房进门处，填写及时		√		
各机柜服务器	设备电源指示灯绿灯常亮，无报警指示（alarm红灯，显示屏滚动error）		√		
各网络机柜内的交换机、路由器	电源指示灯绿色常亮，通信指示等绿色频繁闪烁，无故障异常		√		
各机柜PDU供电与STS电源快切装置	两路指示灯蓝色常亮，在用线路绿灯常亮，显示屏显示电压在220V等级范围		√		
UPS	无声音报警，显示屏输出电压220V，频率50Hz，每台负载率不高于35%		√		
配电柜	总电源指示灯绿色常亮，电源显示380V，频率50Hz，各空气开关均为合闸位置。		√		
柜内安全防护设备	电源灯绿灯常亮，无报警红灯常亮		√		
调度数据网柜内通信设备及信息防护设备	电源灯绿灯常亮，路由器和交换机通信指示灯绿灯闪烁，所有设备无报警红灯常亮		√		
省调数据网柜内通信设备及信息防护设备	电源灯绿灯常亮，路由器和交换机通信指示灯绿灯闪烁，所有设备无报警红灯常亮		√		
通信机房	环境温度与湿度正常温度5～30℃、湿度<75%		√		
	各盘柜盘面完好，盘柜前后门关严，柜内无异音、无异味		√		
	各服务器运行正常		√		
	光纤设备运行正常，通信正常		√		
	电源供电正常，无相关报警		√		
	监控视频运行正常		√		
载波通信设备	1）电源供电正常，无相关报警； 2）通道运行正常，通信正常	√	√		
光电保护接口柜设备	1）电源供电正常，无相关报警； 2）接口装置Power电源绿灯常亮，电路/光路绿灯闪亮	√	√		
检查环境温度与湿度正常	温度5～30℃、湿度<75%	√	√		
内外网络通信设备	网络可用，通信正常		√		

续表

巡检项目	巡检要点（标准要求）	巡检类型和周期			
		日常巡检1次/日	专业巡检1次/周	精密巡检1次/月	日常巡检1次/周或年
大屏幕主机设备	各大屏幕运行正常，画面、声音正常		√		
安保系统	各道闸门禁系统运行正常，功能正常		√		
摄像头监控系统	生产区域各摄像有画面显示正常，集控室大屏幕切换正常、显示正常		√		

第二节 机 械 部 分

抽水蓄能电站机械设备包括发电电动机及其附属设备、水泵水轮机及其附属设备、主进水阀（球阀或蝶阀）系统、调速器系统、上下水库进出水口闸门等金属结构系统、起重设备、油气水辅助系统等。机械设备巡检分为日常巡检、专业巡检、精密巡检和值守业务巡检。日常巡检由机械班组人员完成，值守业务巡检由运行人员完成。巡检项目及要求见表5-13～表5-19。

一、发电电动机及其附属设备

表5-13 发电电动机及其附属设备巡检项目及要点

巡检区域	巡检项目	巡检要点（标准要求）	巡检类型和周期			
			日常巡检1次/日	专业巡检1次/周	精密巡检1次/月	日常巡检1次/周或年
集电环	集电环室内温度及照明情况	照明正常，温度正常	√	√		
	推力上盖板漏油情况	盖板无漏油	√	√		
	推力盖板连接螺栓	无松动、无缺失	√	√		
	推力盖板羊毛毡贴合大轴情况	大轴与羊毛毡贴合紧密；无油污	√	√		
	推力油位及油色情况	推力油位正常；油色：透明颜色无异常	√	√		
机械刹车及转子顶起装置	机刹车装置压力表（红、黑指针）（kPa）	机刹车装置压力表（红、黑指针）700～800kPa	√	√		
	压力表及其表计接头	压力表正常、表计接头正常	√			
	风闸投退腔供气电磁阀	风闸投退腔供气阀长期励磁，无变形变色现象，无过热痕迹		√		
	机刹车装置各阀门状态	机刹车装置各阀门状态正常	√			

续表

巡检区域	巡检项目	巡检要点（标准要求）	巡检类型和周期			
			日常巡检 1次/日	专业巡检 1次/周	精密巡检 1次/月	日常巡检1次/周或年
机械刹车及转子顶起装置	管路接头	管路接头正常	√			
	焊缝	焊缝正常	√			
	转子顶起装置各阀门状态	转子顶起装置各阀门状态正常	√			
发电机消防系统	发电机消防水压	发电机消防水压正常	√	√		
	阀门状态	阀门状态正常	√	√		
	管路焊缝	管路焊缝正常	√			
	管路接头	管路接头正常	√			
	法兰	法兰正常	√			
	阀门	阀门正常	√			
发电机冷却水流量及压力	上导冷却水出口流量(L/s)	上导冷却水出口流量≥1.76L/s	√	√		
	推力冷却水出口流量(L/s)	推力冷却水出口流量≥7.2L/s	√	√		
	下导冷却水出口流量(L/s)	下导冷却水出口流量≥1.76L/s	√	√		
	SAC冷却水出口流量(L/s)	SAC冷却水出口流量≥56L/s	√	√		
	上导冷却水出口压力	上导冷却水出口压力正常（1.1MPa）		√		
	推力冷却水出口压力	推力冷却水出口压力正常（1.1MPa）	√	√		
	下导冷却水出口压力	下导冷却水出口压力正常（1.1MPa）	√	√		
	SAC冷却水出口压力	SAC冷却水出口压力正常（1.1MPa）	√	√		
	SAC冷却水进口压力	SAC冷却水进口压力正常（1.1MPa）	√	√		
发电机油、水系统管路、阀门	上导冷却水管接头	上导冷却水管接头正常	√			
	下导冷却水管接头	下导冷却水管接头正常	√			
	推力冷却水管接头	推力冷却水管接头正常	√			
	空冷冷却水管接头	空冷冷却水管接头正常	√			
	上导水管阀门状态	上导水管阀门状态正常	√			
	下导水管阀门状态	下导水管阀门状态正常	√			
	推力水管阀门状态	推力水管阀门状态正常	√			
	空冷水管阀门状态	空冷水管阀门状态正常	√			
	上导水管管路焊缝	上导水管管路焊缝正常	√			
	下导水管管路焊缝	下导水管管路焊缝正常	√			
	推力水管管路焊缝	推力水管管路焊缝正常	√			
	空冷水管管路焊缝	空冷水管管路焊缝正常	√			
	上导水管法兰状态	上导水管法兰状态正常	√			
	下导水管法兰状态	下导水管法兰状态正常	√			
	推力水管法兰状态	推力水管法兰状态正常	√			

续表

巡检区域	巡检项目	巡检要点（标准要求）	巡检类型和周期			
			日常巡检1次/日	专业巡检1次/周	精密巡检1次/月	日常巡检1次/周或年
发电机油、水系统管路、阀门	空冷水管法兰状态	空冷水管法兰状态正常	√			
	推力进排管路油阀门状态	推力进排管路油阀门状态正常	√			
	上导进排管路油阀门状态	上导进排管路油阀门状态正常	√			
	推力进出油管路焊缝	推力进出油管路焊缝正常	√			
	上导进出油管路焊缝	上导进出油管路焊缝正常	√			
	推力进排油管法兰	推力进排油管法兰正常	√			
	上导进排油管法兰	上导进排油管法兰正常	√			
	下导进排管路油阀门状态	下导进排管路油阀门状态正常	√			
	下导进出油管路焊缝	下导进出油管路焊缝正常	√			
	推力进排油管法兰	推力进排油管法兰正常	√			
发电机振动	推力、上下导及抬机量	结合机组带负荷大小、冷却水温及水头情况，查阅分析推力、上导、下导摆度趋势是否正常（与去年同期对比）			√	
	上下机架	结合机组带负荷大小、冷却水温及水头情况，查阅分析上机架振动、下机架振动、抬机量趋势是否正常（与去年同期对比）			√	
	瓦温	结合机组带负荷大小、冷却水温及水头情况，查阅分析推力瓦温；上下导瓦温；油封温度、冷却水进口温度趋势是否正常（与去年同期对比）			√	

二、水泵水轮机及其附属设备

表5－14　　水泵水轮机及其附属设备巡检项目及要点

巡检区域	巡检项目	巡检要点（标准要求）	巡检类型和周期			
			日常巡检1次/日	专业巡检1次/周	精密巡检1次/月	日常巡检1次/周或年
水轮机各系统压力情况	下迷冷却水供水压力(MPa)	下迷冷却水供水压力≥0.6MPa	√			
	转轮与底环间压力1(MPa)	转轮与底环间压力1≥0.6MPa	√			
	转轮与顶盖间压力1(MPa)	转轮与顶盖间压力1≥0.6MPa	√			
	上迷宫冷却水供水压力(MPa)	上迷宫冷却水供水压力≥0.6MPa	√			
	压力钢管压力（MPa）	压力钢管压力5～7MPa	√			

续表

巡检区域	巡检项目	巡检要点（标准要求）	巡检类型和周期			
			日常巡检1次/日	专业巡检1次/周	精密巡检1次/月	日常巡检1次/周或年
水轮机各系统压力情况	蜗壳进口压力（MPa）	蜗壳进口压力≥0.6MPa	√			
	转轮与顶盖间压力2（MPa）	转轮与顶盖间压力2≥0.6MPa	√			
	转轮与底环间压力2（MPa）	转轮与底环间压力2≥0.6MPa	√			
	各管路接头	运行正常，无漏水漏气现象	√			
水车室设备	水导轴承	无甩油现象		√		
	主轴密封	无漏水漏气现象		√		
	导叶上端盖密封	无漏水现象		√		
	顶盖排水射流泵	顶盖排水射流泵运行正常		√		
	水车室排水孔	无堵塞现象，排水正常		√		
	导叶接力器及液压锁定供排油管	无漏油现象，管路标识清楚		√		
	主轴密封供水管、水导供排水管、上迷宫环供排水管、平压管及压力测量管	管路标识正确，无漏水现象		√		
	调相压水管路	无漏水、漏气现象		√		
	水车室控制环、导叶拐臂、导叶摩擦装置、小导叶等机械设备运行情况	水车室控制环、导叶拐臂、导叶摩擦装置、小导叶等机械设备运行情况正常	√			
	水导瓦温（℃）	水导瓦温<70℃	√			
	水管路法兰、焊缝情况；油管路法兰、焊缝情况	水、油管路法兰、焊缝情况正常，无漏水、漏气现象	√			
调相压水气系统	调相压水气罐气压（MPa）	调相压水气罐气压5.0MPa<P<6.2MPa	√			
	调相压水气罐运行情况	调相压水气罐外观情况正常，无漏气现象，相关阀门状态正确，排污情况正常	√			
	调相压水气罐进人孔、进/出气阀、补气阀、法兰	调相压水气罐进人孔、进/出气阀、补气阀状态正常，法兰无漏气/水现象	√			
	主压水阀、补气阀及转轮回水排气阀芯及法兰	无漏水、漏气现象		√		
	主压水阀、补气阀及转轮回水排气阀及其电磁阀供排油管	无漏油、漏水、漏气现象		√		
	调相压气罐排污电磁阀	无漏气现象		√		

续表

巡检区域	巡检项目	巡检要点（标准要求）	巡检类型和周期			
			日常巡检1次/日	专业巡检1次/周	精密巡检1次/月	日常巡检1次/周或年
调相压水气系统	蜗壳排气液压阀本体及其供排油管	阀门位置状态正确，无漏油、漏水、漏气现象		√		
	蜗壳排气阀	无漏水、漏气现象		√		
主轴密封	主轴密封冷却润滑水流量（L/s）	主轴密封冷却润滑水流量＞5L/s	√			
	主轴密封冷却润滑水压力（MPa）	主轴密封冷却润滑水压力≥0.6MPa				
	主轴密封腔压力（MPa）	主轴密封腔压力≥0.4MPa	√			
	主轴密封辅助气压（bar）	主轴密封辅助气压＜10bar	√			
	主轴密封辅助气压管路	无漏气现象	√			
技术供水系统	机组主过滤器及主轴密封过滤器相关阀门	阀门位置状态正确，无漏水现象	√			
	机组水/气阀门（RLS、ABPV、WBPV、迷宫环/主轴密封/水导供排水/顶盖排水）状态；机组技术供水、公用供水供排水阀系统	管路标识正确，阀门位置状态正确，无漏油、漏水现象	√			
	技术供水泵运行情况	盘柜上水泵各项指示与水泵实际状态一致，技术供水泵运行声音、压差正常，无漏水现象	√			
	蜗壳排水阀	蜗壳排水阀无漏水现象，位置状态正确		√		
排水系统	蜗壳排水电动阀	盘柜控制方式正确，电源供电正常，盘柜信号显示正常，无异常报警，蜗壳排水电动阀状态与实际正常状态相符合	√	√		
	尾水管排水电动阀	盘柜控制方式正确，电源供电正常，盘柜信号显示正常，无异常报警，尾水管排水电动阀状态与实际正常状态相符合	√	√		
尾水锥管室	尾水锥管压力（MPa）	尾水锥管压力≥0.6MPa	√			
	尾水浮子、尾水水环排水手阀、WBPV液压阀	尾水水位浮子、尾水水环排水手阀、WBPV液压阀状态正常，无漏水现象	√			
	尾水锥管室内漏水情况	尾水锥管室内无漏水现象，导叶下端面无漏水情况	√			

续表

巡检区域	巡检项目	巡检要点（标准要求）	巡检类型和周期			
			日常巡检 1次/日	专业巡检 1次/周	精密巡检 1次/月	日常巡检1次/周或年
尾水锥管室	底环及墙体	无漏水情况		√		
	导叶下端盖密封	无漏水情况		√		
	水环排水阀供排油管	水环排水阀供排油管有无漏油		√		
	水环排水阀电磁阀	水环排水阀电磁阀插头连接良好，无受潮现象		√		
	水环排水阀基础板焊缝	水环排水阀基础板焊缝无开裂		√		
	水环排水管、下迷宫环供排水管及压力测量管	无漏水现象		√		
	尾水锥管室内声音	无异常声音		√		
	伸缩节活动法兰	无漏水现象		√		

三、主进水阀系统

表5－15　主进水阀系统巡检项目及要点

巡检区域	巡检项目	巡检要点（标准要求）	巡检类型和周期			
			日常巡检 1次/日	专业巡检 1次/周	精密巡检 1次/月	日常巡检1次/周或年
压力油及其控制系统	主进水阀控制盘柜	1）控制方式在远方； 2）PLC工作正常，“POWER”“RUN”灯亮； 3）主进水阀各信号状态显示正常，无相关报警	√			
		信号状态指示正常	√			
	集油槽油位	油位显示正常，在低报警与高报警之间	√	√		
	主油阀	位置开关动作正常，无渗油现象	√	√		
	压油罐油位	油位显示正常，在低报警与高报警之间	√	√		
	压力油罐压力	压力油罐压力在5.5～6.0MPa范围内	√	√		
	压力油泵、循环油泵	控制防止在自动方式，压力油泵、循环油泵运行声音正常，振动正常，能够正常建压	√	√		
	主进水阀压力油泵	主进水阀压力油泵运行声音正常、温度正常	√			

续表

巡检区域	巡检项目	巡检要点（标准要求）	巡检类型和周期			
			日常巡检1次/日	专业巡检1次/周	精密巡检1次/月	日常巡检1次/周或年
压力油及其控制系统	压力油罐压力（MPa）	压力油罐压力数值抄录5.5～6.0MPa	√			
	压力油罐油位	油位显示正常，在低报警与高报警之间	√			
	各阀门状态	各阀门状态正常、无渗漏	√			
液压柜系统	主进水阀接力器关闭侧压力	主进水阀接力器关闭侧压力数值抄录（开启时为0MPa，关闭时为5.5～6.0MPa）	√			
	主进水阀接力器开启侧压力	主进水阀接力器开启侧压力数值抄录（关闭时为0MPa，开启时为5.5～6.0MPa）	√			
	蜗壳压力	蜗壳压力数值抄录（0.6～6.0MPa）	√			
	检修密封投入腔压力	检修密封投入腔压力数值抄录（投入时5.6～6.2MPa，退出时为0MPa）	√			
	工作密封投入腔/退出腔压力	工作密封投入腔/退出腔压力数值抄录	√			
	液压柜内相关阀门状态	阀门状态正确，无漏水、漏油现象	√			
	检修密封、工作密封操作管路	连接良好，无漏水现象	√			
	密封操作液压阀	无渗漏现象	√			
	接力器及接力器锁定供油管路	无漏油现象，接力器锁定供油管接头良好		√		
	油/水过滤器	油/水过滤器无堵塞		√		
	电磁阀	电磁阀外观正常，连接正常，无松脱和漏油现象		√		
	操作油水管路管夹	连接牢固，无松动现象		√		
主进水阀本体	主进水阀枢轴	无漏水现象，外观检查正常	√			
	主进水阀伸缩节	无漏水现象，外观检查正常	√			
	主进水阀检修旁通阀	主进水阀检修旁通阀无漏水、渗油现象，状态位置正确	√			
	主进水阀阀接力器	无漏油现象，外观检查正常	√			
	油水管路管夹焊缝	管夹连接牢固，无松脱现象，焊缝无开裂现象	√			
	基础连接螺栓、传动销钉	基础连接螺栓固定牢固、传动销钉连接正常		√		

续表

巡检区域	巡检项目	巡检要点（标准要求）	巡检类型和周期			
			日常巡检1次/日	专业巡检1次/周	精密巡检1次/月	日常巡检1次/周或年
主进水阀本体	漏油泵系统	漏油泵控制方式在自动方式，漏油泵电源正常，漏油箱油位显示正常，滤芯无堵塞		√		
主进水阀健康状态监测	工作密封	结合SIS系统并通过现场查看，测算球阀工作密封投、退时间，分析球阀工作密封投退情况是否正常			√	
		结合工作密封投退动作时间及排水管漏水情况，分析球阀工作密封配压阀内部漏水情况			√	
	接力器	结合SIS系统并通过现场查看接力器上下腔压力情况，测算球阀接力器开、关时间，分析球阀接力器工作情况是否正常			√	
	压力油泵	测量球阀压力油泵振动、启动电流情况			√	
	主进水阀开关与调速器的配合	结合机组发电、抽水启停，对主进水阀与导叶之间的动作配合进行分析			√	

四、调速器系统

表5－16　　调速器系统巡检项目及要点

巡检区域	巡检项目	巡检要点（标准要求）	巡检类型和周期			
			日常巡检1次/日	专业巡检1次/周	精密巡检1次/月	日常巡检1次/周或年
电调系统	电调柜内调速器运行参数，触摸屏各画面	1）电调柜内调速器运行参数正常，触摸屏各画面切换正常； 2）PLC工作正常，“POWER”“RUN”灯亮	√	√		
	电调柜元器件	柜内无异音、无异味，元器件外观完好，接地线连接完好，防火封堵完好		√		
调速器液压系统	调速器控制盘柜	1）调速器控制盘信号指示正常，无异常报警灯亮； 2）PLC工作正常，“POWER”“RUN”灯亮	√			
	调速器油泵	调速器油泵运行振动、温度正常，建压正常，控制方式在自动方式				

续表

巡检区域	巡检项目	巡检要点（标准要求）	巡检类型和周期			
			日常巡检1次/日	专业巡检1次/周	精密巡检1次/月	日常巡检1次/周或年
调速器液压系统	调速器压油罐压力	调速器压油罐压力在4.7～5.2MPa	√			
	调速器压力油罐、集油槽	调速器压力油罐、集油槽油位正常，在低报警与高报警之间	√			
	调速器油系统各阀、管路	各阀门状态位置正确、管路连接良好，标识正确，无渗漏现象	√			
	调速器循环油冷却水系统阀门、管路	调速器油泵运行振动、温度正常，控制方式在自动方式。各阀门状态位置正确、管路连接良好，标识正确，无渗漏现象	√			
	调速器油系统滤芯	无堵塞现象	√			
调速器液压柜系统	调速器液压柜紧急停机阀、导叶液压锁定阀	调速器液压柜紧急停机阀、导叶液压锁定阀杆位置状态正常，无变形松脱现象	√			
	盘柜	盘柜上表计指示是否正常，盘柜内管路连接正常，无渗油情况	√			
	盘柜上表计	盘柜上表计指示正常，无大幅度摆动现象	√			
	液压柜各电磁阀、主配压阀	液压柜各电磁阀、主配压阀标识正确，管路连接完好，电磁阀连接牢固。无渗水、渗油现象		√		
	机械开限液压电动机传动皮带（齿轮）	皮带（齿轮）连接牢固，无扭曲变形，无裂纹、无断裂现象		√		
水车室内设备	导叶接力器、控制环、拐臂、小导叶等机械设备	导叶接力器、控制环、拐臂、小导叶等机械设备固定连接正常，无松脱、松动现象，无断裂、裂纹现象	√			
	主接力器、小导叶接力器	主接力器、小导叶接力器固定连接牢固，无渗油现象		√		
	各操作油管、电磁阀、位置开关	各操作油管标识正确，连接牢固，无渗油现象。 电磁阀连接牢固，无松脱现象。 位置开关位置状态正确，固定牢固，无变位松脱现象		√		

续表

巡检区域	巡检项目	巡检要点（标准要求）	巡检类型和周期			
			日常巡检 1次/日	专业巡检 1次/周	精密巡检 1次/月	日常巡检1次/周或年
调速器漏油系统	调速器漏油系统	漏油泵控制方式在自动方式，漏油泵电源正常，漏油箱油位显示正常，滤芯无堵塞	√			
	调速器漏油系统油管路	管路阀门位置状态正确，无渗漏现象	√			
导叶开启、关闭速率	发电工况	发电工况导叶开启速率空载/负载（%/s）			√	
		发电工况导叶关闭速率空载/负载（%/s）			√	
	抽水工况	抽水工况导叶开启速率（%/s）			√	
		抽水工况导叶关闭速率（%/s）			√	
	导叶关闭曲线	发电工况导叶关闭速曲线正常			√	
		抽水工况导叶关闭速曲线正常			√	

五、上下水库进出水口闸门等金属结构系统

表 5-17　　上下水库进出水口闸门等金属结构系统巡检项目及要点

巡检区域	巡检项目	巡检要点（标准要求）	巡检类型和周期			
			日常巡检 1次/日	专业巡检 1次/周	精密巡检 1次/月	日常巡检1次/周或年
尾水闸门	现地控制盘柜	柜内无异音、无异味，元器件外观完好，接地线连接完好，防火封堵完好	√			
		运行参数正常，触摸屏各画面切换正常，各信号指示正常，报警页面无报警，无异常报警灯亮	√			
		电源模块指示灯正常，电源开关无跳开现象，继电器无脱落、松动		√		
		PLC工作正常，“POWER”“RUN”灯亮，接线盒内干燥，无潮湿、异味，电缆无松动		√		
	油泵	两台油泵电机及其电缆外观检查无异常		√		
	尾闸锁定	锁定位置状态正确，信号反馈正常	√	√		

续表

巡检区域	巡检项目	巡检要点（标准要求）	巡检类型和周期			
			日常巡检1次/日	专业巡检1次/周	精密巡检1次/月	日常巡检1次/周或年
尾水闸门	尾闸储能器	储能器油压正常8～10MPa，无漏油漏气现象	√	√		
	尾闸下腔油压	下腔油压2～2.5MPa	√	√		
	尾闸各阀组、阀门、接头	各阀组、阀门状态位置正常，接头连接牢固，管路无渗漏现象	√	√		
	压力开关、电磁阀插头	压力开关正常、电磁阀插头连接牢固，无松动、无漏油现象	√			
	液压缸下腔	液压缸下腔有无漏油现象		√		
	液压缸锁定位置，位置开关	液压缸锁定位置正确，位置开关无松动		√		
	液压缸上腔端盖及码盘转动装置	液压缸上腔端盖及码盘转动装置无漏油		√		
	油管路及过滤器	油管路及过滤器无渗油		√		
	集油箱油位正常	油位正常		√		
	集油箱油温正常	油温正常		√		
	集油箱呼吸器	呼吸器工作正常		√		
	集油箱液压油	液压油无乳化现象		√		
上水库闸门	现地控制盘柜	柜内无异音、无异味，元器件外观完好，接地线连接完好，防火封堵完好	√			
		运行参数正常，触摸屏各画面切换正常，各信号指示正常，无异常报警灯亮	√			
	上水库闸门油缸下腔油压（MPa）	油压正常		√		
	上水库闸门供排油管路	无渗漏现象		√		
	上水库闸门液压缸下腔	无渗漏现象		√		
	上水库闸门液压锁定位置	液压锁定位置正常，信号反馈正常，无渗油		√		
	上水库闸门开度（cm）	上水库闸门开度数据抄录		√		
	上水库闸门各阀组、阀门、接头，阀门状态	各阀组、阀门状态位置正常，接头连接牢固，管路无渗漏现象		√		
	压力开关、电磁阀插头	压力开关正常、电磁阀插头连接牢固，无松动、无漏油现象	√			

续表

巡检区域	巡检项目	巡检要点（标准要求）	巡检类型和周期			
			日常巡检1次/日	专业巡检1次/周	精密巡检1次/月	日常巡检1次/周或年
上水库闸门	上水库闸门集油箱油位	油位正常		√		
	上水库闸门集油箱油温	油温正常		√		
	上水库闸门集油箱呼吸器滤芯	呼吸器工作正常		√		
	上水库闸门集油箱液压油	液压油无乳化现象		√		

六、油气水辅助系统

表 5－18　　油汽水辅助系统巡检项目及要点

巡检区域	巡检项目	巡检要点（标准要求）	巡检类型和周期			
			日常巡检1次/日	专业巡检1次/周	精密巡检1次/月	日常巡检1次/周或年
透平油系统	厂房透平油系统管路	管路无渗油，管路表面油漆无气泡	√	√		
	厂房透平油系统管路法兰	法兰结合面无渗油	√	√		
	厂房透平油系统阀门状态位置	油库内阀门处于全关位置	√	√		
	厂内透平油库油泵	油泵无卡塞，油泵电机绝缘合格，油泵轴封无渗油		√		
	厂内透平油库地面油迹，现场工器具设备	地面无油迹，油库内工器具摆放整齐		√		
	厂内透平油库油罐的呼吸器内干燥剂	呼吸器内干燥器无变色		√		
	厂内透平油库油罐的油位计	油位计能正常动作		√		
	厂内透平油库油罐的压力表	压力表能正常动作，压力表连接接头无渗油		√		
公用供排油管系统	厂房透平油系统管路	管路接头松动，接头无渗油	√			
	厂房透平油系统管路法兰	法兰结合面无渗油	√			
	厂房透平油系统阀门状态位置	油库内阀门处于全关位置	√	√		
厂外透平油库	厂外透平油库油管法兰	法兰结合面无渗油		√		
	厂内透平油库油泵	油泵无卡塞，油泵电机绝缘合格，油泵轴封无渗油		√		

续表

巡检区域	巡检项目	巡检要点（标准要求）	巡检类型和周期			
			日常巡检1次/日	专业巡检1次/周	精密巡检1次/月	日常巡检1次/周或年
厂外透平油库	厂内透平油库油管阀门	油库内阀门处于全关位置		√		
	厂内透平油库油罐的呼吸器内干燥剂	呼吸器内干燥器无变色		√		
	厂内透平油库油罐的油位计	油位计能正常动作		√		
	厂内透平油库油罐的压力表	压力表能正常动作，压力表连接接头无渗油		√		
技术供水及公用供水	公用供水机组侧取水法兰	法兰结合面无渗水	√	√		
	供水机组侧取水过滤器上部电机	电机正常，电机轴心无渗油，过滤器结合面无渗水	√	√		
	供水机组侧取水管路保温材料	保温材料无破损	√	√		
	供水机组侧取水过滤器的排污电动阀	排污电动阀状态位置正常，无卡塞，无漏水	√	√		
高压气机/SFC冷却水系统	高压气机及SFC冷却水系统过滤器	过滤器结合面无渗水		√		
	高压气机及SFC冷却水系统法兰	法兰结合面无渗水	√	√		
	高压气机及SFC冷却水系统电机	电机正常，电机轴封无渗水	√	√		
	高压气机及SFC冷却水系统管路保温材料	保温材料无破损	√	√		
	高压气机及SFC冷却水系统过滤器的排污电动阀	排污电动阀状态位置正常，无卡塞，无漏水	√	√		
主变压器空载冷却水泵	主变压器空载冷却水泵运行情况	轴封无漏水	√	√		
	主变压器空载冷却水泵盘柜指示状态	盘柜无报警指示灯亮	√	√		
	主变压器空载冷却水泵前/后压力、压差	压力正常，无压力差报警	√	√		
	主变压器空载冷却水泵系统	法兰结合面无渗水，接头无渗水	√	√		

续表

巡检区域	巡检项目	巡检要点（标准要求）	巡检类型和周期			
			日常巡检1次/日	专业巡检1次/周	精密巡检1次/月	日常巡检1次/周或年
高压气系统	高压气机控制	柜内无异音、无异味，元器件外观完好，接地线连接完好，防火封堵完好	√	√		
		控制盘信号指示正常，无异常报警灯亮	√	√		
		运行振动、温度正常，建压正常，控制方式在自动方式	√	√		
	高压气机气管路	气缸结合面无渗油，漏气；气管路无漏气，连接螺栓无松动	√	√		
	高压气机气缸、水箱、冷却水管的法兰阀门	气缸结合面无渗油，漏气；水箱结合面无漏水、漏气，连接螺栓无松动，密封垫无破损；冷却水管路法兰结合面无漏水	√	√		
	高压气机气管路、1、2、3级气安全阀	安全阀正常，无漏气	√	√		
	高压气机油箱的油位	油箱油位：不低于可视窗的1/2	√	√		
	高压气机油箱的油色是否正常	油色：透明，未变成黑色或变白	√	√		
	高压气机排污总成、卸载阀	排污总成无漏水、漏气，卸载电磁阀在励磁状态	√	√		
	高压气系统阀门	高压气机的阀门在常开位置	√	√		
	补偿气罐压力表	补偿气罐的压力表接头无漏气，压力值在4.3～6.3MPa间	√	√		
	补偿气罐进出口阀门	补偿气罐的进出口阀门在全开位置	√			
	补偿气罐压力开关，连接管路	补偿气罐的压力开关无异常，连接管路接头牢固，接头无漏气	√			
	补偿气罐排污电动阀状态是否正常，有无漏气	补偿气罐的排污电动阀位置正常，无漏气	√			
	补偿气罐供排气管路、法兰、阀门有无漏气	补偿气罐供排气管路无漏气，法兰结合面无漏气，阀门结合面无漏气	√	√		
	检修密封供气管路、阀门、法兰有无漏气	检修密封供气管路无漏气，法兰结合面无漏气，阀门结合面无漏气	√	√		

续表

巡检区域	巡检项目	巡检要点（标准要求）	巡检类型和周期			
			日常巡检1次/日	专业巡检1次/周	精密巡检1次/月	日常巡检1次/周或年
微增压气系统	微增压气机控制	柜内无异音、无异味，元器件外观完好，接地线连接完好，防火封堵完好	√	√		
		控制盘信号指示正常，无异常报警灯亮	√	√		
		运行振动、温度正常，建压正常，控制方式在自动方式	√	√		
	微增压气机现场操作面板	现场操作面板无报警	√	√		
	微增压气机本体	微增压气机无漏油、漏气	√	√		
	微增压气机油罐内油位	油罐内的油位计指针在绿色区范围内	√	√		
	微增压气管路、阀门、法兰	微增压气管路、阀门、法兰无漏气	√	√		
	微增压气罐的人孔门	人孔门结合面无漏气，螺栓无锈蚀现象	√			
	微增压气罐的压力表及管路	压力表6.0～8.0bar，压力表连接接头无渗油	√			
	检修气机现场操作面板	现场操作面板无报警	√	√		
	检修气机本体	检修气机无漏油、漏气	√	√		
	检修气机油罐内油位	油罐内的油位计指针在绿色区范围内	√	√		
	检修气管路、阀门、法兰	检修气管路、阀门、法兰无漏气	√			
	检修气罐的人孔门	人孔门结合面无漏气，螺栓无锈蚀现象	√			
	检修气罐压力表及管路	压力表10～12bar，压力表连接接头无渗油	√			
	微增压气管路、阀门、法兰	管路无漏气，阀门在全开状态，法兰无松动、结合面无渗油		√		
下水库水位测量系统	下水库水位测量系统气罐1压力（bar）	压力表10～12bar，压力表连接接头无渗油		√		
	下水库水位测量系统气罐2压力（bar）	压力表6.0～8.1bar，压力表连接接头无渗油		√		
	下水库水位计空压机运行有无异常	下水库水位计空压机运行有无异常		√		

续表

巡检区域	巡检项目	巡检要点（标准要求）	巡检类型和周期			
			日常巡检1次/日	专业巡检1次/周	精密巡检1次/月	日常巡检1次/周或年
下水库水位测量系统	下水库水位测量系统气罐安全阀	下水库水位测量系统气罐安全阀正常		√		
	下水库水位测量系统气管路	气管路无漏气、软管起包现象		√		
	下水库水位测量系统排污管路有无漏气	下水库水位测量系统排污管路有无漏气		√		
上水库水位测量系统	上水库水位测量系统气罐1压力（bar）	压力表10～12bar，压力表连接接头无渗油		√		
	上水库水位测量系统气罐2压力（bar）	压力表10～12bar，压力表连接接头无渗油		√		
	上水库水位计空压机运行有无异常	上水库水位计空压机运行有无异常		√		
	上水库水位测量系统气罐安全阀	上水库水位测量系统气罐安全阀正常		√		
	上水库水位测量系统气管路	气管路无漏气、软管起包现象		√		
	上水库水位测量系统排污管路有无漏气	上水库水位测量系统排污管路有无漏气		√		
	检查上水库水位测量控制盘运行正常	水位显示正常、拦污栅无压差报警、报警面板正常、柜内相关管路有无漏气现象。拦污栅无压差报警，相关管路无漏气、起包现象	√			
上水库闸门设备	上水库闸门电源配电箱运行正常	接线完好、无烧蚀痕迹、供电主备用指示灯正常，空气开关无跳开现象	√			
	上水库闸门控制柜运行正常	闸门开度指示正常，柜内交直流电源情况、盘柜内继电器/接触器/电源小开关/端子连接状态正常，盘柜上各控制选择开关在正确位置，电压、电流正常	√			
		油泵运行方式、PLC运行情况、报警页面无报警、输入输出量正常、各模块电源指示灯正常、电压电流指示正常		√		
	上水库闸门液压系统	两台油泵电机及其电缆外观检查无异常；阀组接线箱及其电缆无松动、烧蚀等现象；锁定投退位置开关指示灯正常，接线完好；下滑位置开关未动作，电缆接线无脱落		√		

续表

巡检区域	巡检项目	巡检要点（标准要求）	巡检类型和周期			
			日常巡检1次/日	专业巡检1次/周	精密巡检1次/月	日常巡检1次/周或年
上水库闸门设备	上水库闸门液压系统运行正常	两台油泵电机及其电缆外观检查无异常；锁定投退位置开关指示灯正常，接线完好；下滑位置开关未动作，电缆接线无脱落	√			

七、起重设备

表5-19　起重设备巡检项目及要求

巡检区域	巡检项目	巡检要点（标准要求）	巡检类型和周期			
			日常巡检1次/日	专业巡检1次/周	精密巡检1次/月	日常巡检1次/周或年
主厂房桥机	各抱闸，闸板磨损量。各齿轮箱，齿轮箱油位。电机联轴器外观	各抱闸无松动，闸板磨损量正常，功能检查正常。各齿轮箱无渗油，齿轮箱油位正常。电机联轴器外观正常		√		
	卷筒组及钢丝绳。各限位开关、行程开关。大小车行程限位开关。桥机进人门启动闭锁开关	卷筒组及钢丝绳外观正常； 各限位开关、行程开关无松动； 大小车行程限位开关功能正常； 桥机进人门启动闭锁开关功能正常		√		
	控制盘柜、机械部件外观、钢丝绳外观	控制盘柜无报警、机械部件外观无损伤、钢丝绳外观无断丝		√		
尾水闸门洞桥机	各抱闸，闸板磨损量	各抱闸无松动，闸板磨损量正常，功能正常		√		
	各齿轮箱，齿轮箱油位	各齿轮箱有无渗油，齿轮箱油位正常		√		
	电机联轴器外观	电机联轴器外观正常		√		
	卷筒组及钢丝绳外观	卷筒组及钢丝绳外观正常		√		
	各限位开关、行程开关	各限位开关、行程开关无松动		√		
	控制盘柜、机械部件外观、钢丝绳外观	控制盘柜无报警、机械部件外观无损伤、钢丝绳外观无断丝		√		
尾水检修门桥机	抱闸螺栓，闸板磨损量	抱闸螺栓无松动，闸板磨损量正常		√		
	各制动器销轴磨损	各制动器销轴磨损正常，功能正常		√		
	联轴器外观	联轴器外观检查正常		√		
	卷筒组及钢丝绳外观	卷筒组及钢丝绳外观正常		√		
	起重联销液压缸	起重联销液压缸无漏油		√		

续表

巡检区域	巡检项目	巡检要点（标准要求）	巡检类型和周期			
			日常巡检1次/日	专业巡检1次/周	精密巡检1次/月	日常巡检1次/周或年
尾水检修门桥机	夹轨器外观	夹轨器外观检查无异常，功能正常		√		
	起升机构外观	起升机构外观正常		√		
	各限位开关、行程开关	各限位开关、行程开关无松动		√		
	电动葫芦外观	电动葫芦外观及功能正常		√		
	控制盘柜、机械部件外观、钢丝绳外观	控制盘柜无报警、机械部件外观无损伤、钢丝绳外观无断丝		√		

第三节　水　工　部　分

抽水蓄能电站水工建筑物包括上/下水库、输水系统、地下厂房洞室群、排水廊道、施工支洞、边坡、公路等，水库一般由主坝、副坝和库盆组成，下水库一般设置开敞式溢洪道。水工巡检分为日常巡检、年度详查、定期检查和特种检查。

一、工作原则

（1）监测系统的设计应能全面地反映上下水库及所有其他水工建筑物的运行工况，监测仪器、设备的布置要目的明确、重点突出，观测的重点应放在地质条件较薄弱的部位。

（2）监测仪器设备要精确可靠、稳定耐久，采用自动采集设备时，还应安排人工观测，一是为了资料的对比，二是为了保证当自动采集设备发生故障时，观测数据不致中断。

（3）监测系统应有良好的照明、防潮和交通条件，必要时可设置专用的观测道路，以保证在汛期或冰霜雨雪等恶劣气候条件下仍能进行观测。

更新改造时必须按照设计图纸精心施工，保证安装和埋设的质量，安装和埋设完工后，应绘制竣工图、填写考证表，以存档备查。

（4）切实做好观测工作，所有观测项目应严格按照规范所规定的测次和时间进行，在特殊情况下（如观测数据出现异常、汛期或发生重大自然灾害如发生强烈地震等）应适当增加测次或增添必要的辅助观测手段。

（5）各观测项目至少应由二人以上进行，一人负责现场观测，一人负责现场记录。

（6）为了保证观测质量，各观测项目必须固定专人负责进行，不得随意变动，如确需变动，接替人员必须经过上岗培训，培训合格后方可进行接替上岗。

（7）如观测项目、仪器设备、测次等需要增减、更新或进行其他变动时，应报请上级主管部门批准后执行。

（8）滑坡体、廊道和地下洞室内巡检基本要求：

1）进入廊道和地下洞室工作时除廊道和洞室内照明系统必须正常以外，还必须带上一定数量电力充足的应急灯具以备用。另外，相关测量工器具、记录本等均应一并带齐。

2）进行水工观测工作时，应严肃认真，不得嬉戏、打闹，以防发生人身或设备事故。

3）进入廊道和地下洞室工作时，必须由熟悉现场及业务的人带领。工作过程中，工作负责人应与闸门操作人员、排水泵操作人员、运行值班人员保持严密的联系；任何闸门、阀门的开启，均应在输水道、尾水管道内工作人员全部撤出后方可进行。

（9）户外巡检观测基本要求：

1）所有观测班成员均应站在稳固安全的地方，不准站在陡坡或不稳固的孤石上，险要地点除必须修建钢护栏以确保安全外，作业人员还必须佩戴安全绳。

2）观测道路两旁的杂草、杂物和灌木等应定期清除，以防类似于毒蛇这样的动物躲藏其中，从而对过往人员的人身产生危害。

3）野外观测，至少两人或两人以上同行，并配备必要的通信工具。

4）野外测量时，严禁将任何杂物、石块从高处往下丢，同时注意不要踩着松动的石头，以免石头滚落伤人或砸坏设备。

5）发现观测道路上的台阶及扶手有损坏时，应立即通知有关部门进行维修，禁止冒险进行测量。

6）因野外工作条件限制一时无法进行的测量工作或类似于需攀登陡崖、陡坡才能完成的测量任务，应仔细研究并提出安全措施后再进行，不可冒险行事。

7）离开坝区进行野外测量时，应携带必要数量的诸如防暑降温、蛇药等急救药品和饮用水，若必须在夏季烈日下进行工作，还必须佩戴草帽或太阳伞等避暑措施。

8）野外工作应穿戴具有防滑、防水、透气等功能的登山鞋或布鞋，以免雨雪天气滑倒、摔伤和损坏仪器。

9）雷雨天气外出作业前应注意收集气象信息、认真观察天气变化情况，尽可能避开雷雨时段进行野外测量；若在测量过程中突遭雷雨天气，应迅速撤离至安全地带，以防雷击伤人。

10）在地下厂房、主变室或开关站等处工作时应遵守电业安规有关部分的规定。

11）进入山区林地，严禁吸烟，防止山林火灾。

二、工作内容

（1）日常及特殊情况下的监测工作，包括巡视检查、外部变形监测（水平位移、垂直位移、倾斜、裂缝等）、边坡垂直倾斜观测、渗流监测、内部仪器监测（位移计、钢筋计、锚杆应力计、测缝计、应力计、应变计、温度计）等。

（2）定期对全部监测设施进行检查、校对，对埋设的仪器要做出鉴定，以确定该仪器是否报废、封存或继续观测。

（3）监测系统的维护、更新、补充与完善。

（4）年度观测资料的整理分析，及汇编成册。

（5）年度详查报告的编写。

（6）观测技术资料的归档。

（7）防汛物资检查与管理。

（8）防汛检查。

三、大坝检查类型

（1）按照《水电站大坝运行安全管理规定》的要求规定大坝安全检查分为日常巡查、年度详查、定期检查和特种检查四种类型。

（2）日常巡查指对水电站水工建筑物进行的经常性巡视、检查。对巡视检查中发现的安全问题，应当立即处理，不能处理的，应当及时报告电站有关负责人。巡视检查及处理情况应当以文字、签表的方式记载保存。

（3）年度详查指每年汛前、汛后或枯水期、冰冻期对水电站水工建筑物进行详细的检查，其内容包括：对观测资料进行年度整编分析；对运行、检查、维护记录等资料进行审阅；对与水电站水工建筑物安全有关的设施进行全面检查或专项检查，并提出水电站大坝安全年度详查报告，报国家电力监管委员会大坝安全监察中心（简称大坝中心）备案。

（4）定期检查指一般每五年进行一次的检查，检查时间一般不超过一年。新建工程的第一次定期检查，在工程竣工安全鉴定完成五年后进行。已运行40年以上的大坝，应结合定期检查进行全面复核鉴定；对有潜在危险的重要大坝，应根据现行技术规程规范，及时进行安全评价。大坝中心组织的定期检查，由电站向大坝中心提交有关专项检查情况的专题报告。大坝中心评定水电站大坝安全等级，并提出定期检查报告，形成定期检查、审查意见报国家电力监管委员会（以下简称电监会）备案。大坝中心对定期检查报告进行审查，评定水电站大坝安全等级，形成定期检查审查意见报电监会备案。

（5）特种检查指发生特大洪水、强烈地震或者发现可能影响水电站大坝安全的异常情况，公司向大坝中心提出申请的检查。公司要向大坝中心提交有关专项检查情况的专题报告。大坝中心综合检查情况，提出特种检查报告。公司应根据特种检查报告进行整改。

四、工作组织

（1）日常巡查和年度详查由电站负责。日常巡查由电站运维检修部水工班组具体实施。年度详查由电站组织专业技术人员完成，必要时可以聘请系统内专业人员参加。

（2）定期检查由大坝中心负责。大坝中心可以委托水电站大坝主管单位组织实施定期检查。已运行40年以上的大坝，电站应当结合定期检查进行全面复核鉴定；对有潜在危险的重要大坝，电站应当根据现行技术规程规范，及时进行安全评价。

（3）大坝中心组织定期检查，应当组成专家组。专家组根据水电站大坝的具体情况，确定专项检查的项目和内容。电站组织具有相应资质的单位进行专项检查，并向大坝中心提交有关专项检查情况的专题报告。大坝中心对专题报告进行审查，并根据水电站大坝实际运行情况，对水电站大坝的结构性态和安全状况进行综合分析，评定水电站大坝安全等级，提出定期检查报告，形成定期检查审查意见报电监会备案。

（4）特种检查由电站提出，大坝中心组织实施。当出现异常情况时，电站应当向大坝中心提出特种检查申请。大坝中心接到申请后，将组织专家组确定检查项目和内容。对需要进行专项检查的项目，公司组织具有相应资质的单位进行专项检查，并向大坝中心提交有关专项检查情况的专题报告。大坝中心综合检查情况，提出特种检查报告。公司应当根据特种检查报告进行整改。

五、巡检主要项目及要点

1. 坝体

（1）坝顶：有无裂缝、异常变形、积水或植物滋生等现象，防浪墙有无开裂、挤碎、架空、错断、倾斜等情况。

（2）迎水坡：护面或护坡是否损坏；有无裂缝、剥落、滑动、隆起、塌坑、冲刷、或植物滋生等现象；近坝水面有无冒泡、变浑或旋涡等异常现象。

（3）背水坡及坝趾：有无裂缝、剥落、滑动、隆起、塌坑、雨淋沟、散浸、积雪不均匀融化、冒水、渗水坑或流土、管涌等现象；排水系统是否通畅；草皮护坡植被是否完好；有无兽洞、蚁穴等隐患；滤水坝趾等导渗降压设施有无异常或破坏现象。

2. 坝基和坝区

（1）坝端：坝体与岸坡连接处有无裂缝、错动、渗水等现象；两岸坝端区有无裂缝、滑动、崩塌、溶蚀、隆起、塌坑、异常渗水和蚁穴、兽洞等。

（2）坝趾近区：有无洇湿、渗水、管涌、流土或隆起等现象；排水设施是否完好。

（3）坝端岸坡：绕坝渗水是否正常；有无裂缝、滑动迹象；护坡有无隆起、塌陷或其他损坏现象。

3. 输水、泄水洞

（1）引水段：有无堵塞、淤积、崩塌。

（2）洞身：洞壁有无空蚀等损坏现象；洞身排水孔是否正常。

（3）消能水池：有无冲刷或砂石、杂物堆积等现象。

4. 溢洪道

（1）进水段：有无坍塌、崩岸、淤堵或其他阻水现象；流态是否正常。

（2）堰顶、溢流面、底板有无裂缝、渗水、剥落冲刷、磨损、空蚀等现象；伸缩缝、排水孔是否完好。

（3）消能水池：有无冲刷或砂石、杂物堆积等现象。

（4）交通桥：是否有不均匀沉陷、裂缝、断裂等现象。

5. 库区

（1）库岸有无坍塌、滑坡现象或迹象。

（2）库盆、库底廊道无坍塌、开裂及渗漏现象。

6. 滑坡体、山体及边坡

（1）是否有异常的裂缝或坍塌。

（2）是否有异常的渗水点。

7. 地下洞室群

（1）厂房：厂房顶拱和边墙是否有异常裂缝、渗水、掉块。

（2）主变压器洞、尾闸室、交通洞等地下洞室，顶拱和边墙是否有异常裂缝、渗水或掉块。

六、水工观测

1. 外部变形观测

（1）测点布置。

抽水蓄能电站外部变形监测系统一般由基准网和监测网两部分组成。基准网主要用于监测近坝区岩体的变形和检测工作基点的稳定性，监测网主要通过工作基点对坝体和库岸边坡位移测点进行监测。

上下水库区基准网布置有平面基准点、视准线工作基点、高程监测基准点、水准工作基点。

上水库区一般分为：主坝，一般采用边角前方交会法观测；副坝，一般采用视准线法观测；库周，一般采用前方交会法观测。

下水库区一般分为：主坝，一般采用边角前方交会法观测；副坝，一般采用视准线法观测；库周，一般采用前方交会法观测；溢洪道，一般采用前方交会法观测；陡崖段，一般采用前方交会法观测；开关站，一般采用前方交会法观测；滑坡体，一般采用前方交会法观测。

垂直位移测点一般分为上下水库库周、廊道、主坝、副坝及滑坡体等。

（2）视准线观测。

用精密经纬仪或全站仪，通过附有精密读数装置的活动觇牌测定待测点相对于基准线的偏离值。

1）每三个月测定一次活动觇牌的零位差，仪器按《国家三角测量规范》要求进行检验。

2）活动觇牌零位置的测定，须在相距一定距离的两个观测墩上，安置仪器与固定觇牌，定向后，取下固定觇牌，换上活动觇牌，将活动觇牌的照准标志移至仪器十字丝上，在读数设备上读数，重复六次，读数互差应小于0.3mm，是为往测。将仪器与觇牌对调，依同样操作要求进行返测，往返观测互差应小于0.2mm，取往返的平均值即为活动觇牌的零位置。

3）采用整条基准线观测方式进行观测。

4）整条基准线的观测方法是：在视准线一端点安置仪器，后视另一端点上的照准杆，固定照准部，依次在每个待测点安置活动觇牌，前视测点上的活动觇牌，指挥前视人员转动活动觇牌的测微螺旋，使觇牌中心与仪器十字丝重合后，进行读数。每一测回正倒镜各照准活动觇牌两次，读数两次，取均值作为该测回之观测值。正倒镜两次读数差应小于2mm，两测回观测值之差应小于1.5mm。

（3）交会法观测。

1）水平角观测采用方向法观测4测回，各测回间应变换度盘位置，但绝对编码度盘的电子经纬仪各测回可采用同一度盘位置。方向观测法限差按表5-20执行。

表5-20　方向观测法限差

序号	项　目	二等	三等
1	两次重合读数差	4″	4″
2	半测回归零差	5″	6″
3	一测回内2C互差	8″	9″
4	同方向各测回互差	5″	6″
5	三角形最大闭合差	3.5″	7.0″

2）每一方向均采用“双照准法”观测，即照准目标两次，读数两次，两次照准目标读数之差不得大于4″。

3）各测次均采用同样的起始方向。

4）观测方向的垂直轴倾斜改正值由仪器内测定值自动对观测方向施加改正。

5）在观测过程中必须经常整置仪器，使水准气泡居中。

6）水平方向观测一测回的操作程序。

a）将仪器照准零方向（即第1方向）并调整好度盘位置；

b）顺时针方向旋转照准部1～2周后，精确照准起始方向觇标，重合两次，读两次数；

c）顺时针方向旋转照准部，精确照准2方向，读出水平度盘数值；继续顺时针方向旋转照准部依次进行其他各方向的观测，最后闭合至零方向（方向数小于4者，可不闭合到起始方向）；

d）纵转望远镜，逆时针方向旋转照准部1～2周后，精确照准零方向，按步骤⑵的方法读数；

e）逆时针方向旋转照准部，按与上半测回相反的顺序依次观测各方向，直至零方向。

7）方向观测成果的重测和取舍。

a）凡超过规定限差的结果均应重测，每站基本测回重测的方向测回数不应超过全部方向测回总数的1/3，否则整站重测；

b）在一测回中，重测方向数超过所测方向总数的1/3时（包括观测三个方向有一个方向重测），该测回应重测；

c）一测回中2C互差超限或化归同一起始方向后，同一方向值各测回互差超限时，应重测超限方向并联测零方向。因测回互差超限而重测时，除明显孤值外，原则上应重测观测结果中最大和最小值的测回；

d）个别方向重测时，只需联测零方向。

8）观测手簿的记录规定：水平角观测的秒值读、记错，应重新观测，度分读、记错误可在现场更正。但同一方向盘左、盘右不得同时更改相关数字。

（4）二等边角网观测。

1）二等边角网采用TCA2003全自动全站仪进行观测，水平角和垂直角均由仪器自动按12测回采集，距离往返各观测4测回。

2）水平角观测方向总数多于7个时，分组进行观测。各组方向大致相等，并须包括两个共同方向（其中一个为共同起始方向）。

3）当照准点的垂直角超过±3°时，须进行垂直轴倾斜改正。垂直轴倾斜改正数由仪器自动完成并加入所观测角度值内。

4）其余作业程序由仪器自动完成。

（5）二等水准测量。

1）技术参数（见表5-21）。

表5-21　　二等水准测量技术参数

仪器类型	NA2+GPM3、NA3003
视线长度	≤50m
前后视距差	≤1.0m
前后视距差累积	≤3.0m

续表

视线高度	廊道外≥0.3m，廊道内三丝能读数
基辅分划读数差	0.4mm
基辅分划所测高差的差	0.6mm
测段、路线往返不符值	$\pm 0.72\ (N)^{1/2}$

2）测站观测顺序。

a）往测时，奇数测站照准标尺分划的顺序为：

后视标尺的基本分划；

前视标尺的基本分划；

前视标尺的辅助分划；

后视标尺的辅助分划。

b）往测时，偶数测站照准标尺分划的顺序为：

前视标尺的基本分划；

后视标尺的基本分划；

后视标尺的辅助分划；

前视标尺的辅助分划。

c）返测时，奇、偶测站照准标尺的顺序分别与往测偶、奇测站相同。

3）一测站操作程序。

用NA3003电子水准仪只需整平仪器照准标尺就可读数，使用NA2水准仪则按以下程序操作：

a）首先将仪器整平（水准仪的圆气泡位于指标环中央）；

b）将望远镜对准后视标尺，用上下丝照准标尺基本分划进行视距读数。用楔形平分丝精确照准标尺基本分划，并读定标尺基本分划与测微器读数；

c）旋转望远镜照准前视标尺，用楔形平分丝精确照准标尺基本分划，并读定标尺基本分划与测微器读数，然后用上下丝照准标尺基本分划进行视距读数；

d）用微动螺旋转动望远镜，照准前视标尺的辅助分划，用楔形平分丝精确照准并进行标尺辅助分划与测微器读数；

e）旋转望远镜，照准后视标尺的辅助分划，用楔形平分丝精确照准并进行标尺辅助分划与测微器读数；

4）观测中应遵守的事项。

a）观测前30min，应将仪器置于露天阴影下（廊道内须安置仪器30min后方可开始观测），使仪器与外界气温趋于一致；设站时，须用测伞遮蔽阳光。

b）同一测站上观测时，不得两次调焦，转动仪器倾斜螺旋和测微鼓时，其最后旋转方向，均应为旋进。

c）每一测段的往测与返测，其测站数均应为偶数。由往测转向返测时，两支标尺须互换位置，并应重新整置仪器。

5）成果的重测和取舍。

a）测段往返测高差不符值超限，应先就可靠程度较小的往测或返测进行整测段重测。

b）符合路线和环线闭合差超限时，应就线路上可靠程度较小〔往返测高差不符值较大或观测条件较差〕某些测段进行重测，如果重测后仍超出限差，则须重测其他测段。

c）每公里水准测量的偶然中误差、全中误差超限时，应分析原因，重测有关测段或路线。

6）每公里水准测量偶然中误差按式（5－1）计算：

$$M_{\Delta}=\pm\sqrt{(\Delta^2/R)/4n} \tag{5-1}$$

式中　Δ——往返测高差不符值；

R——测段长度，km；

n——测段数。

（6）三等水准测量。

1）技术参数（见表5－22）。

表5－22　三等水准测量技术参数

仪器类型	NA2＋GPM3、NA3003
视线长度	≤75m
前后视距差	≤2.0m
前后视距差累积	≤5.0m
视线高度	三丝能读数
基辅分划读数差	1mm
基辅分划所测高差的差	1.5mm

2）测站观测顺序。

后视标尺的基本分划；

前视标尺的基本分划；

前视标尺的辅助分划；

后视标尺的辅助分划；

3）一测站操作程序和观测中注意事项以及成果的重测和取舍等项均与二等水准测量相同。

（7）成果的记录、整理。

1）一切原始观测值和记事项目，必须在现场用铅笔或钢笔记录在规定格式的外业手簿中，严禁凭记忆补记，外业手簿中每一页都须编号，任何情况下都不许撕毁手簿中的一页。

2）一切数字、文字记载应正确、清楚、整齐、美观。凡更正错误，均应将错字整齐划去，在其上方填写正确的文字或数字，禁止涂擦，对超限划去的成果，须注明原因和重测结果的所在页数。

3）水平角观测外业手簿中，在每一点的首页，应记载测站名称、等级、觇标类型。每一观测时间段的首末页上端各项，均须记载。

4）外业手簿数据须经两人（记录员和观测员）计算、检查无误后，交由质量管理组审核，记录员和观测员及审核人员均需在资料上签字确认。

5）电子记录按有关规范规定执行。

（8）监测资料的计算和整理。

1）位移量计算时正负号规定：

水平位移：向下游为正，向左岸为正，反之为负；

交会点向正东、正北方向为正，反之为负。

竖向位移：向下为正，向上为负。

2）位移量的计算。

沉　降：位移量＝上期观测值－本次观测值

累积位移量＝基准值－本次观测值

视准线：偏移值＝观测值－觇牌零位

位移量＝偏移值－上期偏移值

累积位移量＝偏移值－基准偏移值

交会法：变形量＝观测值－上期观测值

累积位移量＝观测值－基准观测值

3）资料整理的内容。

a）检验观测数据的正确性、准确性：每次观测完成之后，应立即在现场检查作业方法是否符合要求，有无缺漏现象，各项检验结果是否在限差以内，观测值是否符合精度要求，数据记录是否准确、清晰、齐全。

b）观测物理量的计算：经检验合格后的观测数据，应换算成观测物理量，记入相应记录表或编制成报表。

c）绘制观测物理量的过程线图。

d）在观测物理量过程线图上，初步分析物理量的变化规律。发现异常，应立即分析该异常量产生的原因，提出分析报告。

4）每一测次原始观测记录经检查无误后，应分类整理并放入临时档案柜保存。

5）每一季度应对计算资料进行一次整理，并装订成册后送公司档案室保存。

6）每一年度结束后，应对观测报表及计算资料进行汇总整理，装订成册后送公司档案室保存。

2. 边坡垂直倾斜观测

（1）测斜孔的布置。

抽水蓄能电站在滑坡体、开关站、溢洪道的不同高程、不同断面上一般布有不同的测斜孔。测斜孔的深度从几十米到上百米不等。

（2）测斜仪的工作原理。

采用的测斜仪一般是加速度计式测斜仪，带有导向滑动轮的测斜仪在测斜管中逐段（50cm）测出产生位移后管轴线与铅垂线的夹角，分段求出水平位移，累加得出总位移量及沿管轴线整个孔深位移的变化情况。

（3）观测步骤。

1）将测斜仪探头与电缆及记录仪连接。

2）打开记录仪电源开关，预热5min。

3）选中所测孔号并浏览该孔的所有设置。

4）将探头放入该孔，缓慢地放至孔底（A0方向为高轮方向），悬放20min左右，使测头和测管内温度基本一致，缓慢提升，每隔0.5m记录测值，直至孔口；然后将探头调转180°由下而上进行A180方向观测，方法同上。

5）观测完成，按退出键返回至开机时的界面。

（4）数据处理步骤。

1）用专用电缆将读数仪与电脑连接上，打开读数仪电源开关。

2）运行DMM中数据传输程序，将读数仪中的数据传输到计算机中。

3）在计算机中将数据文件写成文本文件输出。

4）在Excel中打开该文本文件，拷贝到该孔的数据库中进行计算。

5）将计算结果制成过程线。

3. 自动化观测系统

（1）自动化观测系统的布置。

抽水蓄能电站水工自动化观测系统一般由若干个现场测控单元（MCU）和位于中控楼内主监控站组成，现场测控单元分别布置在各施工支洞、溢洪道、下水库坝、下水库进出水口、滑坡体、开关站、主变压器洞、尾闸室、渗漏水观测廊道、厂房、上水库库周、上水库库底廊道，各现场测控单元之间以及测控单元与主监控站之间的通信采用光纤作为基本通信方式，通信电缆作为后备通信方式。接入数据自动采集系统的内部观测仪器主要有多点变位计、锚杆应力计、钢板应力计、温度计、渗压计、钢筋应力计、测缝计、应变计、钢管缝隙计、量水堰计、水位计、雨量计等。按工作原理分主要有：振弦式、差动电阻式（又称卡尔逊式）、脉冲式（雨量计）、感应式（水位计）等，共四类仪器。

（2）观测仪器布置与监测。

1）上水库。

上水库布置有孔隙水压力计、水位计、测缝计、雨量计等。

2）输水道系统。

在不同断面分别布置有渗压计、钢管缝隙计、测缝计、钢板应力计等。

3）地下厂房及主变压器洞。

a）主厂房。主厂房在下游边墙不同高程的岩体和吊车梁内共布置有多点变位计、锚杆应力计、测缝计、渗压计、温度计等。

b）地下厂房蜗壳。在蜗壳主要布置有钢管缝隙计、钢筋计、无应力计、五向应变计等。

c）母线洞。主要在母线洞岔口的岩体内呈三角形布置有多点变位计、锚杆应力计、测缝计等。

d）主变压器洞。在主变压器洞上下游边墙及拱顶不同高程的岩体内布置有多点变位计、锚杆应力计等。

4）下水库坝。下水库坝主要布置有面板渗压计、测缝计、应变计、无应力计、钢筋计、地下水位计。

5）开关站及滑坡体。

开关站布置有多点变位、温度计、锚索测力器，滑坡体布置有地下水位计。

（3）自动化采集系统的工作原理。

现场采集单元（MCU）由主板、通信接口模块、传感器接口模块等组成，在网络结构中每个测控单元都是完全独立的，它与传感器直接连接，有自身的日历和时钟，一旦程序设定以后，测控单元就不需测控站的指令即能自动完成以下功能：观测数据采集和处理、报警条件检测、数据寄存、数据传输、反馈控制、网络路由等。

测控单元根据设置好的程序进行定时自动采集仪器的变量：ASM 模块测频率（弦式仪器）和 RRM 模块测电阻和及电阻比（差动式仪器），并计算出观测物理量（初始参数已写入计算程序中），同时按要求自动传到主监控机中入数据库。

（4）自动化系统的操作。

1）要确保系统通信通畅，每天对所有的现场测控单元呼叫一次，一旦出现呼叫不应的情况，立即检查是通信中断还是现场测控单元出现问题，并对损坏的设备进行更换。

2）在对现场测控单元进行操作时，要由有操作经验的人员进行，操作时要注意保护测控单元、光纤等设备，更换模块、设备是要切断电源。

3）对现场测控单元每月要进行一次巡视检查维护，发现异常及时处理。

4）对主监控机的操作必须是有经验的技术人员进行，尤其是系统的网络结构和仪器的配置进行操作时要严格按照系统操作手册进行。

5）对观测来的数据每天要做好备份，以防数据丢失，对历史数据要做好妥善保管。

6）每一年初对上一年的数据库进行提取并保存。

7）对观测数据进行整编和分析。

4. 地下水及渗水观测

（1）一般规定。

1）地下水观测包括：上水库廊道渗水观测、库周地下水位观测、上水库截水墙扬压力观测、山体水位观测、厂房上游排水廊道地下水位观测、厂房上游排水廊道渗水观测、水工观测探洞渗水观测、各施工支洞的渗水观测、开关站及滑坡体地下水位观测、下水库坝渗水观测、下水库坝绕坝渗流观测、自流排水洞渗水观测等。

2）通过预埋渗压计自动采集的有：库周地下水位观测、上水库截水墙扬压力观测、厂房上下游排水廊道地下水位观测、开关站及滑坡体地下水位观测、下水库坝绕坝渗流观测。

3）需要人工现场读数的有：上水库廊道渗水观测、山体水位观测、厂房上游排水廊道渗水观测、水工观测探洞渗水观测、各施工支洞的渗水观测、下水库坝渗水观测、自流排水洞渗水观测。

（2）地下水位自动采集方法观测。

1）基本原理。

地下水位自动采集方法观测是通过在需要观测的部位预埋渗压计，获得埋设时的地下水位、渗压计的初始读数，水位变化时，渗压计所受的压力发生变化，渗压计可把液体压力转化为等同的频率信号测量出来，自动化系统采集到频率信号后再结合初始值自动计算出水位的变化值（或当时的水位）。

2）渗压计的布置。

a）库周地下水位观测：在上水库库周布置地下水位孔并埋设渗压计；

b）上水库截水墙扬压力观测：在上水库截水墙布置测压管并埋设渗压计；

c）厂房上游排水廊道地下水位观测：在厂房上游排水廊道布置压力管并预置渗压计；

d）开关站及滑坡体地下水位观测：布置地下水位孔并埋设渗压计；

e）下水库坝绕坝渗流观测：在下水库坝左右坝头布置地下水位孔并埋设渗压计。

3）观测测次的规定：每天一至四次。

（3）人工观测。

1）观测方法、要求（见表5-23）。

表5-23　人工观测方法与要求

序号	观 测 部 位	观 测 方 法
1	上水库廊道渗水观测	容积法
2	山体水位观测	电测水位计法
3	厂房上游排水廊道渗水观测	容积法、量水堰法
4	水工观测探洞渗水观测	量水堰法
5	各施工支洞渗水观测	量水堰法
6	下水库坝渗水观测	量水堰法
7	自流排水洞渗水观测	量水堰法
8	高压钢管外排水观测	容积法、流量计法

a）容积法：主要对上水库廊道排水孔、厂房上游排水廊道排水孔和自流排水洞进行渗水观测，观测工具为量杯、量筒、秒表，观测时将量杯或量筒接到排水口，待若干秒后，取下量杯或量筒，记下时间和水容积，连测两次，取平均值，平行两次测量的流量误差不得大于均值的5%，充水时间不得小于10s。

b）量水堰法：量水堰设置在排水沟上，在无压稳流条件下测得堰顶水位高低，运用相应的量水堰流量计算公式算得渗流量。读数时水尺读数应精确到1mm，观测两次，两次观测值之差不得大于1mm。

c）电测水位计法：对山体水位孔观测使用电测水位计法，在观测时直接将水位计放入孔中，当水位计的探头接触水面时水位计会发出蜂鸣声，此时可从电缆上直接读出水深，观测两次，两次观测值之差不得大于1cm。

2）观测频次规定。

a）上水库廊道渗水观测：每天一次，渗水有异常时加密观测；

b）山体水位观测：每月一次；

c）厂房上游排水廊道渗水观测：每周两次；

d）探洞渗水观测：每周两次；

e）各施工支洞渗水观测：每周两次；

f）下水库坝渗水观测：每天一次，渗水有异常时加密观测；

g）自流排水洞渗水观测：每周两次；

h）高压钢管外排水：每周两次；

i）在水库和输水系统放空时，根据水位变化制定相应的观测频次，以获得所测数据与不同水位之间的关系。

3）观测地下水位的水位计测绳应每半年进行一次校验；量水堰堰口高程及水尺、测针零点每年校测一次。

5. 观测资料整理

(1) 原始记录及其整理。

1) 各项目的观测均必须携带专用的记录手簿（自动记录的项目除外），到现场随观测随记录。记录表内各项内容均按要求认真填写，严禁凭记忆回来补记，或用其他纸张记录而后回来转抄。

2) 原始记录必须用硬铅笔（2H～3H）或钢笔认真填写清楚。要求字迹工整，不得潦草。

3) 原始记录如填写有错误，不得随意擦涂修改。因读、记错误的，可在现场改正，改正时应将错误数字用斜线划掉，然后在右上角填上正确数字，并在备注栏内说明原因。因不合格而重测的，应将重测结果记录于手簿其他空格处，重测编写仍用原编号，但须加注“重测”二字，并注明原测数据记于何处，作废的记录数据，以单斜线划去，同时在备注栏内说明重测原因及重测结果记于何处。离开工作现场后，一切原始数据不得改动。

4) 现场观测回来后，应立即进行原始记录的计算、整理与初步分析等工作。各项成果确认无误后，应及时填制各种成果报表、绘制过程线，并将资料输入计算机。

5) 原始记录的计算、整理与初步分析工作包括原始观测数据的检验、观测数据的计算、关健项目绘过程线、初步分析和异常值判断等内容。

6) 原始记录的计算、整理与初步分析中如发现有异常，需立即进行复测，确认为异常值后，立即向有关分管人员汇报处理。

7) 原始记录的认真、整理与初步分析工作一般由“计算者”“一校”“二校”三人分别完成。“计算者”由现场记录者承担，负责将现场的原始记录转抄到计算表上进行计算、整理，得出最终的观测数据，并对该数据进行初步的分析与判断；“一校”由现场观测者承担，负责对“计算者”的计算、整理与初步分析成果进行第一次的检查与校对；“二校”由观测班长或班组技术员承担，也可由班长指定专人承担，负责对“计算者”“一校”二人的计算、整理与初步分析成果进行第二次的检查与校对。“计算者”“一校”“二校”在检查核对无误后均需在计算表的相应位置签名。

8) 原始记录的计算、整理与初步工作结束后，应于当天将观测成果输入计算机。

(2) 资料整编与分析。

1) 每年年终应将本年度的监测资料进行全面的汇总和整理，同时加以较为详细的成果说明，最后汇编刊印成册。一般从当年年底开始着手进行，至次年三月底之前完成。

2) 年度资料整编需整理的资料有：

a) 观测资料，包括一年来有关水工建筑物的各项现场检查和观测的记录、统计表、报表、过程线、关系曲线、成果说明以及巡视检查记录等；

b) 考证资料，包括各项监测设备的考证表、监测系统设计、施工详图、加工图、设计说明书、仪器规格和数量、仪器安装埋设记录、仪器检验和电缆连接记录、竣工图、仪器说明书和出厂证明、观测设备的损毁和改装情况以及观测设备有关的资料等；

c) 技术警戒值资料，包括有关物理量的设计计算值和经分析后确定的技术警戒值；

d) 有关参考资料，工程资料、有关文件等。

(3) 年度资料整编的步骤。

1）收集上述所有需整理的资料。

2）对输入微机的所有观测资料进行检查、校对和审查，确认无误后，通过观测资料的数据库管理系统进行年度观测资料的统计、报表打印、绘年度过程线等。

3）根据所收集的资料及打印的统计表、过程线等，编写较详细的年度资料说明与分析。

4）审查所有有关资料有无错误、遗漏，资料的说明与分析是否详尽、合理。

5）所有资料审查无误后，将当年发生的工程资料、考证资料、更改资料，加上当年的观测资料统计表、年度过程线、资料说明与分析等筛选整理成册，报送主管部门审定。

6）将经审定后的资料编印装订成册，并存档。

（4）年度资料整编主要由水工班的技术人员完成。

（5）在年度资料整编的基础上，结合水工建筑物的定期检查，或者每隔五年，聘请有关科研院校对电站水工建筑物作长系列的观测资料分析，以便更好地掌握水工建筑物的运行规律，确保水工建筑物的安全。

七、巡检方法

（1）常规方法：用眼看、耳听、手摸、鼻嗅、脚踩等直观方法，或以锤、钎、钢卷尺、放大镜、石蕊试纸等简单工具对工程表面和异常现象进行检查。

（2）特殊方法：采用开挖探坑（或槽）、探井、钻孔取样或孔内电视、向孔内注水试验、投放化学试剂、潜水员探摸或水下电视、水下摄影或录像等方法，对工程内部、水下部位或坝基进行检查。

八、巡检记录和报告

（1）每次巡视检查均按巡检表做出记录。如发现异常情况，除应详细记述时间、部位、险情和绘出草图外，必要时应测图、摄影或录像。

（2）现场记录必须及时整理，还应将本次巡视检查结果与以往巡视检查结果进行比较分析，如有问题或异常现象，应立即进行复查，以保证记录的准确性。

（3）日常巡视检查中发现异常现象时，应立即采取应急措施，并上报主管部门。

（4）年度巡视检查和特别巡视检查结束后，应提出简要报告，并对发现的问题及时采取应急措施，然后根据设计、施工、运行资料进行综合分析比较，写出详细报告，并立即报告主管部门。

（5）各种巡视检查的记录、图件和报告等均应整理归档。

九、水工巡检

水工巡检见表5-24。

表5-24　　水　工　巡　检

设备位置	巡检区域	序号	巡检点	测点内容（标准要求）	巡检周期
上水库	上水库库底廊道	1	顶拱	无新裂缝、结构缝，原有老裂缝是否有变大，无新渗水点	2次/月

续表

<table>
<tr><th>设备位置</th><th>巡检区域</th><th>序号</th><th colspan="2">巡检点</th><th>测点内容（标准要求）</th><th>巡检周期</th></tr>
<tr><td rowspan="7">上水库</td><td rowspan="7">上水库库底廊道</td><td>2</td><td colspan="2">边墙</td><td>无新裂缝、结构缝，原有老裂缝是否有变大，无新渗水点</td><td>2次/月</td></tr>
<tr><td>3</td><td colspan="2">底板</td><td>无新裂缝、结构缝，原有老裂缝是否有变大，无新渗水点</td><td>2次/月</td></tr>
<tr><td>4</td><td colspan="2">排水孔</td><td>水量无异常增加，无浑水</td><td>2次/月</td></tr>
<tr><td>5</td><td colspan="2">排水沟</td><td>无淤积、堵塞，水量无异常增加，无浑水</td><td>2次/月</td></tr>
<tr><td>6</td><td colspan="2">南北侧截水墙</td><td>无新裂缝，结构缝，原有老裂缝是否有变大，无新渗水点，扬压力正常</td><td>2次/月</td></tr>
<tr><td>7</td><td colspan="2">自动化监测设施</td><td>未损坏、线路完好，无老化严重现象，监测数据正常</td><td>2次/月</td></tr>
<tr><td>8</td><td colspan="2">外观变形监测设施</td><td>变形监测点未损坏，保护设施良好</td><td>2次/月</td></tr>
<tr><td rowspan="8">上水库</td><td rowspan="8">上水库库周</td><td>1</td><td colspan="2">坝顶公路</td><td>无裂缝、隆起、凹陷等异常变形</td><td>2次/月</td></tr>
<tr><td>2</td><td colspan="2">坝址</td><td>无新渗漏、管涌、沉陷、淘刷</td><td>2次/月</td></tr>
<tr><td>3</td><td colspan="2">防浪墙</td><td>无开裂、剥落、倾斜、沉陷</td><td>2次/月</td></tr>
<tr><td>4</td><td colspan="2">迎水面</td><td>沥青防渗护面无裂缝、渗漏、破坏、冲刷等</td><td>2次/月</td></tr>
<tr><td>5</td><td colspan="2">背水面</td><td>无滑坡、沉陷、裂缝、出水点、兽洞、蚁穴等</td><td>2次/月</td></tr>
<tr><td>6</td><td colspan="2">排水系统</td><td>无淤积、堵塞，通畅</td><td>2次/月</td></tr>
<tr><td>7</td><td colspan="2">自动化监测设施</td><td>未损坏、线路完好，无老化严重现象，监测数据正常</td><td>2次/月</td></tr>
<tr><td>8</td><td colspan="2">外观变形监测设施</td><td>变形监测点未损坏，保护设施良好</td><td>2次/月</td></tr>
<tr><td>上水库</td><td>上水库外环</td><td>1</td><td colspan="2">上水库外环</td><td>道路通畅，周边无异常现象</td><td>2次/月</td></tr>
<tr><td rowspan="11">下水库</td><td rowspan="11">下水库坝库区</td><td>1</td><td colspan="2">坝顶公路</td><td>无裂缝、隆起、凹陷等异常变形</td><td>2次/月</td></tr>
<tr><td>2</td><td colspan="2">坝址</td><td>无新渗漏、管涌、沉陷、淘刷</td><td>2次/月</td></tr>
<tr><td>3</td><td colspan="2">防浪墙</td><td>无开裂、剥落、倾斜、沉陷</td><td>2次/月</td></tr>
<tr><td>4</td><td colspan="2">上游坝坡</td><td>防渗面板有无裂缝、渗漏、破坏、止水破裂等</td><td>2次/月</td></tr>
<tr><td>5</td><td colspan="2">下游坝坡</td><td>无滑坡、沉陷、裂缝、出水点、兽洞、蚁穴等</td><td>2次/月</td></tr>
<tr><td>6</td><td colspan="2">排水系统</td><td>通畅、无淤积、堵塞</td><td>2次/月</td></tr>
<tr><td rowspan="4">7</td><td rowspan="4">溢洪道</td><td>进水渠</td><td>边坡稳定，流态正常，无滑坡、漂浮物、渗漏水</td><td>2次/月</td></tr>
<tr><td>泄槽</td><td>无空蚀、冲蚀、剥落、裂缝</td><td>2次/月</td></tr>
<tr><td>消能设施（包括消气孔、消力池、鼻坎、护坦）</td><td>流态正常，无空蚀、冲蚀、剥落、裂缝、堆积物</td><td>2次/月</td></tr>
<tr><td>下游河床及岸坡</td><td>无冲刷、变形、危及坝基的淘刷</td><td>2次/月</td></tr>
<tr><td>8</td><td colspan="2">整洁度</td><td>整洁，无垃圾</td><td>2次/月</td></tr>
</table>

续表

设备位置	巡检区域	序号	巡检点	测点内容（标准要求）	巡检周期
下水库	下水库坝库区	9	通风平洞	边墙、顶拱无开裂掉块，无新渗漏点，整洁无垃圾	2次/月
		10	自动化监测设施	未损坏、线路完好，无老化严重现象，监测数据正常	2次/月
		11	外观变形监测设施	变形监测点未损坏，保护设施良好	2次/月
下水库	下水库左右岸放空洞	1	顶拱、边墙、底板	无隆起、剥落、掉块	2次/月
		2	裂缝	无新裂缝，原有老裂缝没有增大	2次/月
		3	渗漏	无新渗漏点，原渗漏点渗漏量无增加	2次/月
		4	排水系统	无破损、通畅、无淤积、堵塞	2次/月
		5	照明系统	正常，无照明设施损坏	2次/月
		6	钢管外包混凝土	无裂缝、隆起	2次/月
		7	整洁度	整洁、无垃圾	2次/月
下水库	下水库路面及其他排水系统	1	路面	无裂缝、隆起、凹陷	2次/月
		2	边坡	无滑坡、掉块	2次/月
		3	路基	挡墙稳定、无滑坡、掉块	2次/月
		4	护栏	完整	2次/月
		5	排水系统	无破损、通畅、无淤积、堵塞	2次/月
		6	整洁度	整洁，无垃圾	2次/月
下水库	下水库库尾拦沙坝巡检	1	坝址	无管涌、沉陷、淘刷	1次/季
		2	拦污栅	结构完整，无杂物堆积	1次/季
		3	迎水面	坝坡稳定，无掉块	1次/季
		4	背水面	无滑坡、沉陷、裂缝、出水点、兽洞、蚁穴	1次/季
		5	整洁度	整洁，无垃圾	1次/季
主厂房	地下主厂房巡检	1	顶拱、边墙、底板	无隆起、剥落、掉块、危石	2次/月
		2	裂缝	无新裂缝	2次/月
		3	渗漏	无新渗漏	2次/月
		4	排水系统	无破损、通畅、无淤积、堵塞	2次/月
		5	照明系统	正常	2次/月
		6	自动化监测设施	未破损，监测数据正常	2次/月
		7	外观变形监测设施	未损坏	2次/月
		8	施工支洞	顶拱边墙无裂缝、掉块，无新渗漏点，整洁，无垃圾	2次/月
户外施工支洞	施工支洞	1	围岩、衬砌	无隆起、剥落、掉块、危石	2次/月
		2	裂缝	无新裂缝	2次/月
		3	渗漏	无新渗漏	2次/月
		4	排水系统	无破损、通畅、无淤积、堵塞	2次/月

续表

设备位置	巡检区域	序号	巡检点	测点内容（标准要求）	巡检周期
户外施工支洞	施工支洞	5	照明系统	正常	2次/月
		6	堰流计	无堵塞、淤积	2次/月
		7	堵头	无漏水、漏气，析钙情况良好	2次/月
		8	整洁度	整洁，无垃圾	2次/月
地下厂房	厂房上下游排水廊道	1	顶拱	无新裂缝、结构缝	2次/月
		2	边墙	无新裂缝、结构缝	2次/月
		3	底板	无新裂缝、结构缝	2次/月
		4	排水孔	无浑水	2次/月
		5	排水沟	无破损、通畅、无淤积、堵塞	2次/月
		6	南北侧截水墙	无新裂缝、扬压力正常	2次/月
		7	自动化监测设施	未损坏、监测数据正常	2次/月
		8	外观变形监测设施	未损坏	2次/月
		9	整洁度	整洁，无垃圾	2次/月
地下厂房	探洞	1	围岩、衬砌	无隆起、剥落、掉块、危石	1次/月
		2	裂缝	无新裂缝	1次/月
		3	渗漏	无新渗漏点	1次/月
		4	排水系统	无破损、通畅、无淤积、堵塞	1次/月
		5	堰流计	无堵塞、淤积	1次/月
		6	照明系统	正常	1次/月
		7	整洁度	整洁，无垃圾	1次/月
地下厂房	尾闸顶拱下游排水廊道	1	排水系统	无破损、通畅、无淤积、堵塞	1次/月
		2	顶拱、边墙、底板	无隆起、剥落、掉块、危石，无新裂缝，新渗漏，原裂缝及渗漏量没有增大	1次/月
地下厂房	主变压器洞	1	顶拱、边墙、底板	无隆起、剥落、掉块、危石	1次/季
		2	裂缝	无新裂缝	1次/季
		3	渗漏	无新渗漏	1次/季
		4	排水系统	无破损、通畅、无淤积、堵塞	1次/季
		5	照明系统	正常	1次/季
地下厂房	尾闸室	1	顶拱、边墙、底板	无隆起、剥落、掉块、危石	1次/季
		2	裂缝	无新裂缝	1次/季
		3	渗漏	无新渗漏	1次/季
		4	排水系统	无破损、通畅、无淤积、堵塞	1次/季
		5	照明系统	正常	1次/季

续表

设备位置	巡检区域	序号	巡检点	测点内容（标准要求）	巡检周期
地下厂房	母线洞	1	顶拱、边墙、底板	无隆起、剥落、掉块、危石	1次/季
		2	裂缝	无新裂缝	1次/季
		3	渗漏	无新渗漏	1次/季
		4	排水系统	无破损、通畅、无淤积、堵塞	1次/季
		5	照明系统	正常	1次/季
地下厂房	排风竖井	1	顶拱、边墙、底板	无隆起、剥落、掉块、危石	1次/季
		2	裂缝	无新裂缝	1次/季
		3	渗漏	无新渗漏	1次/季
		4	排水系统	无破损、通畅、无淤积、堵塞	1次/季
		5	照明系统	正常	1次/季
地下厂房	进厂交通洞	1	顶拱、边墙、底板	无隆起、剥落、掉块、危石	1次/季
		2	裂缝	无新裂缝	1次/季
		3	渗漏	无新渗漏	1次/季
		4	排水系统	无破损、通畅、无淤积、堵塞	1次/季
		5	照明系统	正常	1次/季
地下厂房	主变压器运输洞	1	顶拱、边墙、底板	无隆起、剥落、掉块、危石	1次/季
		2	裂缝	无新裂缝	1次/季
		3	渗漏	无新渗漏	1次/季
		4	排水系统	无破损、通畅、无淤积、堵塞	1次/季
		5	照明系统	正常	1次/季
地下厂房	主变压器通风洞	1	顶拱、边墙、底板	无隆起、剥落、掉块、危石	1次/季
		2	裂缝	无新裂缝	1次/季
		3	渗漏	无新渗漏	1次/季
		4	排水系统	无破损、通畅、无淤积、堵塞	1次/季
		5	照明系统	正常	1次/季
地下厂房	尾闸运输洞	1	顶拱、边墙、底板	无隆起、剥落、掉块、危石	1次/季
		2	裂缝	无新裂缝	1次/季
		3	渗漏	无新渗漏	1次/季
		4	排水系统	无破损、通畅、无淤积、堵塞	1次/季
		5	照明系统	正常	1次/季
地下厂房	电缆竖井巡检	1	顶拱、边墙、底板	无隆起、剥落、掉块、危石	1次/季
		2	裂缝	无新裂缝	1次/季
		3	渗漏	无新渗漏	1次/季
		4	排水系统	无破损、通畅、无淤积、堵塞	1次/季
		5	照明系统	正常	1次/季

续表

设备位置	巡检区域	序号	巡检点	测点内容（标准要求）	巡检周期
地下厂房	自流排水洞	1	顶拱、边墙、底板	无隆起、剥落、掉块、危石	1次/季
		2	裂缝	无新裂缝	1次/季
		3	渗漏	无新渗漏	1次/季
		4	排水系统	无破损、通畅、无淤积、堵塞	1次/季
		5	照明系统	正常	1次/季
		6	流量计	正常	1次/季
		7	钢管外排水接水箱	水质清澈，无可见沉淀物	1次/季
上水库	大陡崖	1	危石、危岩	无移动，玻璃条未损坏，混凝土连接良好	1次/季
		2	边坡	稳定，无掉块、落石	1次/季
		3	其他	正常	1次/季
上下水库连接公路	上下水库连接公路路面及边坡挡墙	1	路面	无裂缝、隆起、凹陷	2次/月
		2	边坡	无滑块、掉块	2次/月
		3	路基	挡墙稳定，无滑块、掉块	2次/月
		4	护栏	完整	2次/月
		5	排水系统	无破损、通畅、无淤积、堵塞	2次/月
		6	整洁度	整洁，无垃圾	2次/月
下水库	下水库大陡崖	1	危石、危岩	无移动，玻璃条未损坏，混凝土连接良好	1次/月
		2	边坡	稳定，无掉块、落石	1次/月
		3	观测墩	无滑动、倾斜	1次/月
下水库	开关站后边坡	1	边坡	稳定，无掉块、落石	1次/月
		2	排水系统	无破损、通畅、无淤积、堵塞	1次/月
		3	观测墩	无滑动、倾斜	1次/月
地下厂房	副厂房	1	顶拱、边墙、底板	无隆起、剥落、掉块、危石	1次/月
		2	裂缝	无新裂缝	1次/月
		3	渗漏	无新渗漏	1次/月
		4	排水系统	无破损、通畅、无淤积、堵塞	1次/月
		5	照明系统	正常	1次/月
		6	自动化监测设施	未损坏、监测数据正常	1次/月
滑坡体	滑坡体	1	浆砌石护坡	无开裂、塌陷、隆起、渗水点、湿斑，管涌、植物生长，动物洞穴	2次/月
		2	排水系统	无破损、通畅、无淤积、堵塞	2次/月
		3	地下水位监测孔	盖板完好，无积水	2次/月
		4	外观观测墩	无破损、倾斜	2次/月
		5	整洁度	整洁，无垃圾	2次/月
		6	自动化监测设施	未损坏、监测数据正常	2次/月

续表

设备位置	巡检区域	序号	巡检点	测点内容（标准要求）	巡检周期
滑坡体	滑坡体	7	外观变形监测设施	未损坏	2次/月
		8	排水洞	顶拱、边墙、底板无隆起、剥落、掉块、裂缝等	1次/季
				排水系统流畅	1次/季
中控楼、厂区公路	排水沟	1	排水沟	无破损、通畅、无淤积、堵塞	1次/月
其他	防汛仓库	1	防汛物品	堆放整齐有序，台账清晰，防汛物资充足	1次/月

第四节 综 合 部 分

抽水蓄能电站除机电设备、水工设备外，生产区域还有很多辅助系统，包括：公用通风系统、空调系统、照明系统、绿化、喷淋、供排水系统、消防、卫生保洁、房屋建筑物、锅炉、污水处理、厂区标识、低压供电系统等。这些设备系统对保证抽水蓄能电站安全稳定运行，也发挥很大的支撑作用，在日常工作中，也应进行必要日常巡视和检查，综合设备的日常巡视和检查一般由综合班人员完成。巡检项目及要点见表5-25。

一、综合设备系统

表5-25 综合设备系统巡检项目及要点

巡检项目（各生产生活区域）	巡检要点（标准要求）	巡检类型和周期			
		日常巡检1次/日	专业巡检1次/周	精密巡检	日常巡检1次/周或年
照明	检查照明是否全亮，效果是否良好，其亮度是否刺眼；若亮度过暗，近期必须进行维修；检查日光灯灯管两头是否发黑，灯脚是否断裂；检查照明控制开关工作正常，无破损、脱落、漏电等异常现象		√		
低压配电系统	配电箱表计指示、指示灯等正常；开关本体正常；柜内无异音、无异味、无放电、无受潮、无明显发热痕迹；电缆无老化，绝缘无破损；柜内环境温度、湿度正常，无结露，盘柜封堵良好；柜门关闭；标识、标牌清晰，明确；漏电保护器试验正常		√		
	检查所有配电柜、开关标识清晰明显、齐全；检查开关箱、开关、灯具完好；检查开关、仪表动作灵敏可靠，读数准确；检查安全防护符合要求、无老鼠等小动物破坏（害）		√		

续表

巡检项目（各生产生活区域）	巡检要点（标准要求）	巡检类型和周期			
		日常巡检 1次/日	专业巡检 1次/周	精密巡检	日常巡检1次/周或年
低压配电系统	检查低压电缆沟设施完好、布线达标、安全防护良好；检查开关本体正常；检查配电柜内无异音、无异味、无放电、无受潮、无明显发热痕迹；检查电缆无老化，绝缘无破损；检查柜内环境温度、湿度正常，无结露，盘柜封堵良好；检查漏电保护器工作正常		√		
	漏电保护器需定期校验，做好记录，并粘贴校验合格标示			√	
标示标牌	检查设备定置线，禁止阻塞线，防止踏空线、防撞线等安全标示线正常；检查安全出口指示灯、设备标牌等安全标示正常		√		
供、排水设施	检查水管路保温层无破损；检查水管路无冻裂、破损、变形、锈蚀等现象		√		冬季为防止管路冻裂，要加密巡检频次
	供、排水设备设施的正常运转；检查管路保温、防锈处理完好，无渗水，变形等异常现象；检查污水处理设施完好；检查室外雨箅子、瓦砾、雨水斗、雨水管等完好，排水沟畅通；检查井盖、水表、水嘴、阀门等完好		√		
路灯	检查照明灯具是否全亮，效果是否良好；检查灯杆有无损坏、变形、倾倒等异常现象；检查灯杆底座固定螺栓有无损坏、缺失、锈蚀等现象		√		
绿化	检查上水库区域绿化情况，无杂草、枯枝、病虫害、枯死等现象		√		
	检查绿化浇灌管路无破损、变形、锈蚀、堵塞等情况；检查水龙头完好		√		
护栏	无破损、变形、凹陷、缺失、断裂、锈蚀等情况		√		
环库喷淋系统	检查喷头连接是否正常，无堵塞；检查各喷头喷水是否均匀；检查管路连接法兰是否渗水；检查管路内部有无积淤，定期进行管路清洗；检查并调整每个喷淋管的喷淋角度，使坝面喷灌整体在一个平面上		√		夏季喷淋系统投运时，每天巡查
	检查控制盘柜无报警，电流、电压指示正常；主、备用泵检查，自动切换功能正常；检查一次电源线有无破皮、过热、受潮等现象；检查控制盘柜内二次接线有无松脱、虚接、破皮等现象		√		
环库护栏	无破损、变形、凹陷、缺失、断裂、锈蚀等情况		√		
房屋建筑物门窗、墙、地砖等设施	检查建筑物内门窗、墙面、楼地面、屋面防水、内外墙粉刷层、吊顶等设备设施工作正常		√		

续表

巡检项目（各生产生活区域）	巡检要点（标准要求）	巡检类型和周期			
		日常巡检 1次/日	专业巡检 1次/周	精密巡检	日常巡检1次/周或年
卫生洁具	检查地面、墙面、天棚等无尘土、无杂物、无污迹、无蜘蛛网、无痰迹		√		
	保证卫生洁具的正常功能		√		
	地面、门、墙面等洁净、光亮、无污渍、无杂物、无污迹、无蜘蛛网、无痰迹；检查公共区域室内外地面无垃圾、灰尘、杂草、烟头；检查消防栓、灭火器、消防指示灯，做到完全有效，无灰尘、污渍；检查卫生间地面、抽水马桶、蹲便器、小便池、脚踏门，做到洁净、无污迹、无异味；检查卫生间垃圾篓，污物应少于1/2；检查卫生间卷纸、擦手纸、洗手液等用品的使用不间断		√		
	检查污水处理设备设施工作正常		√		
通风空调设备	检查通、排风机工作正常		√		
	检查空调设备运行正常，仪表灵敏可靠，声音参数正常，读数准确，不发生无故停运事故；检查设备管道保温、管道阀门、防锈处理、房间空调设施完好；检查无跑、冒、滴、漏、超温超压现象；检查制冷剂液位和油位；检查油槽、加油器和油温；检查配合设备，水系统运行情况（冷冻泵、冷却泵、水流开关、冷却塔、阀门等）良好；检查控制柜工作正常；检查润滑系统、回油系统工作正常		√		
	检查厂房环境温湿度，湿度在55%～60%，温度在19～25℃		√		
锅炉	检查锅炉本体无异常；检查各水回路、管道、阀门、表计无异常；检查无跑、冒、滴、漏、超温超压现象；检查控制柜运行正常，各参数设定正常，启停逻辑正常，柜内无异音、无异味、无放电、无受潮、无明显发热痕迹。电缆无老化，绝缘无破损。柜内环境温度、湿度正常，无结露，盘柜封堵良好。柜门关闭良好。标识、标牌清晰，明确；检查供电开关工作正常；检查盘柜面板上电压、电流指示正常；检查接触器运行正常，无接触不良、无异音、无异味、无异常过热等现象		√		锅炉投运前需做专项检查及试验，合格后方可投入运行
供、排水设施	检查建筑物内供、排水设备设施（含顶棚、瓦砾、雨水斗、雨水管等）的正常		√		
电梯	检查电梯工作正常		√		
消防水泵房	检查消防水泵房屋顶无渗水，墙面及屋顶粉刷层无脱落掉皮现象；检查消防水泵房房门正常；检查屋内照明工作正常		√		

续表

巡检项目（各生产生活区域）	巡检要点（标准要求）	巡检类型和周期			
		日常巡检 1次/日	专业巡检 1次/周	精密巡检	日常巡检1次/周或年
消防水泵房	检查消防水泵运行电流正常，无异音、无异味、无异常发热、无异常振动现象		√		
	检查消防水泵控制柜运行正常，柜内无异音、无异味、无放电、无受潮、无明显发热痕迹；电缆无老化，绝缘无破损；柜内环境温度、湿度正常，无结露，盘柜封堵良好；柜门关闭；标识、标牌清晰，明确		√		
	水池外观检查正常，无混凝土冻裂、剥落、破损现象；检查水位浮子工作正常		√		
	检查水管路无沙眼、无锈蚀、无变形等现象；检查管路连接法兰无渗水；检查管路阀门操作正常；检查管路基础完好无破损		√		

第五节　值　守　业　务

值守业务巡视是按设备的部位、内容通过人的“五感”进行的定路线巡视，为了“观察”系统的正常运行状态，重点发现设备是否有跑、冒、滴、漏等异常现象，这种方法对分散布置的设备比较合适，主要适用于机组启停前后的设备巡查。地下厂房值守一般分为前、中、白、零四个班（或其他值班方式），每班进行2次值守业务特巡工作，机组启停前后各1次，按设备的部位进行的定路线巡视，地下厂房值守业务巡检每天共8次，每班前后2次应分别安排在机组启停的前和后；上水库设备值守业务由上水库值班人员进行，每天1次。巡检项目及要点见表5－26。

例：

地下厂房值守业务巡检范围及路线如下：

主厂房发电机层、中间层（含母线洞）、水机层、蜗壳层、尾闸洞、主变压器洞、中控楼地面区域、副厂房各层、下水库沿线及上水库设备。

每日巡检完成后，巡检组组长汇总巡检情况向当班运维负责人汇报。

一、值守业务（前、中、白、零班）

表5－26　值守业务（前、中、白、零班）巡检项目及要点

巡检区域	巡检项目	巡检要点（标准要求）	巡检周期和频次
发电机层	发电机层设备	机组监控现地控制盘、发电机变压器组保护盘、励磁盘，机组集电环及推力油位情况正常	2次/班
中间层	中间层设备	调速器压力油系统、机组自用盘及自用变、母线洞、发电机消防及机组其他辅助设备	2次/班

续表

<table>
<tr><th>巡检区域</th><th>巡检项目</th><th>巡检要点（标准要求）</th><th>巡检周期和频次</th></tr>
<tr><td>中间层</td><td>母线洞</td><td>GCB操作气压、SF_6气压是否在正常范围内，18kV隔离开关、接地开关、电压互感器、励磁变压器、ECB，励磁变压器温度等情况正常</td><td>2次/班</td></tr>
<tr><td rowspan="2">水机层</td><td>水机层设备</td><td>球阀压力油系统、调速器液压柜、技术供水系统、水机控制系统、球阀控制系统、水车室设备、调相压水设备情况正常</td><td>2次/班</td></tr>
<tr><td>机组水机压力</td><td>转轮与底环间压力1/2、转轮与顶盖间压力1/2、上迷宫冷却水供水压力、压力钢管压力、蜗壳进口压力、下迷冷却水供水压力数据显示正常</td><td>2次/班</td></tr>
<tr><td rowspan="2">蜗壳层</td><td rowspan="2">蜗壳层设备</td><td>球阀系统、锥管室、技术供水系统、公用供水系统、高压气机室情况正常</td><td>2次/班</td></tr>
<tr><td>机组主轴密封辅助气压、主轴密封冷却水流量正常</td><td>2次/班</td></tr>
<tr><td rowspan="5">主变
压器洞</td><td rowspan="5">主变压器设备</td><td>主变压器现地控制盘、主变压器消防系统、主变压器室主变压器运行情况（声音、温度、气味、外观）正常</td><td>2次/班</td></tr>
<tr><td>主变压器油温、主变压器本体油位、主变压器OLTC油位、主变压器高/低压绕组温度数值抄录、分析</td><td rowspan="4">1次/班，机组抽水稳态阶段</td></tr>
<tr><td>主变压器空载冷却水流量数值抄录、分析</td></tr>
<tr><td>主变压器PPM值数值抄录、分析</td></tr>
<tr><td>主变压器冷却器进口水压、主变压器冷却器出口水压数值抄录、分析</td></tr>
</table>

第六章　抽水蓄能电站设备定检项目及要点

第一节　水轮发电（电动）机组及辅助设备

一、发电（电动）机及辅助设备

1. 一般规定

（1）发电（电动）机及辅助设备定期维护工作主要有定期启动、轮换与试验、专业巡检、日常维护、月度定检、D级检修。

（2）定期启动、轮换与试验主要内容包括：

1）发电（电动）机轴承循环油泵（循环冷却器）定期轮换；

2）发电（电动）机高压油顶起油泵定期试验；

3）D修后对机组进行背靠背拖动试验。

（3）专业巡检主要内容包括：

1）发电（电动）机集电环与碳刷检查；

2）发电（电动）机中性点变压器检查；

3）发电（电动）机辅助设备检查。

（4）日常维护主要内容包括：

发电（电动）机轴承循环油泵电机（循环冷却器）检查维护。

（5）月度定检主要内容包括：

1）发电（电动）机自动化元件检查；

2）发电（电动）机定子绕组汇流排及引出线检查；

3）发电（电动）机旋转部件连接件检查；

4）发电（电动）机辅助设备检查。

（6）D级检修主要内容除月度定检内容外还应包括：

1）重点清扫、检查和处理易损易磨部件，必要时进行实测和试验；

2）反措规定的检查和试验项目；

3）消除设备的缺陷和隐患。

（7）进入发电机风洞应穿着连体服，对携带工具、材料、物资应逐一进行出入登记和核查。

（8）对发电机自动化元件应重点检查接线端子无松动、元件固定牢固、支撑件无松动。

2. 定期维护检查工作标准项目、检查和试验标准

发电（电动）机及辅助设备定期维护工作标准项目、检查和试验标准详见表6-1。

二、（水泵）水轮机及辅助设备

1. 一般规定

（1）（水泵）水轮机及辅助设备定期维护工作主要有设备定期启动、轮换与试验、专业巡检、日常维护、月度定检、D级检修。

（2）定期启动、轮换与试验主要内容包括：

1）主轴密封冷却水过滤器主备用切换检查；

2）主轴密封冷却水增压泵定期轮换；

3）顶盖排水泵定期启动试验。

（3）专业巡检主要内容包括：

1）各部位的跑冒滴漏检查；

2）压力钢管、尾水管进人门外观检查；

3）主轴密封磨损量、密封面温度检查及统计分析，冷却水回路检查；

4）水导轴承油位、油温、瓦温检查及统计分析；

5）水导轴承摆度、顶盖振动巡视检查及统计分析；

6）调相压水系统管路及阀门检查。

（4）日常维护主要内容包括：

1）水导油泵电机检查；

2）顶盖排水系统功能检查；

3）水车室环形葫芦检查；

4）调相压水系统排污阀检查。

（5）月度定检主要内容包括：

1）自动化元件检查；

2）蜗壳排水阀、蜗壳进人门及其紧固螺栓检查；

3）充气压水阀、补气阀、排气阀及其管路、弯头、连接法兰检查。

（6）D级检修主要内容除月度定检内容外包括：

1）重点清扫、检查和处理易损易磨部件，必要时进行实测和试验；

2）反措规定的检查和预防性试验项目；

3）消除设备的缺陷和隐患。

2. 定期维护工作标准项目、检查和试验标准

（水泵）水轮机及辅助设备定期检查工作标准项目、检查和试验标准详见表6-1。

三、机组调速系统

1. 一般规定

（1）机组调速系统定期维护工作主要有定期启动、轮换与试验、专业巡检、日常维护、月度定检、D级检修。

（2）定期启动、轮换与试验主要内容包括：
1）调试器控制柜手自动切换测试；
2）调速器主备用控制器测试；
3）油泵定期启动及轮换；
4）液压回路过滤器定期切换。
（3）专业巡检主要内容包括：
1）调速器压油罐油压和油位检查；
2）接力器本体及电液转换器检查；
3）液压系统及补气装置检查。
（4）日常维护主要内容包括：
1）油泵及电机清扫、检查；
2）液压回路过滤器清扫检查或更换。
（5）月度定检主要内容包括：
1）自动化元件检查；
2）锁定装置检查；
3）集油箱及其附属设备检查；
4）压油罐及其附属设备检查；
5）漏油箱及其附属设备检查。
（6）D修主要内容除月度定检内容外包括：
1）重点清扫、检查和处理易损易磨部件，必要时进行实测和试验；
2）反措规定的检查和试验项目；
3）消除设备的缺陷和隐患；
4）PLC程序备份。
（7）软件、数据库及文件系统备份时，至少应保存最近三个版本的软件备份，备份介质应异地存放；软件修改前后均应进行备份并注明备份时间。

2. 定期维护工作标准项目、检查和试验标准

机组调速系统定期维护工作标准项目、检查和试验标准详见表6-1。

四、机组励磁系统

1. 一般规定

（1）机组励磁系统定期维护工作主要有定期启动、轮换与试验、专业巡检、月度定检和D级检修。
（2）定期启动、轮换与试验主要内容包括：
1）励磁调节器通道切换；
2）励磁调节器电源切换；
3）励磁功率柜风机切换。
（3）专业巡检主要内容包括：
1）励磁变压器检查；

2）励磁电压、电流检查；

3）励磁调节柜开关量指示检查；

4）功率整流装置均流系数检查计算。

（4）月度定检工作主要内容包括：

1）灭磁开关检查；

2）励磁功率柜滤网清扫、更换。

（5）D级检修的主要内容除月度定检内容外包括：

1）励磁盘柜清扫、检查及紧固；

2）起励设备、灭磁及过电压保护装置检查；

3）反措规定的检查和试验项目；

4）消除设备的缺陷和隐患。

（6）插拔励磁调节器各个插件板时应采取防止静电措施，避免损坏集成电路和元器件，严禁带电插拔。

（7）各电站应结合现场装置的实际运行情况，对易发生缺陷的设备和部件进行重点检查、维护。

2. 定期维护工作标准项目、检查和试验标准

机组励磁系统定期维护工作标准项目、检查和试验标准详见表6－1。

五、机组继电保护

1. 一般规定

（1）机组继电保护定期维护工作主要有定期启动、轮换与试验、专业巡检、日常维护和D级检修。

（2）定期启动主要内容包括：

故障录波装置定期启动录波试验。

（3）专业巡检主要内容包括：

1）机组继电保护及录波盘柜指示灯、压板、按钮、把手，工控机等状态检查；

2）时钟同步功能检查；

3）机组继电保护装置模拟量、开关量变位检查、分析；

4）机组继电保护光电通信设备等状态检查、分析。

（4）日常维护工作主要内容包括：

1）故障录波装置数据清理、检查；

2）检查打印机功能正常，纸张充足。

（5）D级检修的主要内容除月度定检内容外包括：

1）保护系统盘柜内、外部清扫、检查；

2）保护系统盘柜端子接线检查、紧固；

3）反措规定的检查和试验项目；

4）消除设备的缺陷和隐患。

（6）每年对发电机变压器组保护的整定值进行全面复算和校核。

（7）现场开展继电保护、电网安全自动装置及其二次回路上的日常及定期检修、维护工

作，均应遵守《继电保护和电网安全自动装置现场工作保安规定》等相关规定。

(8) 各电站还应结合现场装置的实际运行情况，对易发生缺陷的插件和部位进行重点检查、维护。

2. 定期维护工作标准项目、检查和试验标准

机组继电保护定期维护工作标准项目、检查和试验标准详见表6-1。

六、机组技术供水系统

1. 一般规定

(1) 机组技术供水系统定期维护工作主要有设备定期启动、轮换与试验、专业巡检、日常维护、月度定检、D级检修。

(2) 定期启动、轮换与试验主要内容包括：

1) 技术供水泵定期轮换切换试验；

2) 供水回路过滤器定期启动运行检查。

(3) 专业巡检主要内容包括：

1) 重点部位的跑冒滴漏检查；

2) 冷却水回路流量检查；

3) 水泵进出口压力、振动检查。

(4) 日常维护主要内容包括：

电机润滑脂加注。

(5) 月度定检主要内容包括：

自动化元件检查。

(6) D级检修主要内容除月度定检内容外包括：

1) 重点清扫、检查和处理易损易磨部件，必要时进行实测和试验；

2) 反措规定的检查和预防性试验项目；

3) 消除设备的缺陷和隐患。

2. 定期维护工作标准项目、检查和试验标准

机组技术供水系统定期维护工作标准项目、检查和试验标准详见表6-1。

七、机组状态监测系统

1. 一般规定

(1) 机组状态监测系统定期维护工作主要有专业巡检、日常维护、月度定检。

(2) 专业巡检主要内容包括：

机组状态监测装置运行正常。

(3) 日常维护主要内容包括：

1) 上位机功能性检查、数据库及文件系统备份；

2) 监测单元清扫检查；

3) 时钟同步功能检查。

(4) 月度定检主要内容除月度定检内容外包括：

1）上位机检查、清扫；

2）振摆探头等监测元件检查、调整。

（5）若有需要对振摆探头间距进行调整时，应严格按照厂家说明书要求进行调整。

（6）软件、数据库及文件系统备份时，至少应保存最近三个版本的软件备份，备份介质应异地存放；软件修改前后均应进行备份并注明备份时间。

2. 定期维护工作标准项目、检查和试验标准

机组状态监测系统定期维护工作标准项目、检查和试验标准详见表 6－1。

八、机组进水阀及其附属设备

1. 一般规定

（1）机组进水阀及其附属设备的定期维护工作主要有定期启动、轮换与试验、专业巡检、月度定检、D级检修。

（2）定期启动、轮换与试验主要内容包括：

1）进水阀压力油泵定期轮换；

2）进水阀压力油过滤器定期轮换。

（3）专业巡检主要内容包括：

1）进水阀枢轴密封检查，进水阀接力器外观检查；

2）进水阀上、下游密封供水压力检查；

3）进水阀集油箱油位检查；

4）液压系统及补气装置检查；

5）进水阀伸缩节检查。

（4）月度定检主要内容包括：

1）进水阀本体及旁通阀外观检查；

2）自动化元件检查；

3）集油箱及其附属设备检查；

4）压油罐及其附属设备检查；

5）漏油箱及其附属设备检查；

6）进水阀上、下游密封及相关阀门管路检查；

7）进水阀基础螺栓及连接螺栓外观检查。

（5）D级检修主要内容除月度定检内容外包括：

1）重点清扫、检查和处理易损易磨部件，必要时进行实测和试验；

2）反措规定的检查和试验项目；

3）消除设备的缺陷和隐患。

2. 定期维护工作标准项目、检查和试验标准

机组进水阀及其附属设备定期维护工作标准项目、检查和试验标准详见表 6－1。

九、机组尾水事故闸门及启闭设备

1. 一般规定

（1）机组尾水事故闸门及启闭设备的定期维护工作主要有定期启动、轮换与试验、日常

维护、月度定检、D级检修。

（2）定期启动、轮换与试验主要内容包括：

1）机组尾水事故闸门定期启闭试验；

2）油泵启动试验。

（3）日常维护主要内容包括：

1）自动化元件检查；

2）电机、变速箱、管路检查。

（4）月度定检主要内容包括：

1）闸门控制柜、油箱控制柜检查清扫；

2）继电器、端子检查。

（5）D级检修主要内容除月度定检内容外包括：

1）重点清扫、检查和处理易损易磨部件，必要时进行实测和试验；

2）反措规定的检查和试验项目；

3）消除设备的缺陷。

（6）机组尾水事故闸门的自动下落情况、下落时间，闸门是否全关等信息应详细的统计记录并进行对比分析。

（7）尾水事故闸门与进水阀闭锁功能应检查正常。

2. 定期维护工作标准项目、检查和试验标准

机组尾水事故闸门及启闭机定期维护工作标准项目、检查和试验标准详见表6－1。

十、发电（电动）机电压设备

1. 一般规定

（1）发电（电动）机电压设备定期维护工作主要有专业巡检、月度定检、D级检修。

（2）专业巡检主要内容包括：

1）断路器、隔离开关控制柜外观检查；

2）电气制动装置外观检查。

（3）月度定检主要内容包括：

1）断路器、隔离开关操作机构、二次接线检查；

2）电气制动隔离开关（断路器）操作机构检查；

3）发电机出口开关灭弧室电气寿命计算；

4）发电机出口开关数据统计分析；

5）发电机出口母线干燥系统检查。

（4）D级检修主要内容除月度定检内容外包括：

1）重点清扫、检查和处理易损易磨部件，必要时进行实测和试验；

2）反措规定的检查和试验项目；

3）消除设备的缺陷和隐患。

2. 定期维护工作标准项目、检查和试验标准

发电（电动）机电压设备定期维护工作标准项目、检查和试验标准详见表6－1。

第二节 主变压器系统

一、主变压器系统设备

1. 一般规定

(1) 主变压器设备定期维护工作有定期启动、轮换与试验、专业巡检、日常维护。

(2) 定期启动、轮换与试验主要内容包括:

主变压器冷却器及电源定期切换。

(3) 专业巡检主要内容包括:

1) 主变压器本体巡视检查;

2) 主变压器中性点设备巡视检查;

3) 主变压器冷却器巡视检查;

4) 主变压器铁芯、夹件接地电流测量;

5) 主变压器消防控制系统检查。

(4) 日常维护主要内容包括:

1) 主变压器系统自动化元件检查;

2) 消除设备的缺陷和隐患。

(5) 重点对油中气体数据分析,根据各种气体含量分析变压器运行状况及趋势。

2. 定期维护工作标准项目、检查和试验标准

主变压器系统定期维护工作标准项目、检查和试验标准详见表6-1。

二、主变压器保护

1. 一般规定

(1) 主变压器保护定期维护工作有专业巡检、日常维护。

(2) 专业巡检主要内容包括:

1) 保护及录波盘柜指示灯、压板、按钮、把手,工控机等状态检查;

2) 时钟同步功能检查;

3) 保护装置模拟量、开关量变位检查、分析;

4) 保护光电通信设备等状态检查、分析。

(3) 日常维护工作主要内容包括:

1) 主变压器保护盘柜内外环境清扫检查;

2) 主变压器保护柜端子接线检查;

3) 检查打印机功能正常,纸张充足。

(4) 应每月对保护装置各相电流、电压、零序电流(电压)、差流以及外部开关量变位等进行检查和核对工作,确保装置采样的正确性。

(5) 各电站还应结合现场装置的实际运行情况,对易发生缺陷的插件和部位进行重点检查巡视和维护。

2. 定期维护工作标准项目、检查和试验标准

主变压器保护定期维护工作标准项目、检查和试验标准详见表6-1。

第三节 高压输电系统

一、高压电缆

1. 一般规定

(1) 高压电缆定期维护工作主要为专业巡检、日常维护。

(2) 专业巡检主要内容包括:

1) 高压电缆及通道巡视检查;

2) 高压电缆运行温度检测;

3) 高压电缆温度在线监测装置检查。

(3) 日常维护主要内容包括:

带电测试外护层接地电流。

2. 定期维护工作标准项目、检查和试验标准

高压电缆定期维护工作标准项目、检查和试验标准详见表6-1。

二、GIS系统设备

1. 一般规定

(1) GIS系统设备定期维护工作分为专业巡检、日常维护。

(2) 专业巡检主要内容包括:

1) GIS系统设备巡视检查;

2) 控制柜巡视检查。

(3) 日常维护主要内容包括:

1) 断路器、隔离开关传动机构检查;

2) 控制柜清扫检查、二次元件检查。

2. 定期维护工作标准项目、检查和试验标准

GIS系统设备定期维护工作标准项目、检查和试验标准详见表6-1。

三、出线场设备

1. 一般规定

(1) 出线场设备定期维护工作分为专业巡检、日常维护。

(2) 专业巡检主要内容包括:

出线绝缘子、避雷器的巡视检查。

(3) 日常维护主要内容包括:

1) 户外的楼梯、钢梯、金属平台定期防腐和检查;

2) 门型架构检查。

2. 定期维护工作标准项目、检查和试验标准

出线场设备定期维护工作标准项目、检查和试验标准详见表6-1。

四、线路保护及自动装置

1. 一般规定

（1）线路保护及自动装置定期维护工作有专业巡检、日常维护。

（2）专业巡检主要内容包括：

1）保护及录波盘柜指示灯、压板、按钮、把手，工控机等状态检查；

2）时钟同步功能检查；

3）保护装置模拟量、开关量变位检查、分析；

4）保护光电通信设备等状态检查、分析。

（3）日常维护主要内容包括：

1）故障录波器定期启动试验及报文数据清理；

2）检查打印机功能正常，纸张充足。

（4）应每月对装置各相电流、电压、零序电流（电压）、差流以及外部开关量变位等进行检查和核对工作，确保装置采样的正确性。

2. 定期维护工作标准项目、检查和试验标准

线路保护及自动装置定期维护工作标准项目及质量要求标准详见表6-1。

五、接地网及接地装置

1. 一般规定

（1）接地网及接地装置定期维护工作分为专业巡检、日常维护。

（2）专业巡检主要内容包括：

接地扁铁外观巡视检查。

（3）日常维护主要内容包括：

接地扁铁、接地网检查及防腐。

2. 定期维护工作标准项目、检查和试验标准

接地网及接地装置定期维护工作标准项目、检查和试验标准详见表6-1。

第四节　厂用电系统

1. 一般规定

（1）厂用电设备定期维护工作分为设备定期启动、轮换与试验、专业巡检、日常维护。

（2）定期启动、轮换与试验主要内容包括：

1）厂用电系统备自投切换动作试验；

2）事故照明电源定期切换；

3）柴油发电机定期启动试验。

（3）专业巡检主要内容包括：

1）开关柜巡视检查；

2）厂用电变压器巡视检查；
3）高压开关控制回路断线报警检查。
（4）日常维护主要内容包括：
1）断路器及机构检查维护；
2）开关柜机构检查及清扫；
3）厂用电变压器清扫维护及自动化元件检查；
4）柴油发电机维护。
2. 定期维护工作标准项目、检查和试验标准
厂用电设备定期维护工作标准项目、检查和试验标准详见表 6－1。

第五节 计算机监控系统

1. 一般规定
（1）计算机监控系统定期维护工作主要有专业巡检、日常维护、月度定检、D级检修。
（2）专业巡检主要内容包括：
现地控制单元巡视检查。
（3）日常维护主要内容包括：
1）计算机监控系统磁盘空间检查、软件、数据库及文件系统备份；
2）数据库和服务器检查；
3）远动及调度数据网检查；
4）电源系统的检查试验。
（4）月度定检主要内容包括：
1）现地控制单元 CPU 主备用切换；
2）现地控制单元工作电源检测与试验；
3）现地控制单元时钟对时检查。
（5）D级检修主要内容除月度定检内容外包括：
1）重点清扫、检查，必要时进行实测和试验；
2）反措规定的检查和试验项目；
3）消除设备的缺陷和隐患。
（6）软件、数据库及文件系统备份时，至少应保存最近三个版本的软件备份，备份介质应异地存放；软件修改前后均应进行备份并注明备份时间。
（7）涉及断电重启的检查工作时，应按照现场规程要求，做好设备的依次停电，防止断电造成设备损坏。
（8）每年开展一次 UPS 维护工作，包括：设备内外部清扫，主备用供电电源之间、外部供电与蓄电池之间的定期切换试验，运行参数及设定参数检查，UPS 报警信号是否上送电站监控系统并核对信号传送的正确性。
2. 定期维护工作标准项目、检查和试验标准
计算机监控系统定期维护工作标准项目、检查和试验标准详见表 6－1。

第六节　SFC　系　统

1. 一般规定

（1）SFC及启动母线系统定期维护工作主要有定期启动、轮换与试验、专业巡检和日常维护。

（2）定期启动、轮换与试验主要内容包括：

1）SFC输入断路器定期切换；

2）SFC系统去离子水装置备用水泵启动试验（水冷）。

（3）专业巡检主要内容包括：

1）SFC输入/输出单元检查及测温；

2）SFC输入/输出变冷却系统、SFC冷却单元检查；

3）SFC系统电抗器检查及测温；

4）去离子水循环系统检查（水冷）。

（4）日常维护主要内容包括：

1）输入、输出设备（含电抗器）检查、清扫；

2）SFC控制柜、冷却单元、变频单元检查、维护；

3）启动母线回路隔离开关操作机构检查、维护；

4）消除设备缺陷及隐患。

2. 定期维护工作标准项目、检查和试验标准

SFC系统定期维护工作标准项目、检查和试验标准详见表6-1。

第七节　直　流　系　统

1. 一般规定

（1）直流系统定期维护工作主要有定期启动、轮换与试验、专业巡检和日常维护。

（2）定期启动、轮换与试验主要内容包括：

备用充电装置定期轮换。

（3）专业巡检主要内容包括：

1）直流蓄电池外观检查；

2）充电装置、电池巡检装置、绝缘监测装置检查。

（4）日常维护主要内容包括：

1）蓄电池维护与试验；

2）充电装置、绝缘监测装置清扫维护与试验；

3）馈电屏检查、维护；

4）消除设备缺陷。

（5）新安装的阀控密封蓄电池组，应进行全核对性充放电试验。以后每隔2年进行一次核对性充放电试验。运行4年以后的蓄电池组，每年做一次核对性充放电试验。

（6）蓄电池组连续充放电三次均达不到额定容量80%，应及时予以更换。

(7) 每月对蓄电池单体端电压测量，检查电压正常。

2. 定期维护工作标准项目、检查和试验标准

直流系统定期维护工作标准项目、检查和试验标准详见表6-1。

第八节 进出水口闸门系统

1. 一般规定

(1) 闸门系统定期维护工作主要有定期启动、轮换与试验、日常维护。

(2) 定期启动、轮换与试验主要内容包括：

进水口闸门定期启闭试验。

(3) 日常维护主要内容包括：

1) 启闭机电机检查；

2) 启闭机电机轴承润滑脂更换；

3) 减速机检查；

4) 闸门本体及附属设备检查。

2. 定期维护工作标准项目、检查和试验标准

闸门系统定期维护工作标准项目、检查和试验标准详见表6-1。

第九节 油、气、水系统

一、油系统

1. 一般规定

(1) 油系统定期维护工作主要有定期启动、轮换与试验、专业巡检、日常维护。

(2) 定期启动、轮换与试验主要内容包括：

滤油机启动试验。

(3) 专业巡检主要内容包括：

1) 储油罐及管路阀门检查；

2) 滤油机外观检查。

(4) 日常维护主要内容包括：

1) 储油罐排污；

2) 滤油机滤网检查更换。

2. 定期维护工作标准项目、检查和试验标准

油系统定期维护工作标准项目、检查和试验标准详见表6-1。

二、气系统

1. 一般规定

(1) 气系统的定期维护工作主要是专业巡检、日常维护。

(2) 专业巡检主要内容包括：

1) 压气机运行状况检查；

2）气罐及其附件检查；
3）管路及阀门检查。
（3）日常维护主要内容包括：
1）压气机及其控制系统检查维护；
2）气罐及压气机安全阀检查；
3）气罐附件及人孔门螺栓检查；
4）自动化元件检查维护。

2. 定期维护工作标准项目、检查和试验标准

气系统定期维护工作标准项目、检查和试验标准详见表 6－1。

三、水系统

1. 一般规定

（1）水系统定期维护工作主要是专业巡检、日常维护。
（2）专业巡检主要内容包括：
1）各水泵及电机运行状况检查；
2）水泵盘根压水性能检查；
3）公用供水过滤器检查。
（3）日常维护主要内容包括：
1）自动化元件检查维护；
2）水泵及电机油位、油质检查；
3）控制柜及动力柜端子、元件清扫检查。

2. 定期维护工作标准项目、检查和试验标准

水系统定期维护工作标准项目、检查和试验标准详见表 6－1。

第十节　通信、安保及工业电视系统

一、通信系统

1. 一般规定

（1）通信系统定期维护工作主要有日常维护。
（2）日常维护主要内容包括：
1）厂内通信、调度通信线缆及终端设备检查；
2）通信系统电源设备检查；
3）微波通信设备功能性检查；
4）应急通信设备功能性检查。

2. 定期维护工作标准项目、检查和试验标准

通信系统定期维护工作标准项目、检查和试验标准详见表 6－1。

二、安保及工业电视系统

1. 一般规定

（1）安保及工业电视系统定期维护工作主要有日常维护。

（2）日常维护主要内容包括：

1）安保及工业电视系统上位机功能性检查；

2）安保及工业电视系统摄录机、交换机检查。

2. 定期维护工作标准项目、检查和试验标准

安保及工业电视系统定期维护工作标准项目、检查和试验标准详见表6-1。

第十一节　通风空调、消防及火灾报警系统

一、通风空调系统

1. 一般规定

（1）通风空调系统定期维护工作主要有专业巡检、日常维护。

（2）专业巡检主要内容包括：

空调冷水机组设备及其管路检查。

（3）日常维护主要内容包括：

1）通风系统风道、风扇、控制柜检查维护；

2）空调设备水泵及其管路检查维护；

3）通风空调监控系统设备清扫、程序及数据备份。

2. 定期维护工作标准项目、检查和试验标准

通风空调系统定期维护工作标准项目、检查和试验标准详见表6-1。

二、消防及火灾报警系统

1. 一般规定

（1）消防及火灾报警系统定期维护工作主要有专业巡检、日常维护。

（2）专业巡检主要内容包括：

1）消防水系统的巡视检查；

2）气体灭火系统气瓶、管路、阀门的巡视检查；

3）细水雾灭火系统水回路设备的巡视检查。

（3）日常维护主要内容包括：

1）火灾报警系统功能性试验检查；

2）气体灭火系统功能性试验检查；

3）细水雾灭火系统功能性试验检查；

4）泡沫灭火系统功能性试验检查；

5）应急照明、疏散指示、应急广播系统测试检查。

2. 定期维护工作标准项目、检查和试验标准

消防及火灾报警系统定期维护工作标准项目、检查和试验标准详见表6-1。

第十二节　起重、电梯设备

1. 一般规定

（1）起重、电梯与交通工具定期维护工作主要为日常维护。

(2) 起重设备日常维护主要内容包括：
1) 桥式、门式起重机金属结构、制动器、吊具、轨道检查；
2) 卷扬机钢丝绳、制动器检查。
(3) 电梯日常维护主要内容包括：
1) 电梯本体及控制系统检查；
2) 电气、机械安全保护装置检查。
2. 定期维护工作标准项目、检查和试验标准
起重、电梯与交通工具定期维护工作标准项目、检查和试验标准详见表6-1。

第十三节 工器具仪表及附属测控系统

一、工器具及仪器仪表

1. 一般规定
(1) 工器具及仪器仪表系统定期维护工作主要为定期校验。
(2) 定期校验主要内容包括：
工器具、仪器仪表及测试设备定期校验。
2. 定期维护工作标准项目、检查和试验标准
工器具及仪器仪表系统定期维护工作标准项目、检查和试验标准详见表6-1。

二、附属测控系统

1. 一般规定
(1) 附属测控系统定期维护工作主要有定期启动、轮换与试验、日常维护。
(2) 定期启动、轮换与试验主要内容包括：
1) 水淹厂房保护动作试验；
2) 中控室紧急停机按钮动作试验；
3) 水位保护动作试验。
(3) 日常维护主要内容包括：
1) 上、下水库水力测量系统功能性检查；
2) 现地相量采集装置（PMU）功能性检查；
3) 保护信息管理子站、电能量采集系统功能性检查；
4) 不间断电源系统（UPS）检查与试验；
5) 微机五防系统功能性检查。
(4) 每半年进行一次水淹厂房保护、中控室紧急按钮实际动作试验。
(5) 抽水蓄能电站每年汛前、汛后应各进行一次水位保护模拟动作试验。
2. 定期维护工作标准项目、检查和试验标准
附属测控系统定期维护工作标准项目、检查和试验标准详见表6-1。

表 6-1 定期维护工作项目、检查和试验标准表

单元	系统	设备	部件	检查和试验项目	检查和试验标准	工作周期	周期类型	引用标准	项目类别	专业类别
1 水轮发电机组										
	1.1 发电机及其辅助设备									
		1.1.1 发电机转子								
			1.1.1.1 主轴							
			1.1.1.2 发电机转子支架/中心体							
				发电机转子支架/中心体结构焊缝、配重块检查	焊缝应完好，各把合螺栓点焊完整、无松动	1	年	《国家电网公司水电厂重大反事故措施》6.2.3.1	D修	3
				发电机转子支架/中心体内部清扫检查	对中心体内部污渍进行清扫、检查	1	年	DL/T 817—2014《立式水轮发电机检修技术规程》7.2.1	D修	3
				发电机转子磁极键和磁轭键检查	1. 磁极键和磁轭键检查无松动，点焊无开裂； 2. 磁极和磁轭上的所有螺栓检查，螺母紧固无裂纹	1	年	《国家电网公司水电厂重大反事故措施》6.2.3.1	D修	3
				发电机转子引线检查	引线固定完好、无松动	1	年	DL/T 817—2014《立式水轮发电机检修技术规程》7.3.3	D修	1
				背靠背启动试验	1. 机组背靠背启动试验包括两项：背靠背主拖试验、背靠背被拖试验； 2. 背靠背试验应在上半年和下半年各进行一次	2	年		定期启动、轮换与试验	7
			1.1.1.3 发电机转子磁极							
				发电机转子磁极绕组开匝情况检查	绕组开匝情况检查，绕组表面绝缘完好，绝缘漆无脱落，发现开匝情况应及时处理	1	年	《国家电网公司水电厂重大反事故措施》6.5.3.1	D修	1
				发电机转子磁极连接检查	磁极连接检查紧固，磁极连接螺栓上的标记无变化，锁片无松动，磁极连接铜排无裂纹或变形	1	年	《国家电网公司水电厂重大反事故措施》6.5.3.2	D修	1

续表

单元	系统	设备	部件	检查和试验项目	检查和试验标准	工作周期	周期类型	引用标准	项目类别	专业类别
				发电机转子磁极支撑块检查	磁极支撑块检查，支撑块及其紧固螺栓、螺母无松动或变形	1	年	《国家电网公司水电厂重大反事故措施》6.5.3.2	D修	1
				发电机转子磁极阻尼绕组连接片检查	阻尼绕组连接片检查，无裂纹或变形	1	年	《国家电网公司水电厂重大反事故措施》6.5.3.2	D修	1
			1.1.1.4 发电机转子冷却风							
				发电机转子冷却风扇叶片检查	检查叶片无裂纹，各处焊缝无开裂	1	年	DL/T 305—2012《抽水蓄能可逆式发电电动机运行规程》	D修	3
			1.1.1.5 发电机转子制动环							
				发电机转子制动环紧固件检查	固定螺栓无松动，点焊无开裂	1	年	《国家电网公司水电厂重大反事故措施 6.2.3.2	D修	3
				发电机转子制动环表面磨损检查	检查制动环表面平整无裂纹	1	年	《国家电网公司水电厂重大反事故措施》6.2.3.2	D修	3
		1.1.2 发电机定子								
			1.1.2.1 发电机定子机座							
				发电机定子机座基础板螺栓、销钉、定子合缝检查	1. 基础螺栓无松动，螺母点焊处无开裂，销钉无窜位； 2. 分瓣定子机座组合处用 0.05mm 塞尺检查，在定子铁芯对应段以及组合螺栓和定位销周围不能通过； 3. 定子机座组合焊缝无裂纹	1	年	《国家电网公司水电厂重大反事故措施》6.2.3.1	D修	3
			1.1.2.2 发电机定子铁芯							
				发电机定子铁芯硅钢片检查	定子硅钢片检查，无过热痕迹，燕尾槽无开裂和脱开现象，发现有硅钢片滑出应及时处理	1	年	《国家电网公司水电厂重大反事故措施》6.4.3.4	D修	1

续表

单元	系统	设备	部件	检查和试验项目	检查和试验标准	工作周期	周期类型	引用标准	项目类别	专业类别
				发电机定子铁芯螺杆检查	1. 检查定子铁芯螺杆紧力，发现铁芯螺杆紧力不符合出厂设计值时应及时处理； 2. 定期测量定子铁芯螺杆与铁芯间的绝缘，不低于100MΩ	1	年	《国家电网公司水电厂重大反事故措施》6.4.3.4	D修	1
				发电机定子铁芯齿槽检查	定子铁芯检查，无松动、无烧伤、生锈、齿压板无松动裂纹，齿部开槽的定子铁芯检查无断齿迹象	1	年	《国家电网公司水电厂重大反事故措施》6.4.3.4	D修	1
				发电机定子铁芯齿压指检查	检查定子铁芯齿压指特别是两端齿部有无偏压情况	1	年	《国家电网公司水电厂重大反事故措施》6.6.3.2	D修	1
				发电机定子铁芯温度检查分析	1. 检查分析发电及抽水工况铁芯最高温度； 2. 确认在正常范围内且趋势正常	1	周	DL/T 305—2012《抽水蓄能可逆式发电电动机运行规程》6.4.1	专业巡检	2
			1.1.2.3　发电机定子绕组							
				发电机定子绕组端部检查	定子绕组端部检查，无下沉、松动、磨损，绝缘清洁、无过热及损伤、表面漆层无裂纹、脱落，绕组端部各处绑绳及绝缘垫块应紧固、无松动及断裂、无电晕放电痕迹、无电腐蚀痕迹。线棒端部附近无可靠近的异物	1	年	《国家电网公司水电厂重大反事故措施》6.4.3.1	D修	1
				发电机定子绕组线棒绝缘盒检查	定子线棒绝缘盒检查，无空鼓、裂纹和机械损伤、过热等异常现象。绝缘盒内外无异物	1	年	《国家电网公司水电厂重大反事故措施》6.4.3.2	D修	1
				发电机定子绕组线棒端部与支撑环的相对位移与磨损检查	发电机线棒端部与支撑环的相对位移与磨损检查，磨损严重时应及时处理，发现支撑环与支架连接螺栓松动应及时处理	1	年	《国家电网公司水电厂重大反事故措施》6.4.3.3	D修	1
				发电机定子绕组线棒槽楔、定子压条检查	定子线棒槽楔、定子压条检查，无松动、滑落情况	1	年	《抽水蓄能电站重大反事故措施》8.2.3	D修	1
				发电机定子绕组汇流排及引出线检查	绝缘完整、无损伤、过热及电晕痕迹	1	月	《国家电网公司水电厂重大反事故措施》	月度定检	1

续表

单元	系统	设备	部件	检查和试验项目	检查和试验标准	工作周期	周期类型	引用标准	项目类别	专业类别
				发电机定子绕组温度检查分析	1. 检查分析发电及抽水工况定子绕组最高温度； 2. 确认在正常范围内且趋势正常	1	周	DL/T 305—2012《抽水蓄能可逆式发电电动机运行规程》6.4.1	专业巡检	2
		1.1.3　发电机上机架								
			1.1.3.1　上机架中心体							
				发电机上机架振动值统计分析	上机架振动值统计，用于机组月度分析	1	周	DL/T 305—2012《抽水蓄能可逆式发电电动机运行规程》	专业巡检	2
				上机架中心体焊缝检查	无裂纹、脱焊	1	年	DL/T 817—2014《立式水轮发电机检修技术规程》9.2	D修	3
			1.1.3.2　上机架支臂							
				上机架支臂外观检查	无锈蚀、油漆掉落，螺栓连接无松动、点焊牢固	1	年	DL/T 817—2014《立式水轮发电机检修技术规程》9.2	D修	3
			1.1.3.3　上机架盖板							
				上机架盖板外观检查	有无锈蚀、油漆掉落，盖板有无变形，覆盖后无间隙偏大	1	年		D修	3
			1.1.3.4　上挡风板							
				上挡风板紧固螺栓检查	螺栓无松动位移	1	年	《国家电网公司水电厂重大反事故措施》6.5.3	D修	3
		1.1.4　发电机下机架								
			1.1.4.1　下机架中心体							
				发电机下机架振动值统计分析	下机架振动值统计，用于机组月度分析	1	周	DL/T 305—2012《抽水蓄能可逆式发电电动机运行规程》	专业巡检	2

续表

单元	系统	设备	部件	检查和试验项目	检查和试验标准	工作周期	周期类型	引用标准	项目类别	专业类别
				下机架中心体焊缝检查	无裂纹、脱焊	1	年	DL/T 817—2014《立式水轮发电机检修技术规程》9.2	D修	3
			1.1.4.2 下机架支臂							
				下机架支臂外观检查	无锈蚀、油漆掉落，螺栓连接无松动、点焊牢固	1	年	DL/T 817—2014《立式水轮发电机检修技术规程》9.2	D修	3
			1.1.4.3 下机架盖板							
				下机架盖板外观检查	有无锈蚀、油漆掉落，盖板有无变形，覆盖后无间隙偏大	1	年		D修	3
			1.1.4.4 下挡风板							
				下挡风板紧固螺栓检查	螺栓无松动位移	1	年	《国家电网公司水电厂重大反事故措施》6.4.3	D修	3
		1.1.5 发电机集电环								
			1.1.5.1 集电环							
				集电环运行中检查	集电环表面清洁，无变色、过热现象	1	周	DL/T 751—2014《水轮发电机运行规程》6.1.7	专业巡检	1
				集电环红外成像检测	发电机运行中红外成像检测集电环及碳刷温度，最高允许温升限值（B级75K F级85K）	1	月	《国家电网公司水电厂重大反事故措施》6.6.3.4	专业巡检	1
			1.1.5.2 刷握							
			1.1.5.3 碳刷							
				碳刷运行中检查	1. 碳刷无打火情况，由于集电环或碳刷表面不清洁造成碳刷打火时，宜在停机后进行处理； 2. 运行中碳刷应无摇动、跳动或卡住	1	周	DL/T 751—2014《水轮发电机运行规程》6.1.7 DL/T 305—2012《抽水蓄能可逆式发电电动机运行规程》6.2.1.4	专业巡检	1

续表

单元	系统	设备	部件	检查和试验项目	检查和试验标准	工作周期	周期类型	引用标准	项目类别	专业类别
				碳刷连接软线检查	碳刷连接软线检查，无发黑、断线，接触良好	1	月	DL/T 751—2014《水轮发电机运行规程》6.1.7	月度定检	1
				碳刷磨损程度检查	碳刷磨损程度检查，按顺序将其由刷框内抽出，碳刷长度不低于运行规程中的规定值，必要时进行更换，换上的碳刷应研磨良好并与集电环表面吻合，接触面不应小于碳刷截面的75%	1	月	DL/T 751—2014《水轮发电机运行规程》6.1.7	月度定检	1
			1.1.5.4　刷架							
				刷架检查清扫	集电环刷框和刷架定期清扫，无灰尘积垢	1	月	DL/T 751—2014《水轮发电机运行规程》6.1.7	月度定检	1
		1.1.6　发电机空气冷却系统								
			1.1.6.1　空气冷却器							
				空气冷却器外观检查	空气冷却器无渗漏，表面无油污；排水孔洞无堵塞	1	月	DL/T 305—2012《抽水蓄能可逆式发电电动机运行规程》6.2.1.2	月度定检	3
			1.1.6.2　发电机空冷系统阀门及管路							
				发电机空冷系统阀门及管路外观检查	阀门位置，管路阀门无渗漏，无结露现象	1	月	DL/T 305—2012《抽水蓄能可逆式发电电动机运行规程》6.2.1.2	月度定检	3
				发电机空冷系统自动排气阀检查	检查功能正常，建压后检查有无漏水	1	年	DL/T 305—2012《抽水蓄能可逆式发电电动机运行规程》	D修	3
		1.1.7　发电机加热、除湿装置								

续表

单元	系统	设备	部件	检查和试验项目	检查和试验标准	工作周期	周期类型	引用标准	项目类别	专业类别
				发电机加热、除湿装置外观检查	运行正常，引线完好，无损伤，导电部分应无外露，标号应齐全	1	月	DL/T 305—2012《抽水蓄能可逆式发电电动机运行规程》6.2.5.5 DL/T 619—2012《水电厂自动化元件（装置）及其系统运行维护与检修试验规程》4.1.3	月度定检	1
		1.1.8 发电机机械制动装置								
			1.1.8.1 机械制动装置制动器							
				机械制动装置制动器闸板磨损量测量	闸板磨损量均匀磨损达到10mm以上或未达10mm，但四周有大块剥落，闸板应更换	1	年	DL/T 817—2014《立式水轮发电机检修技术规程》10.4	D修	3
				机械制动装置制动器制动器螺栓检查	固定螺栓无松动	1	年	《国家电网公司水电厂重大反事故措施》6.2.3.2	D修	3
			1.1.8.2 机械制动装置制动柜							
				机械制动装置制动柜清扫检查	对制动柜内部进行清扫	1	年	DL/T 817—2014《立式水轮发电机检修技术规程》10.5	D修	3
			1.1.8.3 机械制动装置制动器支墩							
				机械制动装置制动器支墩螺栓紧固检查	标准力矩紧固螺栓无松动	1	年	《国家电网公司水电厂重大反事故措施》6.2.3.3	D修	3
			1.1.8.4 机械制动装置阀门及管路							
				机械制动装置阀门及管路外观检查	检查电磁阀、管路、接头等有无漏点	1	月	DL/T 817—2014《立式水轮发电机检修技术规程》10.4	月度定检	3

续表

单元	系统	设备	部件	检查和试验项目	检查和试验标准	工作周期	周期类型	引用标准	项目类别	专业类别
		1.1.9　发电机转子顶起装置								
			1.1.9.1　转子顶起阀门及管路							
				转子顶起阀门及管路接头、管道、阀门、过滤器清洗检查	检查清洗接头、阀门、管路、过滤器	1	年	DL/T 817—2014《立式水轮发电机检修技术规程》10.8	D修	3
			1.1.9.2　顶转子油泵及电动机							
				顶转子油泵打压试验	记录油泵运行压力，检查振动是否异常，油泵打压后无漏油点	1	年	DL/T 817—2014《立式水轮发电机检修技术规程》10.8	D修	3
			1.1.9.3　转子顶起控制箱							
				转子顶起控制箱开关、指示灯检查	开关动作灵敏，工作稳定，指示灯工作正常	1	年	DL/T 305—2012《抽水蓄能可逆式发电电动机运行规程》	D修	2
				转子顶起控制箱内检查	内部应清洁，无积灰，接线牢固，无松动	1	年	DL/T 305—2012《抽水蓄能可逆式发电电动机运行规程》	D修	2
		1.1.10　发电机中性点设备								
			1.1.10.1　发电机中性点消弧线圈（变压器）							
				发电机中性点接地变压器（消弧线圈）检查	设备无异音、异状、异味	1	周		专业巡检	1
			1.1.10.2　发电机中性点隔离开关							

续表

单元	系统	设备	部件	检查和试验项目	检查和试验标准	工作周期	周期类型	引用标准	项目类别	专业类别
				发电机中性点隔离开关检查	1. 操作机构检查，无卡涩、变形； 2. 传动机构检查，无磨损、变形、锈蚀，轴销齐全、焊缝无裂纹； 3. 触头检查维护，无变形，无烧蚀，清洁无尘涂抹导电脂； 4. 操作电机行程开关检查，节点动作正确，位置适宜	1	年		D修	1
			1.1.10.3　发电机中性点电流互感器							
				发电机中性点电流互感器检查	1. 外观检查，外观无破损、无裂纹； 2. 二次端子检查紧固	1	年		D修	1
			1.1.10.4　发电机中性点软连接							
				发电机中性点软连接检查	软连接引线检查，无发黑、断线，无变形，间距满足要求	1	年		D修	1
		1.1.11　发电机推力轴承								
			1.1.11.1　推力轴承推力瓦							
				推力轴承温度统计分析	统计机组推力瓦温，取发电、抽水工况稳定值，用于机组月度分析	1	周	DL/T 305—2012《抽水蓄能可逆式发电电动机运行规程》	专业巡检	2
		1.1.12　发电机上导轴承								
			1.1.12.1　上导轴承导瓦							
				上导轴承温度统计分析	机组上导瓦温统计，取发电、抽水工况稳定值，用于机组月度分析	1	周	DL/T 305—2012《抽水蓄能可逆式发电电动机运行规程》	专业巡检	2
		1.1.13　发电机下导轴承								
			1.1.13.1　下导轴承导瓦							

续表

单元	系统	设备	部件	检查和试验项目	检查和试验标准	工作周期	周期类型	引用标准	项目类别	专业类别
				下导轴承温度统计分析	机组下导瓦温统计，取发电、抽水工况稳定值，用于机组月度分析	1	周	DL/T 305—2012《抽水蓄能可逆式发电电动机运行规程》	专业巡检	2
		1.1.14　发电机轴承外循环冷却系统								
			1.1.14.1　发电机轴承循环油泵							
				发电机轴承循环油泵电机检查	1. 外观检查，电机表面清洁无异物，无异常振动，底座固定紧固； 2. 电机接线接头检查，接线紧固无松动、无烧伤； 3. 温度检查，根据绝缘等级，红外测温不超过规定温升； 4. 电机电流检测，各相电流与平均值误差不应超过10%	3	月		日常维护	1
				发电机轴承润滑油油位检查	检查根据电机维护保养说明书加注润滑油，检查油位是否符合要求	1	周	DL/T 305—2012《抽水蓄能可逆式发电电动机运行规程》6.2.1.3	专业巡检	3
				发电机轴承循环油泵定期轮换	1. 主备用切换正常，主用泵故障备用泵自动启动正常； 2. 泵启动建压正常、流量正常，无渗漏； 3. 泵振动正常，转向正确； 4. 泵运行正常，无报警，控制方式正常	1	月	DL/T 305—2012《抽水蓄能可逆式发电电动机运行规程》6.2.8	定期启动、轮换与试验	7
				发电机轴承外循环冷却系统压力检查	记录上、下导轴承、推力轴承冷却水压力读数	1	周	DL/T 305—2012《抽水蓄能可逆式发电电动机运行规程》	专业巡检	2
		1.1.15　发电机推力高压油顶起系统								
			1.1.15.1　油管路、阀门							

续表

单元	系统	设备	部件	检查和试验项目	检查和试验标准	工作周期	周期类型	引用标准	项目类别	专业类别
				高压油顶起系统油管路、阀门检查	管路阀门无渗漏，接头紧固无松动	1	周	DL/T 305—2012《抽水蓄能可逆式发电电动机运行规程》6.2.1.5	专业巡检	3
			1.1.15.2 油回路过滤器							
				高压油顶起系统油回路过滤器检查	滤芯清洗后洁净，如有必要进行更换	1	年	DL/T 817—2014《立式水轮发电机检修技术规程》10.8	D修	3
			1.1.15.3 油泵							
				高压油顶起油泵运行情况检查	交、直流泵运行压力满足要求，油泵无异音、渗漏	1	周	DL/T 305—2012《抽水蓄能可逆式发电电动机运行规程》6.2.1.5	专业巡检	3
				高压油顶起油泵定期试验	1. 交直流油泵切换正常； 2. 启动建压正常、流量正常，无渗漏； 3. 泵振动正常，转向正确； 4. 泵运行正常，无报警，控制方式正常	1	月	DL/T 305—2012《抽水蓄能可逆式发电电动机运行规程》6.2.8	定期启动、轮换与试验	7
			1.1.15.4 控制箱							
				高压油顶起控制箱检查	内部应清洁，无积灰，接线牢固，无松动，指示灯工作正常	1	月	DL/T 305—2012《抽水蓄能可逆式发电电动机运行规程》	月度定检	2
			1.1.15.5 动力电源柜							
				高压油顶起动力电源柜检查	动力电源开关操作正常，指示灯工作正常	1	月	DL/T 305—2012《抽水蓄能可逆式发电电动机运行规程》	月度定检	2

续表

单元	系统	设备	部件	检查和试验项目	检查和试验标准	工作周期	周期类型	引用标准	项目类别	专业类别
		1.1.16　发电机电压设备								
			1.1.16.1　电流互感器							
			1.1.16.2　电压互感器							
				电压互感器外观检查	1. 外观无破损，无裂纹； 2. 二次端子检查紧固； 3. 高压引线接线紧固，力矩满足要求	1	年		D修	1
			1.1.16.3　并联电容器							
			1.1.16.4　断路器							
				发电机出口断路器灭弧室电气寿命计算	设备运行状况、运行数据分析、断路器灭弧室剩余电气寿命计算，满足制造厂要求	1	月	DL/T 1303—2013《抽水蓄能发电电动机出口断路器运行规程》5.4.1	月度定检	1
				发电机出口断路器操作机构检查	1. 机构清洁无渗油； 2. 检查油箱油位正常； 3. 传动机构无弯曲、变形、锈蚀，轴销齐全、焊缝无裂纹	1	月	DL/T 1303—2013《抽水蓄能发电电动机出口断路器运行规程》5.2.1、5.2.2	月度定检	1
				发电机出口断路器油泵电机检查	1. 清扫油泵电机； 2. 测试油泵电机绝缘电阻大于 2MΩ； 3. 油泵零起打压时间满足制造厂规定值； 4. 油泵 1 次分合操作补压时间满足制造厂规定值	1	年		D修	1
				发电机出口断路器数据统计分析	1. 断路器及油泵动作次数统计，记录数据并分析动作次数正常； 2. SF_6 压力检查，压力不低于制造厂规定值	1	月	DL/T 1303—2013《抽水蓄能发电电动机出口断路器运行规程》5.2.2	月度定检	1
				发电机出口断路器控制柜外观检查	柜体清洁、控制方式、指示灯工作正常，照明无损坏	1	周		专业巡检	1

续表

单元	系统	设备	部件	检查和试验项目	检查和试验标准	工作周期	周期类型	引用标准	项目类别	专业类别
			1.1.16.5 隔离开关							
				发电机出口隔离开关设备外观检查	柜体清洁、控制方式、指示灯工作正常，照明无损坏	1	周		专业巡检	1
				发电机出口隔离开关设备操作机构检查	1. 操作机构清洁无碎屑掉落； 2. 电机、皮带运行完好； 3. 传动机构无弯曲、变形、锈蚀，轴销齐全、焊缝无裂纹	1	月	《国家电网公司水电厂重大反事故措施》6.8.2.6	月度定检	1
				发电机出口隔离开关设备控制元件检查	1. 控制盘柜端子紧固； 2. 元器件接线紧固； 3. 操作电机行程开关节点动作正确，行程间距适宜	1	年		D修	1
			1.1.16.6 母线及其附件							
				发电机出口母线微正压系统补气周期检查	补气间隔大于40min	1	月	DL/T 751—2014《水轮发电机运行规程》3.4.7	月度定检	1
				发电机出口母线空气循环干燥装置检查	1. 检查油位正常，油位低应及时加油； 2. 干燥剂颜色正常，超过2/3变色应进行更换	1	月	DL/T 751—2014《水轮发电机运行规程》3.4.7	月度定检	1
			1.1.16.7 避雷器							
				主变压器低压侧避雷器外观检查	观察窗处检查避雷器清洁、无破损	1	周	《国家电网公司十八项电网重大反事故措施》12.7.4	专业巡检	1
				主变压器低压侧避雷器动作计数器检查	装有计数器且运行中可查看者，应记录避雷器动作计数	1	周	《国家电网公司十八项电网重大反事故措施》12.7.4	专业巡检	1
			1.1.16.8 电气制动装置							

续表

单元	系统	设备	部件	检查和试验项目	检查和试验标准	工作周期	周期类型	引用标准	项目类别	专业类别
				电气制动装置外观检查	柜体清洁、控制方式、指示灯工作正常，照明无损坏	1	周		专业巡检	1
				电气制动装置操作机构检查	1. 操作机构清洁无碎屑掉落； 2. 操作电机、皮带运行完好； 3. 传动机构无弯曲、变形、锈蚀，轴销齐全、焊缝无裂纹	3	月		月度定检	1
				电气制动装置操作机构维护	1. 检查触头无变形、无烧蚀，清洁无尘涂抹导电脂； 2. 分合闸动作一致性检查，三相动作一致无卡涩； 3. 操作电机行程开关检查，节点动作正确，行程间距适宜	1	年		D修	1
		1.1.17　发电机自动化元件								
			1.1.17.1　测温元件							
				测温元件外观检查	整洁无灰尘，标志正确、清晰、齐全（因安装位置条件限制无法检查者除外）	1	月	DL/T 619—2012《水电厂自动化元件（装置）及其系统运行维护与检修试验规程》4.1	月度定检	2
				测温元件固定部件检查	元件固定稳固，固定件、支撑件无松动（因安装位置条件限制无法检查者除外）	1	月	DL/T 619—2012《水电厂自动化元件（装置）及其系统运行维护与检修试验规程》4.1	月度定检	2
				测温元件引出线或端子箱接线检查	元件引出线或端子箱接线无损伤，导电部分无外露，接线端子无松动	1	月	DL/T 619—2012《水电厂自动化元件（装置）及其系统运行维护与检修试验规程》4.1	月度定检	2

续表

单元	系统	设备	部件	检查和试验项目	检查和试验标准	工作周期	周期类型	引用标准	项目类别	专业类别
				测温元件显示检查	显示及指示灯指示正确，示值显示应能连续变化，数字应清晰、无叠字、没有缺笔画、有测量单位，小数点和状态显示正确。无断线报警信号	1	月	DL/T 619—2012《水电厂自动化元件（装置）及其系统运行维护与检修试验规程》4.2.1	月度定检	2
			1.1.17.2　液位元件							
				液位元件外观检查	表面完好无锈蚀、零部件应完好无损	1	月	DL/T 619—2012《水电厂自动化元件（装置）及其系统运行维护与检修试验规程》4.1	月度定检	2
				液位元件固定部件检查	元件固定稳固，固定件、支撑件无松动损坏现象	1	月	DL/T 619—2012《水电厂自动化元件（装置）及其系统运行维护与检修试验规程》4.1	月度定检	2
				液位元件接线检查	连接线整齐美观，引线无折痕、伤痕，绝缘无破损，导电部分无外露，接线端子无松动	1	月	DL/T 619—2012《水电厂自动化元件（装置）及其系统运行维护与检修试验规程》4.1	月度定检	2
				液位元件位置指示	具有显示功能的液位信号器、液位计、液位变送器应能正确反映液位，显示应清晰正常，机械式液位信号器应无发卡现象	1	月	DL/T 619—2012《水电厂自动化元件（装置）及其系统运行维护与检修试验规程》4.2.4	月度定检	2
				液位元件显示值误差检查	显示值误差与输出值误差最大不应超过说明书允许误差	1	月	DL/T 619—2012《水电厂自动化元件（装置）及其系统运行维护与检修试验规程》4.2.4	月度定检	2

续表

单元	系统	设备	部件	检查和试验项目	检查和试验标准	工作周期	周期类型	引用标准	项目类别	专业类别
			1.1.17.3　流量元件							
				流量元件外观检查	整洁无灰尘，标志正确、清晰、齐全	1	月	DL/T 619—2012《水电厂自动化元件（装置）及其系统运行维护与检修试验规程》4.1	月度定检	2
				流量元件固定部件检查	元件固定稳固，固定件、支撑件无松动	1	月	DL/T 619—2012《水电厂自动化元件（装置）及其系统运行维护与检修试验规程》4.1	月度定检	2
				流量元件接线检查	连接线整齐美观，无损伤，导电部分无外露，接线端子无松动	1	月	DL/T 619—2012《水电厂自动化元件（装置）及其系统运行维护与检修试验规程》4.1	月度定检	2
				流量元件位置指示	机械式示流信号器的位置指示应与运行方式相符，动作应正确；热导式流量信号器的LED指示灯应能实施显示流体流速状态；流量计应随流量变化正确指示	1	月	DL/T 619—2012《水电厂自动化元件（装置）及其系统运行维护与检修试验规程》4.2.3	月度定检	2
			1.1.17.4　压力元件							
				压力元件外观检查	连接线整齐美观，无损伤，导电部分无外露，接线端子无松动，弹簧（包括波纹管）及胶皮垫无老化或变形，密封良好	1	月	DL/T 619—2012《水电厂自动化元件（装置）及其系统运行维护与检修试验规程》4.1	月度定检	2
				压力元件固定部件检查	元件固定稳固，固定件、支撑件无松动，连接处无渗漏	1	月	DL/T 619—2012《水电厂自动化元件（装置）及其系统运行维护与检修试验规程》4.1	月度定检	2

续表

单元	系统	设备	部件	检查和试验项目	检查和试验标准	工作周期	周期类型	引用标准	项目类别	专业类别
				压力元件显示检查	具有显示功能的压力信号器、压力变送器、差压变送器，应正确显示所测部位的压力，实时性正常	1	月	DL/T 619—2012《水电厂自动化元件（装置）及其系统运行维护与检修试验规程》4.1	月度定检	2
			1.1.17.5　位置元件							
				位置元件外观检查	表面完好无锈蚀、零部件应完好无损	1	月	DL/T 619—2012《水电厂自动化元件（装置）及其系统运行维护与检修试验规程》4.1	月度定检	2
				位置元件固定部件检查	元件固定稳固，固定件、支撑件、位置传动件应无松动	1	月	DL/T 619—2012《水电厂自动化元件（装置）及其系统运行维护与检修试验规程》4.2.5	月度定检	2
				位置元件接线检查	连接线整齐美观，无损伤，导电部分无外露，接线端子无松动	1	月	DL/T 619—2012《水电厂自动化元件（装置）及其系统运行维护与检修试验规程》4.2.5	月度定检	2
				位置元件指示检查	指示位置应与被测设备实际位置相符	1	月	DL/T 619—2012《水电厂自动化元件（装置）及其系统运行维护与检修试验规程》4.1	月度定检	2
			1.1.17.6　电磁阀							
				电磁阀外观检查	管路接头无渗漏；无积尘、无油渍、腐蚀、锈蚀；线圈无变形、变色、烧焦过热现象，无受潮、浸水、浸油现象	1	月	DL/T 619—2012《水电厂自动化元件（装置）及其系统运行维护与检修试验规程》4.2.12	月度定检	2

续表

单元	系统	设备	部件	检查和试验项目	检查和试验标准	工作周期	周期类型	引用标准	项目类别	专业类别
				电磁阀固定部件检查	各栓钉无松动，焊点无开焊现象，立式电磁阀的挂钩应对称、端正、阀杆上端锁定不应松动	1	月	DL/T 619—2012《水电厂自动化元件（装置）及其系统运行维护与检修试验规程》4.2.12	月度定检	2
				电磁阀接线检查	接线插头或端子无松动、无断线	1	月	DL/T 619—2012《水电厂自动化元件（装置）及其系统运行维护与检修试验规程》4.2.12	月度定检	2
				电磁阀动作试验	操作油源隔离后，手动开闭、电动开闭均应灵活不卡涩，位置正确，指示灯正常	1	月	DL/T 619—2012《水电厂自动化元件（装置）及其系统运行维护与检修试验规程》5.2.16.3	月度定检	2
				电磁阀线圈直流电阻测试	测得的直流电阻值与出厂或标称值比较，不超过±10%	1	月	DL/T 619—2012《水电厂自动化元件（装置）及其系统运行维护与检修试验规程》5.2.16	月度定检	2
			1.1.17.7　振动、摆度及轴向位移监测元件							
				振动、摆度及轴向位移监测元件接线检查	连接线整齐美观，引线无折痕、伤痕，绝缘无破损，导电部分无外露，接线端子无松动	1	月	DL/T 619—2012《水电厂自动化元件（装置）及其系统运行维护与检修试验规程》4.1	月度定检	2
				振动、摆度及轴向位移监测元件固定部件检查	元件固定稳固，固定件、支撑件无松动，按照厂家说明书进行调整探头间距	1	月	DL/T 619—2012《水电厂自动化元件（装置）及其系统运行维护与检修试验规程》4.2.5	月度定检	2

续表

单元	系统	设备	部件	检查和试验项目	检查和试验标准	工作周期	周期类型	引用标准	项目类别	专业类别
				振动、摆度及轴向位移监测元件显示检查	监视仪随振动和摆度幅值显示应正确	1	月	DL/T 619—2012《水电厂自动化元件（装置）及其系统运行维护与检修试验规程》4.2.6	月度定检	2
			1.1.17.8　油混水信号器							
				油混水信号器外观检查	整洁无灰尘，标志正确、清晰、齐全	1	月	DL/T 619—2012《水电厂自动化元件（装置）及其系统运行维护与检修试验规程》4.1	月度定检	2
				油混水信号器固定部件检查	元件固定稳固，固定件、支撑件、位置传动件应无松动（因安装位置条件限制无法检查者除外）	1	月	DL/T 619—2012《水电厂自动化元件（装置）及其系统运行维护与检修试验规程》4.2.5	月度定检	2
				油混水信号器接线检查	连接线整齐美观，无损伤，导电部分无外露，接线端子无松动	1	月	DL/T 619—2012《水电厂自动化元件（装置）及其系统运行维护与检修试验规程》4.1	月度定检	2
		1.1.18　发电机粉尘油雾吸收装置								
			1.1.18.1　发电机粉尘吸收装置							
				发电机粉尘吸收装置外观清扫检查	粉尘吸收装置、收集管、过滤器、密封等要求完好，如有破损应更换	1	月	DL/T 817—2014《立式水轮发电机检修技术规程》10.6	月度定检	3
			1.1.18.2　发电机油污吸收装置							
				发电机油雾吸收装置外观检查	油雾吸收装置、收集管、过滤器、密封等要求完好	1	月		月度定检	3

续表

单元	系统	设备	部件	检查和试验项目	检查和试验标准	工作周期	周期类型	引用标准	项目类别	专业类别
		1.1.19 发电机消防系统								
			1.1.19.1 发电机消防系统喷淋头							
				发电机消防系统喷淋头检查	喷淋头安装牢固，无松动、无堵塞	1	年	DL/T 817—2014《立式水轮发电机检修技术规程》10.7	D修	3
			1.1.19.2 发电机消防系统阀门及管路							
				发电机消防系统阀门及管路外观检查	消防水管及阀门位置正确，无漏水	1	年	DL/T 817—2014《立式水轮发电机检修技术规程》10.7	D修	3
				发电机消防系统管路压力检查	检查消防水源管路水压	1	年	DL/T 817—2014《立式水轮发电机检修技术规程》10.7	D修	3
			1.1.19.3 发电机消防控制系统							
				发电机消防控制系统UPS检查，蓄电池检查	检修UPS运行指示正常，无报警，检查蓄电池无漏液，接线柱无腐蚀	1	月		月度定检	2
				按要求周期对蓄电池进行核对性放电试验	蓄电池无漏液；若经过3次全核对性放充电，蓄电池组容量均达不到额定容量的80%以上，应进行更换	1	YAER		日常维护	2
	1.2 水轮机及其辅助设备									
		1.2.1 水轮机导水机构								
			1.2.1.1 水轮机顶盖							
				水轮机顶盖连接螺栓检查	检查螺栓确无松动、破坏，密封完好无渗漏	1	年	DL/T 293—2011《抽水蓄能可逆式水泵水轮机运行规程》6.3.7	D修	3

续表

单元	系统	设备	部件	检查和试验项目	检查和试验标准	工作周期	周期类型	引用标准	项目类别	专业类别
				水轮机顶盖外观检查	1. 顶盖各部分振动正常，排水通畅； 2. 无污垢、无渗油、无渗水	1	周	DL/T 293—2011《抽水蓄能可逆式水泵水轮机运行规程》6.3.7	专业巡检	3
				水轮机顶盖振动检查分析	顶盖振动在正常范围内且趋势正常	1	周		专业巡检	3
			1.2.1.2　水轮机控制环							
				水轮机控制环紧固螺栓检查	紧固螺栓无断裂、松动	1	年	DL/T 710—1999《水轮机运行规程》	D修	3
			1.2.1.3　水轮机导叶及操作机构							
				水轮机导叶中轴套检查	无污渍、无渗水；螺栓紧固无松动	1	年	DL/T 710—1999《水轮机运行规程》6.9.5	D修	3
				剪断销、导叶摩擦装置检查	剪断销无剪断或跳出，摩擦装置无损坏	1	年	DL/T 710—1999《水轮机运行规程》6.9.4	D修	3
				导叶、连杆、拐臂压紧螺栓检查	1. 导叶与拐臂连接装置有无松动或损坏； 2. 导叶连杆压紧螺栓无断裂、松动	1	年		D修	3
			1.2.1.4　水轮机止漏环							
				水轮机止漏环温度统计分析	冷却水流量、温度及趋势在正常范围内	1	周	DL/T 710—1999《水轮机运行规程》	专业巡检	2
		1.2.2　水轮机转动部件								
			1.2.2.1　水轮机转轮							
				转轮上下腔排气管及其管路阀门、弯头、连接法兰检查	转轮上下腔排气管及其管路阀门、弯头、连接法兰无损伤、裂纹、变形等	1	月	上级单位压力管路和阀门等设备金属监督检查要求	月度定检	3

续表

单元	系统	设备	部件	检查和试验项目	检查和试验标准	工作周期	周期类型	引用标准	项目类别	专业类别
			1.2.2.2　水轮机主轴							
				水轮机主轴外观检查	水轮机主轴无污垢	1	年		D修	3
		1.2.3　水轮机埋入部件								
			1.2.3.1　水轮机蜗壳							
				蜗壳排水阀及其管路、弯头、连接法兰检查	蜗壳排水阀位置正确，无漏油、漏水，蜗壳排水阀及其管路、弯头、连接法兰无损伤、裂纹、变形等	1	月	DL/T 710—1999《水轮机运行规程》6.9.7	月度定检	3
				蜗壳进人门及其紧固螺栓检查	1. 进人门及放空阀无渗水； 2. 进人门封门紧固螺栓无松动、破坏，密封完好无渗漏	1	月	上级单位压力管路和阀门等设备金属监督检查要求	月度定检	3
			1.2.3.2　压力钢管							
				压力钢管外观检查	1. 压力钢管明管外壁和焊缝区无渗漏，管体无变形、锈蚀； 2. 压力钢管伸缩节正常	1	月	DL/T 710—1999《水轮机运行规程》6.9.9	专业巡检	3
			1.2.3.3　水轮机尾水管							
				尾水管排水阀检查	排水阀位置正确，无漏油、漏水现象	1	周	DL/T 710—1999《水轮机运行规程》6.9.7	专业巡检	3
				尾水进人门及其紧固螺栓	1. 进人门及放空阀无渗水； 2. 进人门封门紧固螺栓无松动、破坏，密封完好无渗漏	1	月	DL/T 710—1999《水轮机运行规程》6.9.9	日常维护	3
				尾水管水位测量管路及阀门检查	1. 锥管水位测量管路无污垢、无渗水； 2. 阀门位置正确，无漏水	1	月	DL/T 710—1999《水轮机运行规程》6.9.7	专业巡检	3
			1.2.3.4　上下迷宫环							
				上下迷宫环冷却水供水管路及阀门检查	供水管路及阀门无污垢、无渗水，阀门位置正确	1	周		专业巡检	3

续表

单元	系统	设备	部件	检查和试验项目	检查和试验标准	工作周期	周期类型	引用标准	项目类别	专业类别
				上下迷宫环温度检查	温度及趋势在正常范围内	1	周	DL/T 293—2011《抽水蓄能可逆式水泵水轮机运行规程》	专业巡检	3
				上下迷宫环压力检查	压力及趋势在正常范围内	1	周	DL/T 293—2011《抽水蓄能可逆式水泵水轮机运行规程》	专业巡检	3
		1.2.4 水轮机水导轴承及其冷却系统								
			1.2.4.1 水导轴承油冷却器							
				水导冷却器及连接管路阀门外观检查	1. 阀门位置正确，无污垢、无渗水； 2. 管路无松动、脱落，渗漏	1	周	DL/T 293—2011《抽水蓄能可逆式水泵水轮机运行规程》6.9.7	专业巡检	3
			1.2.4.2 水导轴承导瓦							
				水导瓦温度统计分析	温度及趋势在正常范围内	1	周	DL/T 293—2011《抽水蓄能可逆式水泵水轮机运行规程》	专业巡检	2
			1.2.4.3 水导轴承油槽（水箱）							
				水导油槽及管路外观检查	1. 水导轴承油槽无漏油、甩油； 2. 冷却水管路无松动脱落、渗漏，水压正常	1	周	DL/T 293—2011《抽水蓄能可逆式水泵水轮机运行规程》6.9.1	专业巡检	3
				水导油槽油温检查	温度及趋势在正常范围内	1	月		日常维护	3
				水导油位、油色检查	水导油位、油色检查正常范围内，如油位偏低，应加油，油色异常应进行油质化验，并停机处理	1	月	DL/T 293—2011《抽水蓄能可逆式水泵水轮机运行规程》6.9.1	日常维护	3

续表

单元	系统	设备	部件	检查和试验项目	检查和试验标准	工作周期	周期类型	引用标准	项目类别	专业类别
			1.2.4.4　水导油泵							
				水导油泵运行检查	压油泵运行正常，无振动、无过热现象，电动机电流正常，接触器或软启动器工作正常	1	周	DL/T 710—1999《水轮机运行规程》6.6.5	专业巡检	3
				水导油泵电机检查	1. 外观检查，电机表面清洁无异物，无异常振动，底座固定紧固； 2. 电机接线接头检查，接线紧固无松动、无烧伤； 3. 温度检查，根据绝缘等级，红外测温不超过规定温升； 4. 电机电流检测，各相电流与平均值误差不应超过10%	3	月		日常维护	1
				轴承润滑情况检查	根据电机维护保养说明书加注润滑油脂，润滑油脂牌号符合要求	6	月		日常维护	3
			1.2.4.5　水轮机轴承体							
				水导振动摆度统计分析	水导振动摆度及其趋势在正常范围内	1	周	DL/T 293—2011《抽水蓄能可逆式水泵水轮机运行规程》	专业巡检	3
			1.2.4.6　水导循环系统压力表计							
				水导油循环压力检查	压力及趋势在正常范围内	1	周	DL/T 293—2011《抽水蓄能可逆式水泵水轮机运行规程》	专业巡检	3
		1.2.5　水轮机主轴密封								
			1.2.5.1　水轮机工作密封							
				主轴密封检查	1. 冷却水流量正常，漏水在正常范围内，漏水量大时应查明原因并采取措施； 2. 管路阀门无松动、无渗漏； 3. 主轴密封冷却水压力正常范围内	1	周	DL/T 293—2011《抽水蓄能可逆式水泵水轮机运行规程》6.3.3	专业巡检	3

续表

单元	系统	设备	部件	检查和试验项目	检查和试验标准	工作周期	周期类型	引用标准	项目类别	专业类别
				主轴密封磨损量、温度检查	1. 密封磨损量在正常范围内； 2. 温度及趋势在正常范围内	1	周	DL/T 293—2011《抽水蓄能可逆式水泵水轮机运行规程》6.3.3	专业巡检	3
			1.2.5.2　主轴密封过滤器							
				主轴密封冷却水过滤器主备用切换	过滤器主备用切换正常，压力正常，无渗漏	3	月	DL/T 293—2011《抽水蓄能可逆式水泵水轮机运行规程》6.8.1	定期启动、轮换与试验	7
				主轴密封冷却水过滤器检查	过滤器运行正常，无漏水，紧固件无松动	1	周		专业巡检	3
				主轴密封冷却过滤器控制箱检查	盘柜面板指示灯正常、盘面清洁，盘柜内无异常声音、端子无松动	1	年	DL/T 293—2011《抽水蓄能可逆式水泵水轮机运行规程》	D修	2
				主轴密封过滤器排污阀检查	排污阀工作正常，无漏水	1	月		月度定检	3
			1.2.5.3　主轴密封冷却水增压泵							
				主轴密封冷却水增压泵定期轮换	1. 主备用切换正常，主用泵故障备用泵自动启动正常； 2. 泵启动建压正常、流量正常，无渗漏； 3. 泵振动正常，转向正确； 4. 泵运行正常，无报警，控制方式正常	1	月	DL/T 293—2011《抽水蓄能可逆式水泵水轮机运行规程》6.8.1	定期启动、轮换与试验	7
		1.2.6　水轮机顶盖排水系统								
			1.2.6.1　顶盖排水系统							
				顶盖排水系统功能检查	1. 各部件无松动、无杂物； 2. 排水畅通	1	月	DL/T 293—2011《抽水蓄能可逆式水泵水轮机运行规程》6.3.7	日常维护	3

续表

单元	系统	设备	部件	检查和试验项目	检查和试验标准	工作周期	周期类型	引用标准	项目类别	专业类别
			1.2.6.2　排水泵							
				顶盖排水泵检查	1. 水泵电源导线检查，无老化破皮； 2. 电机绝缘情况检查	1	年	DL/T 293—2011《抽水蓄能可逆式水泵水轮机运行规程》6.3.7	D修	3
				顶盖排水泵定期启动试验	1. 启动运行正常，无报警，控制方式正常； 2. 振动正常，转向正确； 3. 排水流量正常，管道无渗漏，排水通道正常	3	月	国家能源局《防止电力生产事故的二十五项重点要求》23.2.2.7	定期启动、轮换与试验	7
		1.2.7　水轮机自动化元件								
			1.2.7.1　测温元件							
				测温元件外观检查	整洁无灰尘，标志正确、清晰、齐全（因安装位置条件限制无法检查者除外）	1	月	DL/T 619—2012《水电厂自动化元件（装置）及其系统运行维护与检修试验规程》4.1	月度定检	2
				测温元件固定部件检查	元件固定稳固，固定件、支撑件无松动（因安装位置条件限制无法检查者除外）	1	月	DL/T 619—2012《水电厂自动化元件（装置）及其系统运行维护与检修试验规程》4.1	月度定检	2
				测温元件引出线或端子箱接线检查	元件引出线或端子箱接线无损伤，导电部分无外露，接线端子无松动	1	月	DL/T 619—2012《水电厂自动化元件（装置）及其系统运行维护与检修试验规程》4.1	月度定检	2
				测温元件显示检查	显示及指示灯指示正确，示值显示应能连续变化，数字应清晰、无叠字、没有缺笔画、有测量单位，小数点和状态显示正确。无断线报警信号	1	月	DL/T 619—2012《水电厂自动化元件（装置）及其系统运行维护与检修试验规程》4.2.1	月度定检	2

续表

单元	系统	设备	部件	检查和试验项目	检查和试验标准	工作周期	周期类型	引用标准	项目类别	专业类别
			1.2.7.2 液位元件							
				液位元件外观检查	表面完好无锈蚀、零部件应完好无损	1	月	DL/T 619—2012《水电厂自动化元件（装置）及其系统运行维护与检修试验规程》4.1	月度定检	2
				液位元件固定部件检查	元件固定稳固，固定件、支撑件无松动损坏现象	1	月	DL/T 619—2012《水电厂自动化元件（装置）及其系统运行维护与检修试验规程》4.1	月度定检	2
				液位元件接线检查	连接线整齐美观，引线无折痕、伤痕，绝缘无破损，导电部分无外露，接线端子无松动	1	月	DL/T 619—2012《水电厂自动化元件（装置）及其系统运行维护与检修试验规程》4.1	月度定检	2
				液位元件位置指示	具有显示功能的液位信号器、液位计、液位变送器应能正确反映液位，显示应清晰正常，机械式液位信号器应无发卡现象	1	月	DL/T 619—2012《水电厂自动化元件（装置）及其系统运行维护与检修试验规程》4.2.4	月度定检	2
				液位元件显示值误差检查	显示值误差与输出值误差最大不应超过说明书允许误差	1	月	DL/T 619—2012《水电厂自动化元件（装置）及其系统运行维护与检修试验规程》4.2.4	月度定检	2
			1.2.7.3 流量元件							

续表

单元	系统	设备	部件	检查和试验项目	检查和试验标准	工作周期	周期类型	引用标准	项目类别	专业类别
				流量元件外观检查	整洁无灰尘，标志正确、清晰、齐全	1	月	DL/T 619—2012《水电厂自动化元件（装置）及其系统运行维护与检修试验规程》4.1	月度定检	2
				流量元件固定部件检查	元件固定稳固，固定件、支撑件无松动	1	月	DL/T 619—2012《水电厂自动化元件（装置）及其系统运行维护与检修试验规程》4.1	月度定检	2
				流量元件接线检查	连接线整齐美观，无损伤，导电部分无外露，接线端子无松动	1	月	DL/T 619—2012《水电厂自动化元件（装置）及其系统运行维护与检修试验规程》4.1	月度定检	2
				流量元件位置指示	机械式示流信号器的位置指示应与运行方式相符，动作应正确；热导式流量信号器的LED指示灯应能实施显示流体流速状态；流量计应随流量变化正确指示	1	月	DL/T 619—2012《水电厂自动化元件（装置）及其系统运行维护与检修试验规程》4.2.3	月度定检	2
			1.2.7.4　压力元件							
				压力元件外观检查	连接线整齐美观，无损伤，导电部分无外露，接线端子无松动，弹簧（包括波纹管）及胶皮垫无老化或变形，密封良好	1	月	DL/T 619—2012《水电厂自动化元件（装置）及其系统运行维护与检修试验规程》4.1	月度定检	2
				压力元件固定部件检查	元件固定稳固，固定件、支撑件无松动，连接处无渗漏	1	月	DL/T 619—2012《水电厂自动化元件（装置）及其系统运行维护与检修试验规程》4.1	月度定检	2

续表

单元	系统	设备	部件	检查和试验项目	检查和试验标准	工作周期	周期类型	引用标准	项目类别	专业类别
				压力元件显示检查	具有显示功能的压力信号器、压力变送器、差压变送器，应正确显示所测部位的压力，实时性正常	1	月	DL/T 619—2012《水电厂自动化元件（装置）及其系统运行维护与检修试验规程》4.1	月度定检	2
			1.2.7.5 位置元件							
				位置元件外观检查	表面完好无锈蚀、零部件应完好无损	1	月	DL/T 619—2012《水电厂自动化元件（装置）及其系统运行维护与检修试验规程》4.1	月度定检	2
				位置元件固定部件检查	元件固定稳固，固定件、支撑件、位置传动件应无松动	1	月	DL/T 619—2012《水电厂自动化元件（装置）及其系统运行维护与检修试验规程》4.2.5	月度定检	2
				位置元件接线检查	连接线整齐美观，无损伤，导电部分无外露，接线端子无松动	1	月	DL/T 619—2012《水电厂自动化元件（装置）及其系统运行维护与检修试验规程》4.2.5	月度定检	2
				位置元件指示检查	指示位置应与被测设备实际位置相符	1	月	DL/T 619—2012《水电厂自动化元件（装置）及其系统运行维护与检修试验规程》4.1	月度定检	2
			1.2.7.6 电磁阀							
				电磁阀外观检查	管路接头无渗漏；无积尘、无油渍、腐蚀、锈蚀；线圈无变形、变色、烧焦过热现象，无受潮、浸水、浸油现象	1	月	DL/T 619—2012《水电厂自动化元件（装置）及其系统运行维护与检修试验规程》4.2.12	月度定检	2

续表

单元	系统	设备	部件	检查和试验项目	检查和试验标准	工作周期	周期类型	引用标准	项目类别	专业类别
				电磁阀固定部件检查	各栓钉无松动，焊点无开焊现象，立式电磁阀的挂钩应对称、端正、阀杆上端锁定不应松动	1	月	DL/T 619—2012《水电厂自动化元件（装置）及其系统运行维护与检修试验规程》4.2.12	月度定检	2
				电磁阀接线检查	接线插头或端子无松动、无断线	1	月	DL/T 619—2012《水电厂自动化元件（装置）及其系统运行维护与检修试验规程》4.2.12	月度定检	2
				电磁阀动作试验	操作油源隔离后，手动开闭、电动开闭均应灵活不卡涩，位置正确，指示灯正常	1	月	DL/T 619—2012《水电厂自动化元件（装置）及其系统运行维护与检修试验规程》5.2.16.3	月度定检	2
				电磁阀线圈直流电阻测试	测得的直流电阻值与出厂或标称值比较，不超过±10%	1	月	DL/T 619—2012《水电厂自动化元件（装置）及其系统运行维护与检修试验规程》5.2.16	月度定检	2
			1.2.7.7 振动、摆度及轴向位移监测元件							
				振动、摆度及轴向位移监测元件接线检查	连接线整齐美观，引线无折痕、伤痕，绝缘无破损，导电部分无外露，接线端子无松动	1	月	DL/T 619—2012《水电厂自动化元件（装置）及其系统运行维护与检修试验规程》4.1	月度定检	2
				振动、摆度及轴向位移监测元件固定部件检查	元件固定稳固，固定件、支撑件无松动，按照厂家说明书进行调整探头间距	1	月	DL/T 619—2012《水电厂自动化元件（装置）及其系统运行维护与检修试验规程》4.2.5	月度定检	2

续表

单元	系统	设备	部件	检查和试验项目	检查和试验标准	工作周期	周期类型	引用标准	项目类别	专业类别
				振动、摆度及轴向位移监测元件显示检查	监视仪随振动和摆度幅值显示应正确	1	月	DL/T 619—2012《水电厂自动化元件（装置）及其系统运行维护与检修试验规程》4.2.6	月度定检	2
			1.2.7.8 油混水信号器							
				油混水信号器外观检查	整洁无灰尘，标志正确、清晰、齐全	1	月	DL/T 619—2012《水电厂自动化元件（装置）及其系统运行维护与检修试验规程》4.1	月度定检	2
				油混水信号器固定部件检查	元件固定稳固，固定件、支撑件、位置传动件应无松动（因安装位置条件限制无法检查者除外）	1	月	DL/T 619—2012《水电厂自动化元件（装置）及其系统运行维护与检修试验规程》4.2.5	月度定检	2
				油混水信号器接线检查	连接线整齐美观，无损伤，导电部分无外露，接线端子无松动	1	月	DL/T 619—2012《水电厂自动化元件（装置）及其系统运行维护与检修试验规程》4.1	月度定检	2
		1.2.8 水轮机机坑起吊系统								
			1.2.8.1 水车室环形葫芦							
				水车室环形葫芦检查	水车室环形葫芦校验，并检查操作正常，部件无松动、脱落	1	年		日常维护	3
		1.2.9 水轮机调相压水设备								
			1.2.9.1 调相压水气罐							
				调相压水气罐排污阀检查	排污阀工作正常，无漏气	1	月	国家能源局《防止电力生产事故的二十五项重点要求》7.1.3	日常维护	3

续表

单元	系统	设备	部件	检查和试验项目	检查和试验标准	工作周期	周期类型	引用标准	项目类别	专业类别
				调相压水气罐安全阀检查	安全阀无漏气，在有效校验周期内	1	年	国家能源局《防止电力生产事故的二十五项重点要求》7.1.2	D修	3
				调相压水气罐检查	1. 无锈蚀，在检验合格期内； 2. 运行时，气罐压力应保持在正常工作范围内	1	周	《国家电网公司水电厂重大反事故措施》10.4.3	专业巡检	3
			1.2.9.2　充气压水阀							
				充气压水阀管路及其阀门、弯头、连接法兰检查	1. 阀门位置正确，位置传感器无异常，管路连接无松动、脱落、无漏气； 2. 支撑无松动，连接螺栓紧固； 3. 检查充气压水阀、弯头、连接法兰无损伤、裂纹、变形等； 4. 压水时间测量比对	1	月	上级单位压力管路和阀门等设备金属监督检查要求	月度定检	3
			1.2.9.3　充气压水补气阀							
				充气压水补气阀管路及其阀门、弯头、连接法兰检查	1. 阀门位置正确，位置传感器无异常，管路连接无松动、脱落、无漏气； 2. 支撑无松动，连接螺栓紧固； 3. 检查充气压水补气阀、弯头、连接法兰无损伤、裂纹、变形等	1	月	上级单位压力管路和阀门等设备金属监督检查要求	月度定检	3
			1.2.9.4　充气压水排气阀							
				充气压水排气阀管路及其阀门、弯头、连接法兰检查	1. 阀门位置正确，位置传感器无异常，管路连接无松动、脱落、无漏气； 2. 支撑无松动，连接螺栓紧固； 3. 检查充气压水补气阀、弯头、连接法兰无损伤、裂纹、变形等	1	月	上级单位压力管路和阀门等设备金属监督检查要求	月度定检	3
	1.3　机组调速系统									
		1.3.1　调速器机械装置								

续表

单元	系统	设备	部件	检查和试验项目	检查和试验标准	工作周期	周期类型	引用标准	项目类别	专业类别
			1.3.1.1 接力器							
				接力器本体检查	1. 接力器本体及连接管路无渗油、无松动； 2. 接力器动作正常，无抽动现象	1	周	DL/T 792—2013《水轮机调节系统及装置运行与检修规程》6.5.3	专业巡检	3
		1.3.2 电液转换单元								
			1.3.2.1 电液转换器							
				电液转换器外观检查	1. 电液转换器外观无异常且插头紧固牢靠，无松动； 2. 无振动及卡阻现象	1	周	DL/T 792—2013《水轮机调节系统及装置运行与检修规程》 DL/T 710—1999《水轮机运行规程》6.7.6	专业巡检	3
		1.3.3 自动化元件								
			1.3.3.1 测温元件							
				测温元件外观检查	整洁无灰尘，标志正确、清晰、齐全（因安装位置条件限制无法检查者除外）	1	月	DL/T 619—2012《水电厂自动化元件（装置）及其系统运行维护与检修试验规程》4.1	月度定检	2
				测温元件固定部件检查	元件固定稳固，固定件、支撑件无松动（因安装位置条件限制无法检查者除外）	1	月	DL/T 619—2012《水电厂自动化元件（装置）及其系统运行维护与检修试验规程》4.1	月度定检	2
				测温元件引出线或端子箱接线检查	元件引出线或端子箱接线无损伤，导电部分无外露，接线端子无松动	1	月	DL/T 619—2012《水电厂自动化元件（装置）及其系统运行维护与检修试验规程》4.1	月度定检	2

续表

单元	系统	设备	部件	检查和试验项目	检查和试验标准	工作周期	周期类型	引用标准	项目类别	专业类别
				测温元件显示检查	显示及指示灯指示正确，示值显示应能连续变化，数字应清晰、无叠字、没有缺笔画、有测量单位，小数点和状态显示正确。无断线报警信号	1	月	DL/T 619—2012《水电厂自动化元件（装置）及其系统运行维护与检修试验规程》4.2.1	月度定检	2
			1.3.3.2　液位元件							
				液位元件外观检查	表面完好无锈蚀、零部件应完好无损	1	月	DL/T 619—2012《水电厂自动化元件（装置）及其系统运行维护与检修试验规程》4.1	月度定检	2
				液位元件固定部件检查	元件固定稳固，固定件、支撑件无松动损坏现象	1	月	DL/T 619—2012《水电厂自动化元件（装置）及其系统运行维护与检修试验规程》4.1	月度定检	2
				液位元件接线检查	连接线整齐美观，引线无折痕、伤痕，绝缘无破损，导电部分无外露，接线端子无松动	1	月	DL/T 619—2012《水电厂自动化元件（装置）及其系统运行维护与检修试验规程》4.1	月度定检	2
				液位元件位置指示	具有显示功能的液位信号器、液位计、液位变送器应能正确反映液位，显示应清晰正常，机械式液位信号器应无发卡现象	1	月	DL/T 619—2012《水电厂自动化元件（装置）及其系统运行维护与检修试验规程》4.2.4	月度定检	2
				液位元件显示值误差检查	显示值误差与输出值误差最大不应超过说明书允许误差	1	月	DL/T 619—2012《水电厂自动化元件（装置）及其系统运行维护与检修试验规程》4.2.4	月度定检	2

续表

单元	系统	设备	部件	检查和试验项目	检查和试验标准	工作周期	周期类型	引用标准	项目类别	专业类别
			1.3.3.3 流量元件							
				流量元件外观检查	整洁无灰尘，标志正确、清晰、齐全	1	月	DL/T 619—2012《水电厂自动化元件（装置）及其系统运行维护与检修试验规程》4.1	月度定检	2
				流量元件固定部件检查	元件固定稳固，固定件、支撑件无松动	1	月	DL/T 619—2012《水电厂自动化元件（装置）及其系统运行维护与检修试验规程》4.1	月度定检	2
				流量元件接线检查	连接线整齐美观，无损伤，导电部分无外露，接线端子无松动	1	月	DL/T 619—2012《水电厂自动化元件（装置）及其系统运行维护与检修试验规程》4.1	月度定检	2
				流量元件位置指示	机械式示流信号器的位置指示应与运行方式相符，动作应正确；热导式流量信号器的 LED 指示灯应能实施显示流体流速状态；流量计应随流量变化正确指示	1	月	DL/T 619—2012《水电厂自动化元件（装置）及其系统运行维护与检修试验规程》4.2.3	月度定检	2
			1.3.3.4 压力元件							
				压力元件外观检查	连接线整齐美观，无损伤，导电部分无外露，接线端子无松动，弹簧（包括波纹管）及胶皮垫无老化或变形，密封良好	1	月	DL/T 619—2012《水电厂自动化元件（装置）及其系统运行维护与检修试验规程》4.1	月度定检	2
				压力元件固定部件检查	元件固定稳固，固定件、支撑件无松动，连接处无渗漏	1	月	DL/T 619—2012《水电厂自动化元件（装置）及其系统运行维护与检修试验规程》4.1	月度定检	2

续表

单元	系统	设备	部件	检查和试验项目	检查和试验标准	工作周期	周期类型	引用标准	项目类别	专业类别
				压力元件显示检查	具有显示功能的压力信号器、压力变送器、差压变送器，应正确显示所测部位的压力，实时性正常	1	月	DL/T 619—2012《水电厂自动化元件（装置）及其系统运行维护与检修试验规程》4.1	月度定检	2
			1.3.3.5　位置元件							
				位置元件外观检查	表面完好无锈蚀、零部件应完好无损	1	月	DL/T 619—2012《水电厂自动化元件（装置）及其系统运行维护与检修试验规程》4.1	月度定检	2
				位置元件固定部件检查	元件固定稳固，固定件、支撑件、位置传动件应无松动	1	月	DL/T 619—2012《水电厂自动化元件（装置）及其系统运行维护与检修试验规程》4.2.5	月度定检	2
				位置元件接线检查	连接线整齐美观，无损伤，导电部分无外露，接线端子无松动	1	月	DL/T 619—2012《水电厂自动化元件（装置）及其系统运行维护与检修试验规程》4.2.5	月度定检	2
				位置元件指示检查	指示位置应与被测设备实际位置相符	1	月	DL/T 619—2012《水电厂自动化元件（装置）及其系统运行维护与检修试验规程》4.1	月度定检	2
			1.3.3.6　电磁阀							
				电磁阀外观检查	管路接头无渗漏；无积尘、油渍、腐蚀、锈蚀；线圈无变形、变色、烧焦过热现象，无受潮、浸水、浸油现象	1	月	DL/T 619—2012《水电厂自动化元件（装置）及其系统运行维护与检修试验规程》4.2.12	月度定检	2

续表

单元	系统	设备	部件	检查和试验项目	检查和试验标准	工作周期	周期类型	引用标准	项目类别	专业类别
				电磁阀固定部件检查	各栓钉无松动，焊点无开焊现象，立式电磁阀的挂钩应对称、端正、阀杆上端锁定不应松动	1	月	DL/T 619—2012《水电厂自动化元件（装置）及其系统运行维护与检修试验规程》4.2.12	月度定检	2
				电磁阀接线检查	接线插头或端子无松动、无断线				月度定检	
				电磁阀动作试验	操作油源隔离后，手动开闭、电动开闭均应灵活不卡涩，位置正确，指示灯正常	1	月	DL/T 619—2012《水电厂自动化元件（装置）及其系统运行维护与检修试验规程》5.2.16.3	月度定检	2
				电磁阀线圈直流电阻测试	测得的直流电阻值与出厂或标称值比较，不超过±10%	1	月	DL/T 619—2012《水电厂自动化元件（装置）及其系统运行维护与检修试验规程》5.2.16	月度定检	2
		1.3.4 电气装置								
			1.3.4.1 主备用通道							
				调速器控制柜手自动切换测试	1. 对主备用通道进行切换测试； 2. 对自动、手动控制方式进行切换测试； 3. 切换过程中检查动作情况及有关信号指示	3	月	DL/T 792—2013《水轮机调节系统及装置运行与检修规程》6.3.1	定期启动、轮换与试验	7
				调速器控制柜PLC冗余CPU切换试验	冗余CPU切换试验正常	1	年		D修	2
				电调、液压控制PLC参数及程序备份	PLC程序备份正确	1	年		D修	2
			1.3.4.2 电调柜							

续表

单元	系统	设备	部件	检查和试验项目	检查和试验标准	工作周期	周期类型	引用标准	项目类别	专业类别
				电调柜外观检查	1. 指示灯无异常，装置有无异常告警； 2. 控制面板无报警信息，表计信号指示灯、开关位置正常； 3. 导叶开度、水头控制方式正常且与监控系统一致	1	周	DL/T 619—2012《水电厂自动化元件（装置）及其系统运行维护与检修试验规程》	专业巡检	2
				电调柜接线、接地线、接地装置检查	1. 连接线整齐美观，无损伤，导电部分无外露，接线端子无松动； 2. 接地线、接地装置完整，安装牢固可靠完整	1	年	DL/T 619—2012《水电厂自动化元件（装置）及其系统运行维护与检修试验规程》	D修	2
		1.3.5 锁定装置								
			1.3.5.1 液压锁定							
				调速器液压锁定	液压锁定正常，无渗漏	1	月	DL/T 792—2013《水轮机调节系统及装置运行与检修规程》6.2.1	月度定检	3
			1.3.5.2 机械锁定							
				调速器机械锁定	机械锁定投退不卡涩，无锈蚀	1	月	DL/T 792—2013《水轮机调节系统及装置运行与检修规程》6.2.1	月度定检	3
		1.3.6 分段关闭装置								
				分段关闭装置检查	1. 分段关闭装置凸轮与紧固板连接紧固； 2. 分段关闭装置电磁阀及管路连接处无渗漏	1	月	DL/T 619—2012《水电厂自动化元件（装置）及其系统运行维护与检修试验规程》4.2.12	月度定检	2
		1.3.7 油压装置								
			1.3.7.1 集油箱							
				调速器集油箱外观检查	集油箱表面洁净，无渗油	1	周		专业巡检	3

续表

单元	系统	设备	部件	检查和试验项目	检查和试验标准	工作周期	周期类型	引用标准	项目类别	专业类别
				调速器集油箱阀门、管路检查	1. 管路状况良好，无渗油现象； 2. 各阀门管路连接应无松动、脱落、渗漏现象	1	月	DL/T 293—2011《抽水可逆式水泵水轮机运行规程》6.5.4	月度定检	3
			1.3.7.2 集油箱油混水装置							
				调速器集油箱油混水装置外观检查	集油箱油混水装置外观无异常且杯内无水	1	年	DL/T 792—2013《水轮机调节系统及装置运行与检修规程》	D修	3
			1.3.7.3 压油泵、阀组							
				调速器压油泵、阀组检查	1. 油泵打油正常，无异常噪声，停动时不反转，无过热现象； 2. 组合阀动作正常，无异常渗漏	1	年	DL/T 792—2013《水轮机调节系统及装置运行与检修规程》6.2.2	D修	3
				调速器压油泵电机检查	1. 外观检查，电机表面清洁无异物，无异常振动，底座固定紧固； 2. 电机接线接头检查，接线紧固无松动、无烧伤； 3. 温度检查，根据绝缘等级，红外测温不超过规定温升； 4. 电机电流检测，各相电流与平均值误差不应超过10%； 5. 软启动器等电机启动回路设备检查	3	月	DL/T 792—2013《水轮机调节系统及装置运行与检修规程》6.2.2	日常维护	3
				调速器压油泵润滑情况检查	对有关部位定期加油	3	月	DL/T 792—2013《水轮机调节系统及装置运行与检修规程》6.3.1	日常维护	3

续表

单元	系统	设备	部件	检查和试验项目	检查和试验标准	工作周期	周期类型	引用标准	项目类别	专业类别
				调速器压油泵定期轮换	1. 主备用切换正常，主用泵故障备用泵自动启动正常； 2. 泵启动建压正常、流量正常，无渗漏； 3. 泵振动正常，转向正确； 4. 泵运行正常，无报警，控制方式正常	3	月	DL/T 293—2011《抽水蓄能可逆式水泵水轮机运行规程》6.8.3 DL/T 792—2013《水轮机调节系统及装置运行与检修规程》6.3.2	定期启动、轮换与试验	7
			1.3.7.4　漏油箱							
				调速器漏油泵手动启动试验	漏油泵手动启动正常	3	月	DL/T 792—2013《水轮机调节系统及装置运行与检修规程》6.3.2	定期启动、轮换与试验	7
				调速器漏油箱油位检查	油位正常，无溢出	1	月	DL/T 293—2011《抽水蓄能可逆式水泵机运行规程》6.4.3	月度定检	3
			1.3.7.5　液压回路过滤器							
				调速器液压回路过滤器清扫检查或更换	1. 过滤器本体及连接管路无漏油、无松动现象，清扫干净； 2. 油压压差在正常范围； 3. 对于需更换的进行更换	3	月	DL/T 792—2013《水轮机调节系统及装置运行与检修规程》6.3.2	日常维护	3
				调速器液压回路过滤器定期切换	过滤器切换正常，无渗漏	1	月	DL/T 792—2013《水轮机调节系统及装置运行与检修规程》6.3.2	定期启动、轮换与试验	7
			1.3.7.6　压油罐							
				调速器压油罐油压和油位检查	1. 油压在“正常工作压力上限”和“正常工作压力下限”之间； 2. 油位介于“上限油位”和“下限油位”之间	1	周	DL/T 792—2013《水轮机调节系统及装置运行与检修规程》6.2.2	专业巡检	3

续表

单元	系统	设备	部件	检查和试验项目	检查和试验标准	工作周期	周期类型	引用标准	项目类别	专业类别
				调速器压油罐油温检查	油温在允许范围内	1	周	DL/T 792—2013《水轮机调节系统及装置运行与检修规程》6.2.2	专业巡检	3
				调速器压油罐各连接管路阀门、管路检查	阀门位置正确，管路连接无漏油、漏气现象	1	月	DL/T 792—2013《水轮机调节系统及装置运行与检修规程》6.2.2	月度定检	3
				调速器压油罐安全阀检查	安全阀无漏气，在有效校验周期内	1	年	国家能源局《防止电力生产事故的二十五项重点要求》7.1.2	D修	3
			1.3.7.7 主配压阀							
				调速器主配压阀检查	主配压阀工作正常、无渗漏	1	月	DL/T 293—2011《抽水蓄能可逆式水泵水轮机运行规程》6.5.7	月度定检	3
			1.3.7.8 补气装置							
				调速器压油罐补气装置检查	补气系统各阀门状态正常，能满足自动补气要求	1	周	DL/T 293—2011《抽水可逆式水泵水轮机运行规程》6.5.6	专业巡检	3
	1.4 机组励磁系统									
		1.4.1 励磁变压器								
				励磁变压器检查	1. 励磁变压器红外测温无过热； 2. 无异音	1	月	DL/T 305—2012《抽水蓄能可逆式发电电动机运行规程》	专业巡检	1
		1.4.2 励磁调节器								
				励磁电压、电流检查	电压、电流值满足规程要求	1	周		专业巡检	2

续表

单元	系统	设备	部件	检查和试验项目	检查和试验标准	工作周期	周期类型	引用标准	项目类别	专业类别
				励磁调节器开关量检查	开入、开出量信号指示或继电器动作正常	1	周		专业巡检	2
				励磁调节器通道切换	1. 主备用通道切换正常； 2. 控制面板无报警，通道指示、控制方式正常。	3	月	DL/T 305—2012《抽水蓄能可逆式发电电动机运行规程》6.2.8	定期启动、轮换与试验	7
				励磁调节器电源切换	1. 对励磁控制器两路直流电源进行切换检查，切换后应工作正常，无报警； 2. 对励磁系统两路交流辅助电源进行切换检查，切换后应工作正常，无报警	3	月	DL/T 295—2011《抽水蓄能机组自动控制系统技术条件》6.2.9	定期启动、轮换与试验	7
				励磁调节器盘柜清扫和检查	控制柜屏面光亮无污渍，屏内及屏顶无积尘，端子无松动	1	年	DL/T 491—2008《大中型水轮发电机自并励励磁系统及装置运行和检修规程》8.3.1	D修	2
				功率整流装置均流系数计算（项目）	功率整流装置均流系数不小于0.85（标准）	3	月	GB/T 7409.3—2007《同步电机励磁系统 大、中型同步发电机励磁系统技术要求》	专业巡检	2
		1.4.3　功率柜								
				励磁功率柜风机切换	1. 主备用切换正常； 2. 控制面板无报警，风扇指示、控制方式正常	3	月	DL/T 305—2012《抽水蓄能可逆式发电电动机运行规程》6.2.8	定期启动、轮换与试验	7
				励磁功率柜风机绝缘、运行情况检查	风扇电机绝缘良好，风扇运行转正常无异音	1	年	DL/T 491—2008《大中型水轮发电机自并励励磁系统及装置运行和检修规程》8.3.1	D修	2

续表

单元	系统	设备	部件	检查和试验项目	检查和试验标准	工作周期	周期类型	引用标准	项目类别	专业类别
				励磁功率柜功率元件及连接回路检查	功率元件绝缘良好，无击穿现象，电气一次各连接螺丝紧固，电气二次接线端子无松动	1	年	DL/T 491—2008《大中型水轮发电机自并励励磁系统及装置运行和检修规程》8.3.1	D修	2
				励磁功率柜滤网清扫更换	盘柜滤网清洁，通风良好	1	月	DL/T 491—2008《大中型水轮发电机自并励励磁系统及装置运行和检修规程》8.3.1	月度定检	2
		1.4.4　灭磁开关柜								
				灭磁开关检查	1. 设备外观检查清扫，清洁无灰尘，无破损、松脱； 2. 辅助接点，限位接点，接触器合闸跳闸线圈检查，线圈阻值应与原记录无明显差别，辅助接点通断可靠，接点闭合应有一定压力，开启应有一定间隙； 3. 触头（主触头、弧触头、常闭辅助触头）检查，无严重缺陷和烧伤痕迹，主弧触头压力行程足够，间距满足要求； 4. 操作机构检查，操作机构动作灵活可靠，无破损； 5. 螺栓连接处和铜排螺丝连接处检查，螺丝紧固无松动，号头明确	6	月	DL/T 491—2008《大中型水轮发电机自并励励磁系统及装置运行和检修规程》	月度定检	2
				灭磁开关柜清扫和检查	控制柜屏面光亮无污渍，屏内及屏顶无积尘	1	年	DL/T 491—2008《大中型水轮发电机自并励励磁系统及装置运行和检修规程》8.3.1	D修	2
				灭磁开关柜一次、二次接线端子检查紧固	端子无松动或缺失、螺丝未压住芯线绝缘皮、烧损，外观检查完好	1	年	DL/T 491—2008《大中型水轮发电机自并励励磁系统及装置运行和检修规程》8.3.1	D修	2

续表

单元	系统	设备	部件	检查和试验项目	检查和试验标准	工作周期	周期类型	引用标准	项目类别	专业类别
				励磁回路倒极	励磁输出回路倒极	1	年	DL/T 305—2012《抽水蓄能可逆式发电电动机运行规程》	D修	2
				起励设备检查	启励回路绝缘合格，元件无损坏	1	年	DL/T 491—2008《大中型水轮发电机自并励励磁系统及装置运行和检修规程》8.3.1	D修	2
		1.4.5 交流电源及过电压保护单元								
				灭磁电阻及转子过电压保护装置外观检查	1. 过电压装置性能合格 2. 灭磁电阻性能合格	1	年	DL/T 491—2008《大中型水轮发电机自并励励磁系统及装置运行和检修规程》8.3.1	D修	2
	1.5 机组继电保护									
		1.5.1 发电机组保护								
			1.5.1.1 机组保护盘柜							
				机组继电保护盘柜保护压板、按钮、切换把手状态检查	保护压板、按钮、切换把手状态正确	1	周	DL/T 995—2006《继电保护和电网安全自动装置检验规程》	专业巡检	2
				机组继电保护盘柜清扫检查	装置内、外部清洁无积尘，电路板及屏柜内端子排上无灰尘。防火封堵完好，槽盒盖板无缺失	1	年	电气二次检修项目参考工艺流程	D修	2
				机组继电保护盘柜端子接线检查紧固	二次回路无浮尘，外绝缘良好，端子无松动、接地点接触良好	1	年	电气二次检修项目参考工艺流程	D修	2
				机组继电保护时钟同步功能检查	对时功能正常	1	月	DL/T 587—2016《继电保护和安全自动装置运行管理规程》5.16	专业巡检	2

续表

单元	系统	设备	部件	检查和试验项目	检查和试验标准	工作周期	周期类型	引用标准	项目类别	专业类别
				机组继电保护装置各相电流、电压、零序电流（电压）、差流、外部开关量变位检查	各项数据正常	1	月	DL/T 587—2016《继电保护和安全自动装置运行管理规程》5.16	专业巡检	2
				机组继电保护光电转换接口、接插部件、PCM（或2M）板、光端机、通信电源的通信设备等进行检查	检查各元件运行正常，装置无报警	1	月	DL/T 587—2016《继电保护和安全自动装置运行管理规程》5.20	专业巡检	2
		1.5.2 机组断路器保护								
		1.5.3 机组故障录波								
				机组故障录波面板指示灯、切换把手状态及工控机检查	1. 运行灯是否亮，自检灯闪烁、装置有无异常； 2. 盘柜切换把手位置正确； 3. 工控机人机界面显示正常	1	周	厂家 说明书	专业巡检	2
				机组故障录波柜清扫检查	装置内、外部清洁无积尘，电路板及屏柜内端子排上无灰尘。防火封堵完好，槽盒盖板无缺失	1	年	电气二次检修项目参考工艺流程	D修	2
				机组故障录波柜端子接线检查紧固	二次回路无浮尘，外绝缘良好，端子无松动、接地点接触良好	1	年	电气二次检修项目参考工艺流程	D修	2
				机组故障录波时钟同步功能检查	对时功能正常，24小时与外部标准时钟的时钟不超过±1s	1	月	DL/T 587—2016《继电保护和安全自动装置运行管理规程》5.16	专业巡检	2
				机组故障录波器数据清理检查	对存储数据进行清理，防止磁盘空间不足	3	月	国网新源控股有限公司《继电保护和安全自动装置设备管理手册》4	日常维护	2

续表

单元	系统	设备	部件	检查和试验项目	检查和试验标准	工作周期	周期类型	引用标准	项目类别	专业类别
				机组故障录波器定期启动录波试验	1. 检查录波器录波功能正常； 2. 检查打印机功能正常，字迹清晰，纸张充足	3	月	国网新源控股有限公司《继电保护和安全自动装置设备管理手册》4	定期启动、轮换与试验	7
				机组继电保护整定值复算和校核	对发电机变压器组保护的整定值进行全面复算和校核	1	年	《国家电网公司水电厂重大反事故措施》13.2.2.8	日常维护	2
	1.6　机组自动控制及水机保护设备									
		1.6.1　机组辅机自动控制								
		1.6.2　机组水机保护								
			1.6.2.1　水淹厂房保护							
				水淹厂房保护动作试验	1. 每半年进行一次水淹厂房保护关闭上水库和尾水事故闸门试验； 2. 水淹厂房动作试验时上水库事故闸门自动下落情况，下落时间进行统计对比，闸门是否落到全关位置，提门是否正常； 3. 水淹厂房动作试验时尾水事故闸门自动下落情况，下落时间进行统计对比，闸门是否落到全关位置，提门是否正常； 4. 水淹厂房动作试验时全厂声光报警动作是否正常； 5. 结合每年汛前进行的水淹厂房保护实际动作试验机会进行水淹厂房保护回路继电器校验	6	月	国家能源局《防止电力生产事故的二十五项重点要求》23.1.5、24.3.5	定期启动、轮换与试验	7
			1.6.2.2　中控室紧急停机按钮							
				中控室紧急停机按钮动作试验	每半年进行一次中控室紧急按钮关闭事故闸门回路实际动作试验	6	月	国家能源局《防止电力生产事故的二十五项重点要求》23.1.5、24.3.5	定期启动、轮换与试验	7

续表

单元	系统	设备	部件	检查和试验项目	检查和试验标准	工作周期	周期类型	引用标准	项目类别	专业类别
		1.6.3 机组同期								
				机组同期接线检查	引线无折痕、伤痕、绝缘无损伤，导电部分无外露，接线端子无松动	1	月	DL/T 619—2012《水电厂自动化元件（装置）及其系统运行维护与检修试验规程》5.2.11	月度定检	2
		1.6.4 机组测速装置								
			1.6.4.1 转速监测元件							
				转速监测元件接线检查	引线无折痕、伤痕、绝缘无损伤，导电部分无外露，接线端子无松动	1	月	DL/T 619—2012《水电厂自动化元件（装置）及其系统运行维护与检修试验规程》5.2.11	月度定检	2
				测速探头检查	定期检查测速探头，防止安装松动、位置偏移或探头前置部位积尘；元件固定稳固，固定件、支撑件无松动	1	月	DL/T 619—2012《水电厂自动化元件（装置）及其系统运行维护与检修试验规程》5.2.11	月度定检	2
				测速齿盘间隙测量	齿盘测速装置齿盘应完好，安装间隙符合厂家要求	1	年	DL/T 619—2012《水电厂自动化元件（装置）及其系统运行维护与检修试验规程》5.2.11	D修	2
				转速检测元件显示检查	机械型转速信号器应运行正常、无异声、各零件无明显变化，显示输出正确	1	月	DL/T 619—2012《水电厂自动化元件（装置）及其系统运行维护与检修试验规程》5.2.11	月度定检	2
	1.7 SFC 系统									
		1.7.1 输入输出设备								
			1.7.1.1 变压器							

续表

单元	系统	设备	部件	检查和试验项目	检查和试验标准	工作周期	周期类型	引用标准	项目类别	专业类别
				输入、输出变压器外观检查	1. 变压器运行声音正常、温度显示正常，柜门、观察窗无破损； 2. 油变压器需检查油位、无渗油	1	周	DL/T 572—2010《电力变压器运行规程》5.1.4	专业巡检	1
				输入、输出变压器清扫维护	1. 变压器清洁无尘； 2. 检查外壳、铁芯接地良好； 3. 高低压引线及调压分接头螺栓紧固	1	年	DL/T 572—2010《电力变压器运行规程》5.1.6	日常维护	1
				输入、输出变压器红外测温	运行中红外测温，无明显高温点	1	月	DL/T 572—2010《电力变压器运行规程》5.1.5	专业巡检	1
				输入、输出变压器阀门及流量计检查	阀门位置正常、流量计显示正确	1	月	DL/T 1302—2013《抽水蓄能机组静止变频装置运行规程》6.2	专业巡检	2
			1.7.1.2　断路器							
				输入、输出断路器及操作机构检查	1. 断路器储能机构润滑良好，无锈蚀、卡涩，储能电机接线紧固，无破损、无渗油； 2. 断路器触指检查保养，触指抓力紧固，无变形，涂抹导电脂； 3. 传动机构无弯曲、变形、锈蚀，轴销齐全、焊缝无裂纹； 4. 真空断路器极柱套筒无污秽，无破损； 5. 分合闸线圈定位螺母检查紧固	1	年		日常维护	1
				输入、输出断路器柜外观检查	柜体清洁、控制方式、指示灯工作正常，照明无损坏	1	周		专业巡检	1
				输入断路器定期切换	1. 对两路输入开关进行切换； 2. 检查开关动作正常，开关位置指示正常	3	月	DL/T 1302—2013《抽水蓄能机组静止变频装置运行规程》4.1.5	定期启动、轮换与试验	7

续表

单元	系统	设备	部件	检查和试验项目	检查和试验标准	工作周期	周期类型	引用标准	项目类别	专业类别
			1.7.1.3 隔离开关							
				SFC系统隔离开关外观检查	柜体清洁、控制方式、指示灯工作正常，照明无损坏	1	周		专业巡检	1
				SFC系统隔离开关操作机构检查	1. 操作机构清洁无碎屑掉落； 2. 电机、皮带运行完好； 3. 传动机构无松动、变形、锈蚀，轴销齐全、焊缝无裂纹； 4. 分合闸操作电机无振动	1	年	《国家电网公司水电厂重大反事故措施》12.2.3.2	日常维护	1
				SFC系统隔离开关控制元件检查	1. 控制盘柜端子紧固； 2. 元器件接线紧固； 3. 操作电机行程开关节点动作正确，行程间距适宜	1	年		日常维护	1
			1.7.1.4 电抗器							
				SFC系统电抗器外观检查	清洁无尘，无氧化、腐蚀、放电痕迹，运行无异响异味	1	周		专业巡检	1
				SFC系统电抗器接线紧固	一次连接螺栓紧固，外壳及金属支架接地牢固	1	年		日常维护	1
				SFC系统电抗器红外测温	电抗器温升在允许范围内	1	月	DL/T 1302—2013《抽水蓄能机组静止变频装置运行规程》	专业巡检	1
		1.7.2 冷却单元								
				SFC系统去离子水补充	去离子循环水压在正常运行范围	3	月	DL/T 1302—2013《抽水蓄能机组静止变频装置运行规程》	日常维护	2
			1.7.2.1 冷却水三通阀							
				SFC系统冷却水三通阀动作试验	三通阀动作流畅无卡顿，对去离子水的温度调节作用正常	6	月	GB/T 32899—2016《抽水蓄能机组静止变频启动装置试验规程》	日常维护	2

续表

单元	系统	设备	部件	检查和试验项目	检查和试验标准	工作周期	周期类型	引用标准	项目类别	专业类别
			1.7.2.2 去离子水循环泵							
				SFC系统去离子水泵运行噪声及管路是否渗漏检查	运行无异音、管路无渗漏，密封良好	1	周	DL/T 1302—2013《抽水蓄能机组静止变频装置运行规程》6.2	专业巡检	2
				SFC系统去离子水装置、去离子电磁阀、膨胀稳压罐检查	去离子装置正常，电磁阀位置正确，压力正常	1	周	DL/T 1302—2013《抽水蓄能机组静止变频装置运行规程》6.2	专业巡检	2
				SFC系统去离子水装置备用水泵启动试验	1. 主备用切换正常，主用泵故障备用泵自动启动正常； 2. 泵启动建压正常、流量正常，无渗漏； 3. 泵振动正常，转向正确； 4. 泵运行正常，无报警，控制方式正常	3	月	DL/T 1302—2013《抽水蓄能机组静止变频装置运行规程》4.5.3	定期启动、轮换与试验	7
			1.7.2.3 外冷却水电动阀							
				SFC系统冷却系统电动阀动作试验	电动阀开启关闭时间在正常范围，实际位置和机械位置指示一致，电气信号正确	6	月	GB/T 32899—2016《抽水蓄能机组静止变频启动装置试验规程》	日常维护	2
			1.7.2.4 强迫风冷冷却设备							
				SFC系统风机检查	风机运行无异音、风量、风压、电机绝缘性能、接线端子检查满足要求	6	月	DL/T 1302—2013《抽水蓄能机组静止变频装置运行规程》6.2	日常维护	2
				SFC系统通风管路检查	挡风板、通风管路、散热片无异常	1	年	国网新源控股有限公司《静止变频器设备管理手册》附录2	日常维护	2
			1.7.2.5 电导率温度测量							
				SFC电导率温度测量装置显示检查	检查电导率、温度与实际一致，各报警设定正常	1	年	DL/T 1302—2013《抽水蓄能机组静止变频装置运行规程》	日常维护	2

续表

单元	系统	设备	部件	检查和试验项目	检查和试验标准	工作周期	周期类型	引用标准	项目类别	专业类别
			1.7.2.6　测温元件							
				测温元件外观检查	整洁无灰尘，标志正确、清晰、齐全（因安装位置条件限制无法检查者除外）	6	月	DL/T 619—2012《水电厂自动化元件（装置）及其系统运行维护与检修试验规程》4.1	日常维护	2
				测温元件固定部件检查	元件固定稳固，固定件、支撑件无松动（因安装位置条件限制无法检查者除外）	6	月	DL/T 619—2012《水电厂自动化元件（装置）及其系统运行维护与检修试验规程》4.1	日常维护	2
				测温元件引出线或端子箱接线检查	元件引出线或端子箱接线无损伤，导电部分无外露，接线端子无松动	6	月	DL/T 619—2012《水电厂自动化元件（装置）及其系统运行维护与检修试验规程》4.1	日常维护	2
				测温元件显示检查	显示及指示灯指示正确，示值显示应能连续变化，数字应清晰、无叠字、没有缺笔画、有测量单位，小数点和状态显示正确。无断线报警信号	6	月	DL/T 619—2012《水电厂自动化元件（装置）及其系统运行维护与检修试验规程》4.2.1	日常维护	2
			1.7.2.7　液位元件							
				液位元件外观检查	表面完好无锈蚀、零部件应完好无损	6	月	DL/T 619—2012《水电厂自动化元件（装置）及其系统运行维护与检修试验规程》4.1	日常维护	2
				液位元件固定部件检查	元件固定稳固，固定件、支撑件无松动损坏现象	6	月	DL/T 619—2012《水电厂自动化元件（装置）及其系统运行维护与检修试验规程》4.1	日常维护	2

续表

单元	系统	设备	部件	检查和试验项目	检查和试验标准	工作周期	周期类型	引用标准	项目类别	专业类别
				液位元件接线检查	连接线整齐美观，引线无折痕、伤痕，绝缘无破损，导电部分无外露，接线端子无松动	6	月	DL/T 619—2012《水电厂自动化元件（装置）及其系统运行维护与检修试验规程》4.1	日常维护	2
				液位元件位置指示	具有显示功能的液位信号器、液位计、液位变送器应能正确反映液位，显示应清晰正常，机械式液位信号器应无发卡现象	6	月	DL/T 619—2012《水电厂自动化元件（装置）及其系统运行维护与检修试验规程》4.2.4	日常维护	2
				液位元件显示值误差检查	显示值误差与输出值误差最大不应超过说明书允许误差	6	月	DL/T 619—2012《水电厂自动化元件（装置）及其系统运行维护与检修试验规程》4.2.4	日常维护	2
			1.7.2.8　流量元件							
				流量元件外观检查	整洁无灰尘，标志正确、清晰、齐全	6	月	DL/T 619—2012《水电厂自动化元件（装置）及其系统运行维护与检修试验规程》4.1	日常维护	2
				流量元件固定部件检查	元件固定稳固，固定件、支撑件无松动	6	月	DL/T 619—2012《水电厂自动化元件（装置）及其系统运行维护与检修试验规程》4.1	日常维护	2
				流量元件接线检查	连接线整齐美观，无损伤，导电部分无外露，接线端子无松动	6	月	DL/T 619—2012《水电厂自动化元件（装置）及其系统运行维护与检修试验规程》4.1	日常维护	2

续表

单元	系统	设备	部件	检查和试验项目	检查和试验标准	工作周期	周期类型	引用标准	项目类别	专业类别
				流量元件位置指示	机械式示流信号器的位置指示应与运行方式相符，动作应正确；热导式流量信号器的LED指示灯应能实施显示流体流速状态；流量计应随流量变化正确指示	6	月	DL/T 619—2012《水电厂自动化元件（装置）及其系统运行维护与检修试验规程》4.2.3	日常维护	2
			1.7.2.9 压力元件							
				压力元件外观检查	连接线整齐美观，无损伤，导电部分无外露，接线端子无松动，弹簧（包括波纹管）及胶皮垫无老化或变形，密封良好	6	月	DL/T 619—2012《水电厂自动化元件（装置）及其系统运行维护与检修试验规程》4.1	日常维护	2
				压力元件固定部件检查	元件固定稳固，固定件、支撑件无松动，连接处无渗漏	6	月	DL/T 619—2012《水电厂自动化元件（装置）及其系统运行维护与检修试验规程》4.1	日常维护	2
				压力元件显示检查	具有显示功能的压力信号器、压力变送器、差压变送器，应正确显示所测部位的压力，实时性正常	6	月	DL/T 619—2012《水电厂自动化元件（装置）及其系统运行维护与检修试验规程》4.1	日常维护	2
			1.7.2.10 位置元件							
				位置元件外观检查	表面完好无锈蚀、零部件应完好无损	6	月	DL/T 619—2012《水电厂自动化元件（装置）及其系统运行维护与检修试验规程》4.1	日常维护	2
				位置元件固定部件检查	元件固定稳固，固定件、支撑件、位置传动件应无松动	6	月	DL/T 619—2012《水电厂自动化元件（装置）及其系统运行维护与检修试验规程》4.2.5	日常维护	2

续表

单元	系统	设备	部件	检查和试验项目	检查和试验标准	工作周期	周期类型	引用标准	项目类别	专业类别
				位置元件接线检查	连接线整齐美观，无损伤，导电部分无外露，接线端子无松动	6	月	DL/T 619—2012《水电厂自动化元件（装置）及其系统运行维护与检修试验规程》4.2.5	日常维护	2
				位置元件指示检查	指示位置应与被测设备实际位置相符	6	月	DL/T 619—2012《水电厂自动化元件（装置）及其系统运行维护与检修试验规程》4.1	日常维护	2
			1.7.2.11　电磁阀							
				电磁阀外观检查	管路接头无渗漏；无积尘、无油渍、腐蚀、锈蚀；线圈无变形、变色、烧焦过热现象，无受潮、浸水、浸油现象；	6	月	DL/T 619—2012《水电厂自动化元件（装置）及其系统运行维护与检修试验规程》4.2.12	日常维护	2
				电磁阀固定部件检查	各栓钉无松动，焊点无开焊现象，立式电磁阀的挂钩应对称、端正、阀杆上端锁定不应松动	6	月	DL/T 619—2012《水电厂自动化元件（装置）及其系统运行维护与检修试验规程》4.2.12	日常维护	2
				电磁阀接线检查	接线插头或端子无松动、无断线	6	月	DL/T 619—2012《水电厂自动化元件（装置）及其系统运行维护与检修试验规程》4.2.12	日常维护	2
				电磁阀动作试验	操作油源隔离后，手动开闭、电动开闭均应灵活不卡涩，位置正确，指示灯正常	6	月	DL/T 619—2012《水电厂自动化元件（装置）及其系统运行维护与检修试验规程》5.2.16.3	日常维护	2

续表

单元	系统	设备	部件	检查和试验项目	检查和试验标准	工作周期	周期类型	引用标准	项目类别	专业类别
				电磁阀线圈直流电阻测试	测得的直流电阻值与出厂或标称值比较，不超过±10%	6	月	DL/T 619—2012《水电厂自动化元件（装置）及其系统运行维护与检修试验规程》5.2.16	日常维护	2
		1.7.3　变频单元								
			1.7.3.1　晶闸管							
				SFC晶闸管脉冲触发试验	晶闸管脉冲电流波形脉冲宽度、上升沿时间和电流幅值等参数满足产品技术要求	1	年	GB/T 32899—2016《抽水蓄能机组静止变频启动装置试验规程》附录B定期检查试验周期表	日常维护	2
			1.7.3.2　阻容回路							
				SFC晶闸管并联电容电容值测试	电容值满足产品技术要求	1	年	GB/T 32899—2016《抽水蓄能机组静止变频启动装置试验规程》附录B定期检查试验周期表	日常维护	2
				变频单元盘柜检查	柜门正常关闭，且上锁；指示灯完好，信号正确，无异常告警信号；无异音，无异味	1	周	DL/T 1302—2013《抽水蓄能机组静止变频装置运行规程》6.2	专业巡检	2
				变频单元盘柜滤网清扫或更换	滤网清洁，透气性良好	3	月	DL/T 1302—2013《抽水蓄能机组静止变频装置运行规程》	日常维护	2
				变频单元元器件检查	1. 变频单元元器件外观检查无尘，晶闸管、阻容元件外观无破损、无裂纹； 2. 元器件接线紧固	1	年	GB/T 32899—2016《抽水蓄能机组静止变频启动装置试验规程》附录B定期检查试验周期表	日常维护	2
		1.7.4　SFC控制柜								

续表

单元	系统	设备	部件	检查和试验项目	检查和试验标准	工作周期	周期类型	引用标准	项目类别	专业类别
			1.7.4.1 控制器							
				SFC控制器电源装置试验	1. 直流稳压电源各输出参数满足产品技术要求； 2. 交流电源切换装置切换动作正常	1	年	GB/T 32899—2016《抽水蓄能机组静止变频启动装置试验规程》附录B定期检查试验周期表	日常维护	2
				SFC控制器保护功能试验	保护功能正确，各定值误差<5%	1	年	GB/T 32899—2016《抽水蓄能机组静止变频启动装置试验规程》附录B定期检查试验周期表	日常维护	2
				SFC控制器继电器、接触器校验	继电器的励磁动作电压、返回电压等应符合产品要求，节点电阻不超过1Ω	1	年	GB/T 32899—2016《抽水蓄能机组静止变频启动装置试验规程》附录B定期检查试验周期表	日常维护	2
				SFC控制器变送器校验	校验精度满足产品的精度要求	1	年	GB/T 32899—2016《抽水蓄能机组静止变频启动装置试验规程》附录B定期检查试验周期表	日常维护	2
				SFC控制器模拟量测量环节试验	信号的测量精度、线性度满足产品技术要求	1	年	GB/T 32899—2016《抽水蓄能机组静止变频启动装置试验规程》附录B定期检查试验周期表	日常维护	2
				SFC控制器开关量输入输出试验	信号核对正确无误	1	年	GB/T 32899—2016《抽水蓄能机组静止变频启动装置试验规程》附录B定期检查试验周期表	日常维护	2
				SFC故障联动测试	联动逻辑动作正确，信号正常	1	年	GB/T 32899—2016《抽水蓄能机组静止变频启动装置试验规程》附录B定期检查试验周期表	日常维护	2

续表

单元	系统	设备	部件	检查和试验项目	检查和试验标准	工作周期	周期类型	引用标准	项目类别	专业类别
				SFC 辅助设备启停试验	辅助设备启停流程正常、辅助设备运行状态正常	1	年	GB/T 32899—2016《抽水蓄能机组静止变频启动装置试验规程》附录 B 定期检查试验周期表	日常维护	2
				SFC 电机启动性能测试	检查启动电流曲线和振幅，测试启动功能和辅助设备功能	1	年	GB/T 32899—2016《抽水蓄能机组静止变频启动装置试验规程》附录 B 定期检查试验周期表	日常维护	2
				SFC 控制程序备份	备份使用专用电脑进行保存	1	年	国网新源控股有限公司《静止变频器设备管理手册》附录 2	日常维护	2
				SFC 隔离开关、接地开关的移动性检查、位置信号接点检查及闭锁钥匙功能检查	位置信号及闭锁功能正常	1	年	国网新源控股有限公司《静止变频器设备管理手册》附录 2	日常维护	2
				SFC 传感器及仪表检查	传感器及仪表检查正常	1	年	国网新源控股有限公司《静止变频器设备管理手册》附录 2	日常维护	2
				SFC 电压、电流回路分压分流电阻测量	电阻阻值满足要求	1	年	国网新源控股有限公司《静止变频器设备管理手册》附录 2	日常维护	2
				SFC 功能检查	1. 机柜门板上所有的指示灯测试正确； 2. 主要跳闸信号（包活外部跳闸信号，紧急按钮动作信号，内部 MCB 跳开信号）动作正确； 3. 核对外部输入信号无误； 4. 显示单元功能检查正常	1	年	国网新源控股有限公司《静止变频器设备管理手册》附录 2	日常维护	2
				SFC 系统参数核对检查	参数核对正常	1	年	国网新源控股有限公司《静止变频器设备管理手册》附录 2	日常维护	2

续表

单元	系统	设备	部件	检查和试验项目	检查和试验标准	工作周期	周期类型	引用标准	项目类别	专业类别
				SFC保护参数的校检	采集和输出回路测试、保护逻辑测试、整定值核对和实际动作试验正常	1	年	国网新源控股有限公司《静止变频器设备管理手册》附录2	日常维护	2
			1.7.4.2　UPS							
				SFC UPS性能测试	UPS输出电压的纹波系数、频率、交直流分量等技术参数符合产品说明书要求；UPS异常报警信号输出正常	1	年	GB/T 32899—2016《抽水蓄能机组静止变频启动装置试验规程》	日常维护	2
			1.7.4.3　配电柜							
				SFC控制电源和辅助电源切换试验	1. 对控制电源和辅助电源进行主备用切换； 2. 主电源故障时备用电源切换正常，控制器工作正常	3	月	DL/T 1302—2013《抽水蓄能机组静止变频装置运行规程》4.4.4、4.5.2	定期启动、轮换与试验	7
				SFC控制柜外观检查	1. 柜门正常关闭，且上锁； 2. 电源投入正常，控制方式正确； 3. 指示灯完好，信号正确，无异常告警信号，无异音，无异味	1	周	DL/T 1302—2013《抽水蓄能机组静止变频装置运行规程》6.2	专业巡检	2
				SFC控制柜内部检查	1. 盘柜密封和封堵完好，盘柜的接地导通电阻不大于50mΩ； 2. 控制加热器的温湿度开关动作正确，加热器和照明能正常启停，必要时更换加热器导线和照明光源； 3. 检查盘柜内各电气元件外观完好，接线端子无烧损或接触不良； 4. 接地检查、主回路内的铜排和电缆检查无松动、破损	1	年	电气二次检修项目参考工艺流程（试行稿）SFC及启动母线系统（抽水蓄能）	日常维护	2
				SFC控制柜滤网清扫或更换	滤网清洁，透气性良好	3	月	国网新源控股有限公司《静止变频器设备管理手册》附录2	日常维护	2

续表

单元	系统	设备	部件	检查和试验项目	检查和试验标准	工作周期	周期类型	引用标准	项目类别	专业类别
	1.8 机组技术供水系统									
		1.8.1 供水单元								
			1.8.1.1 技术供水泵及附件							
				技术供水泵电机检查	1. 外观检查，电机表面清洁无异物，无异常振动，底座固定紧固； 2. 电机接线接头检查，接线紧固无松动、无烧伤； 3. 温度检查，根据绝缘等级，红外测温不超过规定温升； 4. 电机电流检测，各相电流与平均值误差不应超过10%	1	年		D修	3
				技术供水泵轴承润滑脂添加	根据电机维护保养说明书加注润滑油脂，润滑油脂牌号符合要求	6	月		日常维护	3
				技术供水泵运行检查	水泵、电机运行良好，无异常气味、声音正常；水泵轴封漏水量适度；水泵振动检测正常	1	周	DL/T 293—2011《抽水蓄能可逆式水泵水轮机运行规程》	专业巡检	3
				技术供水泵定期轮换	1. 主备用切换正常，主用泵故障备用泵自动启动正常； 2. 泵启动建压正常、流量正常，无渗漏； 3. 泵振动正常，转向正确； 4. 泵运行正常，无报警，控制方式正常	1	月	DL/T 293—2011《抽水蓄能可逆式水泵水轮机运行规程》	定期启动、轮换与试验	7
			1.8.1.2 过滤器							
				技术供水过滤器运行检查	1. 过滤器工作正常，无漏水，压差显示正常； 2. 过滤器电动机运行良好，无异常气味、声音正常； 3. 定期开展过滤器清理排污，必要时定期更换滤芯、滤网	1	周		专业巡检	3

续表

单元	系统	设备	部件	检查和试验项目	检查和试验标准	工作周期	周期类型	引用标准	项目类别	专业类别
			1.8.1.3　阀门及管路							
				技术供水阀门及管路检查	技术供水管路、阀门位置正确，无振动，无漏水、漏油现象； 1. 电动阀刻度及位置指示正确；阀门连接杆无锈蚀，裂痕。 2. 手动阀，阀门操作把手完好，位置指示正确，标识牌完好； 3. 液压阀（含自开启液压阀）操作压力正常，无渗漏	1	周	GB/T 11805—2008《水轮发电机组自动化元件（装置）及其系统基本技术条件》7.7.17	专业巡检	3
		1.8.2　自动化元件								
			1.8.2.1　流量元件							
				流量元件外观检查	整洁无灰尘，标志正确、清晰、齐全	1	月	DL/T 619—2012《水电厂自动化元件（装置）及其系统运行维护与检修试验规程》4.1	月度定检	2
				流量元件固定部件检查	元件固定稳固，固定件、支撑件无松动	1	月	DL/T 619—2012《水电厂自动化元件（装置）及其系统运行维护与检修试验规程》4.1	月度定检	2
				流量元件接线检查	连接线整齐美观，无损伤，导电部分无外露，接线端子无松动	1	月	DL/T 619—2012《水电厂自动化元件（装置）及其系统运行维护与检修试验规程》4.1	月度定检	2
				流量元件位置指示	机械式示流信号器的位置指示应与运行方式相符，动作应正确；热导式流量信号器的LED指示灯应能实施显示流体流速状态；流量计应随流量变化正确指示	1	月	DL/T 619—2012《水电厂自动化元件（装置）及其系统运行维护与检修试验规程》4.2.3	月度定检	2

续表

单元	系统	设备	部件	检查和试验项目	检查和试验标准	工作周期	周期类型	引用标准	项目类别	专业类别
			1.8.2.2 压力元件							
				压力元件外观检查	连接线整齐美观，无损伤，导电部分无外露，接线端子无松动，弹簧（包括波纹管）及胶皮垫无老化或变形，密封良好	1	月	DL/T 619—2012《水电厂自动化元件（装置）及其系统运行维护与检修试验规程》4.1	月度定检	2
				压力元件固定部件检查	元件固定稳固，固定件、支撑件无松动，连接处无渗漏	1	月	DL/T 619—2012《水电厂自动化元件（装置）及其系统运行维护与检修试验规程》4.1	月度定检	2
				压力元件显示检查	具有显示功能的压力信号器、压力变送器、差压变送器，应正确显示所测部位的压力，实时性正常	1	月	DL/T 619—2012《水电厂自动化元件（装置）及其系统运行维护与检修试验规程》4.1	月度定检	2
			1.8.2.3 位置元件							
				位置元件外观检查	表面完好无锈蚀、零部件应完好无损	1	月	DL/T 619—2012《水电厂自动化元件（装置）及其系统运行维护与检修试验规程》4.1	月度定检	2
				位置元件固定部件检查	元件固定稳固，固定件、支撑件、位置传动件应无松动	1	月	DL/T 619—2012《水电厂自动化元件（装置）及其系统运行维护与检修试验规程》4.2.5	月度定检	2
				位置元件接线检查	连接线整齐美观，无损伤，导电部分无外露，接线端子无松动	1	月	DL/T 619—2012《水电厂自动化元件（装置）及其系统运行维护与检修试验规程》4.2.5	月度定检	2

续表

单元	系统	设备	部件	检查和试验项目	检查和试验标准	工作周期	周期类型	引用标准	项目类别	专业类别
				位置元件指示检查	指示位置应与被测设备实际位置相符	1	月	DL/T 619—2012《水电厂自动化元件（装置）及其系统运行维护与检修试验规程》4.1	月度定检	2
			1.8.2.4　电磁阀							
				电磁阀外观检查	管路接头无渗漏；无积尘、无油渍、腐蚀、锈蚀；线圈无变形、变色、烧焦过热现象，无受潮、浸水、浸油现象	1	月	DL/T 619—2012《水电厂自动化元件（装置）及其系统运行维护与检修试验规程》4.2.12	月度定检	2
				电磁阀固定部件检查	各栓钉无松动，焊点无开焊现象，立式电磁阀的挂钩应对称、端正、阀杆上端锁定不应松动	1	月	DL/T 619—2012《水电厂自动化元件（装置）及其系统运行维护与检修试验规程》4.2.12	月度定检	2
				电磁阀接线检查	接线插头或端子无松动、无断线	1	月	DL/T 619—2012《水电厂自动化元件（装置）及其系统运行维护与检修试验规程》4.2.12	月度定检	2
				电磁阀动作试验	操作油源隔离后，手动开闭、电动开闭均应灵活不卡涩，位置正确，指示灯正常	1	月	DL/T 619—2012《水电厂自动化元件（装置）及其系统运行维护与检修试验规程》5.2.16.3	月度定检	2
				电磁阀线圈直流电阻测试	测得的直流电阻值与出厂或标称值比较，不超过±10%	1	月	DL/T 619—2012《水电厂自动化元件（装置）及其系统运行维护与检修试验规程》5.2.16	月度定检	2

续表

单元	系统	设备	部件	检查和试验项目	检查和试验标准	工作周期	周期类型	引用标准	项目类别	专业类别
		1.8.3 控制柜								
			1.8.3.1 技术供水控制及动力柜							
				技术供水控制及动力柜外观检查	盘柜指示灯指示正常，无故障灯亮，控制方式位置正确；技术供水盘柜各电压电流表工作正常，电压电流值显示正常	1	周	DL/T 293—2011《抽水蓄能可逆式水泵水轮机运行规程》	专业巡检	1
				技术供水控制及动力柜端子及元器件检查	1. 盘柜各端子排端子压紧，无断脱、松动、锈蚀等现象； 2. 盘柜风扇运行正常，盘柜散热良好，照明良好，无异音，无异味，无过热；各继电器安装牢固，无松动，无破裂，接点无氧化，无严重受潮现象； 3. 软启动器等电机启动回路设备检查； 4. PLC程序备份	1	年	DL/T 293—2011《抽水蓄能可逆式水泵水轮机运行规程》	D修	2
			1.8.3.2 过滤器控制柜							
				技术供水过滤器控制柜外观检查	盘柜指示灯指示正常，无故障灯亮，控制方式位置正确	1	周	DL/T 293—2011《抽水蓄能可逆式水泵水轮机运行规程》	专业巡检	2
				技术供水过滤器控制柜端子及元器件检查	1. 盘柜各端子排端子压紧，无断脱、松动、锈蚀等现象； 2. 盘柜风扇运行正常，盘柜散热良好，照明良好，无异音，无异味，无过热；各继电器安装牢固，无松动，无破裂，接点无氧化，无严重受潮现象	1	年	DL/T 293—2011《抽水蓄能可逆式水泵水轮机运行规程》	D修	2
	1.9 机组测量控制系统									
		1.9.1 在线监测上位机								
				机组状态监测分析	对发电机大轴摆度、气隙、机架振动、定子铁芯振动、定子线棒振动、局部放电等数据进行汇总分析，并与安装值比较，检查是否有异常	1	周	《国家电网公司水电厂重大反事故措施》	专业巡检	2

续表

单元	系统	设备	部件	检查和试验项目	检查和试验标准	工作周期	周期类型	引用标准	项目类别	专业类别
				机组状态监测系统磁盘空间检查，垃圾文件清理	1. 磁盘空间满足运行要求； 2. 垃圾文件及时被清理	3	月	DL/T 1009—2016《水电厂计算机监控系统运行及维护规程》6.3.2	日常维护	2
				机组状态监测系统软件的运行情况检查	1. 数据通信正常； 2. 设备状态正确； 3. 时钟同步功能检查	3	月	DL/T 1009—2016《水电厂计算机监控系统运行及维护规程》6.3.2	日常维护	2
				机组状态监测系统软件、数据库及文件系统备份	完成系统和程序备份	6	月	DL/T 1009—2016《水电厂计算机监控系统运行及维护规程》6.3.2	日常维护	2
		1.9.2　机组局放采集单元								
		1.9.3　机组稳定性单元								
			1.9.3.1　振动监测元件							
				振动监测元件接线检查	连接线整齐美观，引线无折痕、伤痕，绝缘无破损，导电部分无外露，接线端子无松动。屏蔽线检查正常	1	月	DL/T 619—2012《水电厂自动化元件（装置）及其系统运行维护与检修试验规程》4.1	月度定检	2
				振动监测元件固定部件检查	元件固定稳固，固定件、支撑件无松动，按照厂家说明书进行调整探头间距	1	月	DL/T 619—2012《水电厂自动化元件（装置）及其系统运行维护与检修试验规程》4.2.5	月度定检	2
	1.10　机组进水阀及其附属设备									
		1.10.1　进水阀								
			1.10.1.1　阀门本体							
				进水阀动作时间记录	记录阀门开启关闭时间	1	周	DL/T 293—2011《抽水蓄能可逆式水泵机运行规程》4.4.3	专业巡检	3

续表

单元	系统	设备	部件	检查和试验项目	检查和试验标准	工作周期	周期类型	引用标准	项目类别	专业类别
				进水阀外观检查	阀体无损伤、裂纹、变形、渗漏等	1	月	上级单位压力管路和阀门等设备金属监督检查要求	月度定检	3
			1.10.1.2 阀门枢轴							
				进水阀枢轴密封检查	检查枢轴无漏水	1	周	DL/T 293—2011《抽水蓄能可逆式水泵机运行规程》6.4.6	专业巡检	3
				进水阀枢轴密封压环检查	紧固压环螺栓，无松动、断裂	1	月	DL/T 293—2011《抽水蓄能可逆式水泵机运行规程》6.4.6	月度定检	3
			1.10.1.3 旁通阀							
				进水阀旁通阀外观检查	旁通阀及其管路、阀门、弯头、连接法兰无损伤、裂纹、变形、渗漏等	1	月	上级单位压力管路和阀门等设备金属监督检查要求	月度定检	3
			1.10.1.4 充水回路							
				进水阀充水回路阀门及管路检查	管路无渗漏，阀门状态正常	1	月		月度定检	3
			1.10.1.5 排水（排沙）回路							
				进水阀排水（排沙）回路检查	阀门状态正常，无渗漏	1	月		月度定检	3
			1.10.1.6 本体排气阀							
				进水阀本体排气阀检查	操作正常，无卡涩，排气顺畅	1	年		D修	3
			1.10.1.7 上、下游密封							

续表

单元	系统	设备	部件	检查和试验项目	检查和试验标准	工作周期	周期类型	引用标准	项目类别	专业类别
				进水阀上、下游密封取水阀门及管路检查	管路无渗漏，阀门状态正常	1	月	上级单位压力管路和阀门等设备金属监督检查要求	月度定检	3
				进水阀上、下游密封位置感器检查	信号反馈正常，传感器连接部位无渗漏	1	月		月度定检	3
				进水阀上、下游密封供水压力检查	压力表及压力开关显示正常	1	周		专业巡检	3
			1.10.1.8　进水阀伸缩节							
				进水阀伸缩节外观检查	伸缩节无损伤、裂纹、变形、漏水等	1	周	上级单位压力管路和阀门等设备金属监督检查要求	专业巡检	3
			1.10.1.9　本体锁定							
				进水阀本体锁定月度检查	位置正确、投退顺畅	1	月	DL/T 293—2011《抽水蓄能可逆式水泵机运行规程》	月度定检	3
			1.10.1.10　基础连接螺栓、传动销钉							
				进水阀基础连接螺栓、传动销钉外观检查	无松动、无断裂，连接可靠	1	月	《国家电网公司水电厂重大反事故措施》9.2.2.1	月度定检	3
			1.10.1.11　压力钢管排水							
				压力钢管排水阀门、法兰及管路外观检查	无损伤、裂纹、变形、渗漏等	1	月	上级单位压力管路和阀门等设备金属监督检查要求	月度定检	3
		1.10.2　进水阀控制柜								
		1.10.3　压油装置								
			1.10.3.1　压力油罐							

续表

单元	系统	设备	部件	检查和试验项目	检查和试验标准	工作周期	周期类型	引用标准	项目类别	专业类别
				进水阀压力油罐压力检查	压力表显示在正常范围	1	周	DL/T 293—2011《抽水蓄能可逆式水泵机运行规程》6.4.3	专业巡检	3
				进水阀压力油罐油位检查	油位计显示在正常范围	1	周	DL/T 293—2011《抽水蓄能可逆式水泵水轮机运行规程》	专业巡检	3
				进水阀压力油罐主油阀检查	主油阀无渗漏，位置正确	1	周	DL/T 293—2011《抽水蓄能可逆式水泵水轮机运行规程》	专业巡检	3
				进水阀压力油罐安全阀检查	安全阀无漏气，在有效校验周期内	1	年	国家能源局《防止电力生产事故的二十五项重点要求》7.1.2	D修	3
			1.10.3.2 集油槽（箱）							
				进水阀集油箱油位检查	油位计显示油位正常	1	周	DL/T 293—2011《抽水蓄能可逆式水泵机运行规程》6.4.3	专业巡检	3
				进水阀集油箱压力油泵检查	运行正常且无异响、过热等现象	1	周	DL/T 293—2011《抽水蓄能可逆式水泵水轮机运行规程》6.4.3	专业巡检	3
				进水阀集油箱油质检查	油质清澈、透明，无浑浊	1	年	DL/T 293—2011《抽水蓄能可逆式水泵水轮机运行规程》	D修	3
			1.10.3.3 漏油箱							
				进水阀漏油泵手动启动试验	漏油泵手动启动正常	3	月	DL/T 792—2013《水轮机调节系统及装置运行与检修规程》6.3.2	定期启动、轮换与试验	7

续表

单元	系统	设备	部件	检查和试验项目	检查和试验标准	工作周期	周期类型	引用标准	项目类别	专业类别
				进水阀漏油箱油位检查	油位正常，无溢出	1	月	DL/T 293—2011《抽水蓄能可逆式水泵水轮机运行规程》6.4.3	月度定检	3
			1.10.3.4　补气回路							
				进水阀补气回路阀门及管路检查	管路无漏气，补气电磁阀无过热	1	月	DL/T 293—2011《抽水蓄能可逆式水泵水轮机运行规程》6.5.6	月度定检	3
				进水阀补气回路过滤器检查	滤网清洁，无堵塞	1	年		D修	3
			1.10.3.5　进水阀压力油泵							
				进水阀压力油泵定期轮换	1. 主备用切换正常，主用泵故障备用泵自动启动正常； 2. 泵启动建压正常、流量正常，无渗漏； 3. 泵振动正常，转向正确； 4. 泵运行正常，无报警，控制方式正常	3	月	DL/T 293—2011《抽水蓄能可逆式水泵水轮机运行规程》6.8.3	定期启动、轮换与试验	7
			1.10.3.6　进水阀压力油过滤器							
				进水阀压力油过滤器定期轮换	主备用切换正常、无渗漏	3	月	DL/T 293—2011《抽水蓄能可逆式水泵水轮机运行规程》6.8	定期启动、轮换与试验	7
		1.10.4　接力器								
			1.10.4.1　接力器本体							
				进水阀接力器外观检查	操作正常、无渗漏，基座紧固螺栓无松动	1	周		专业巡检	3

续表

单元	系统	设备	部件	检查和试验项目	检查和试验标准	工作周期	周期类型	引用标准	项目类别	专业类别
			1.10.4.2 接力器操作供油管路							
				进水阀接力器操作供油管路外观检查	接头紧固螺栓检查无松动，管路无渗漏；根据设计使用寿命更换	1	年	《国家电网公司水电厂重大反事故措施》9.2.2.1	D修	3
		1.10.5 自动化元件								
			1.10.5.1 测温元件							
				测温元件外观检查	整洁无灰尘，标志正确、清晰、齐全（因安装位置条件限制无法检查者除外）	1	月	DL/T 619—2012《水电厂自动化元件（装置）及其系统运行维护与检修试验规程》4.1	月度定检	2
				测温元件固定部件检查	元件固定稳固，固定件、支撑件无松动（因安装位置条件限制无法检查者除外）	1	月	DL/T 619—2012《水电厂自动化元件（装置）及其系统运行维护与检修试验规程》4.1	月度定检	2
				测温元件引出线或端子箱接线检查	元件引出线或端子箱接线无损伤，导电部分无外露，接线端子无松动	1	月	DL/T 619—2012《水电厂自动化元件（装置）及其系统运行维护与检修试验规程》4.1	月度定检	2
				测温元件显示检查	显示及指示灯指示正确，示值显示应能连续变化，数字应清晰、无叠字、没有缺笔画、有测量单位，小数点和状态显示正确。无断线报警信号	1	月	DL/T 619—2012《水电厂自动化元件（装置）及其系统运行维护与检修试验规程》4.2.1	月度定检	2
			1.10.5.2 液位元件							
				液位元件外观检查	表面完好无锈蚀、零部件应完好无损	1	月	DL/T 619—2012《水电厂自动化元件（装置）及其系统运行维护与检修试验规程》4.1	月度定检	2

续表

单元	系统	设备	部件	检查和试验项目	检查和试验标准	工作周期	周期类型	引用标准	项目类别	专业类别
				液位元件固定部件检查	元件固定稳固，固定件、支撑件无松动损坏现象	1	月	DL/T 619—2012《水电厂自动化元件（装置）及其系统运行维护与检修试验规程》4.1	月度定检	2
				液位元件接线检查	连接线整齐美观，引线无折痕、伤痕，绝缘无破损，导电部分无外露，接线端子无松动	1	月	DL/T 619—2012《水电厂自动化元件（装置）及其系统运行维护与检修试验规程》4.1	月度定检	2
				液位元件位置指示	具有显示功能的液位信号器、液位计、液位变送器应能正确反映液位，显示应清晰正常，机械式液位信号器应无发卡现象	1	月	DL/T 619—2012《水电厂自动化元件（装置）及其系统运行维护与检修试验规程》4.2.4	月度定检	2
				液位元件显示值误差检查	显示值误差与输出值误差最大不应超过说明书允许误差	1	月	DL/T 619—2012《水电厂自动化元件（装置）及其系统运行维护与检修试验规程》4.2.4	月度定检	2
			1.10.5.3　流量元件							
				流量元件外观检查	整洁无灰尘，标志正确、清晰、齐全	1	月	DL/T 619—2012《水电厂自动化元件（装置）及其系统运行维护与检修试验规程》4.1	月度定检	2
				流量元件固定部件检查	元件固定稳固，固定件、支撑件无松动	1	月	DL/T 619—2012《水电厂自动化元件（装置）及其系统运行维护与检修试验规程》4.1	月度定检	2

续表

单元	系统	设备	部件	检查和试验项目	检查和试验标准	工作周期	周期类型	引用标准	项目类别	专业类别
				流量元件接线检查	连接线整齐美观，无损伤，导电部分无外露，接线端子无松动	1	月	DL/T 619—2012《水电厂自动化元件（装置）及其系统运行维护与检修试验规程》4.1	月度定检	2
				流量元件位置指示	机械式示流信号器的位置指示应与运行方式相符，动作应正确；热导式流量信号器的LED指示灯应能实施显示流体流速状态；流量计应随流量变化正确指示	1	月	DL/T 619—2012《水电厂自动化元件（装置）及其系统运行维护与检修试验规程》4.2.3	月度定检	2
			1.10.5.4 压力元件							
				压力元件外观检查	连接线整齐美观，无损伤，导电部分无外露，接线端子无松动，弹簧（包括波纹管）及胶皮垫无老化或变形，密封良好	1	月	DL/T 619—2012《水电厂自动化元件（装置）及其系统运行维护与检修试验规程》4.1	月度定检	2
				压力元件固定部件检查	元件固定稳固，固定件、支撑件无松动，连接处无渗漏	1	月	DL/T 619—2012《水电厂自动化元件（装置）及其系统运行维护与检修试验规程》4.1	月度定检	2
				压力元件显示检查	具有显示功能的压力信号器、压力变送器、差压变送器，应正确显示所测部位的压力，实时性正常	1	月	DL/T 619—2012《水电厂自动化元件（装置）及其系统运行维护与检修试验规程》4.1	月度定检	2
			1.10.5.5 位置元件							
				位置元件外观检查	表面完好无锈蚀、零部件应完好无损	1	月	DL/T 619—2012《水电厂自动化元件（装置）及其系统运行维护与检修试验规程》4.1	月度定检	2

续表

单元	系统	设备	部件	检查和试验项目	检查和试验标准	工作周期	周期类型	引用标准	项目类别	专业类别
				位置元件固定部件检查	元件固定稳固，固定件、支撑件、位置传动件应无松动	1	月	DL/T 619—2012《水电厂自动化元件（装置）及其系统运行维护与检修试验规程》4.2.5	月度定检	2
				位置元件接线检查	连接线整齐美观，无损伤，导电部分无外露，接线端子无松动	1	月	DL/T 619—2012《水电厂自动化元件（装置）及其系统运行维护与检修试验规程》4.2.5	月度定检	2
				位置元件指示检查	指示位置应与被测设备实际位置相符	1	月	DL/T 619—2012《水电厂自动化元件（装置）及其系统运行维护与检修试验规程》4.1	月度定检	2
			1.10.5.6　电磁阀							
				电磁阀外观检查	管路接头无渗漏；无积尘、无油渍、腐蚀、锈蚀；线圈无变形、变色、烧焦过热现象，无受潮、浸水、浸油现象	1	月	DL/T 619—2012《水电厂自动化元件（装置）及其系统运行维护与检修试验规程》4.2.12	月度定检	2
				电磁阀固定部件检查	各栓钉无松动，焊点无开焊现象，立式电磁阀的挂钩应对称、端正、阀杆上端锁定不应松动	1	月	DL/T 619—2012《水电厂自动化元件（装置）及其系统运行维护与检修试验规程》4.2.12	月度定检	2
				电磁阀接线检查	接线插头或端子无松动、无断线	1	月	DL/T 619—2012《水电厂自动化元件（装置）及其系统运行维护与检修试验规程》4.2.12	月度定检	2

续表

单元	系统	设备	部件	检查和试验项目	检查和试验标准	工作周期	周期类型	引用标准	项目类别	专业类别
				电磁阀动作试验	操作油源隔离后，手动开闭、电动开闭均应灵活不卡涩，位置正确，指示灯正常	1	月	DL/T 619—2012《水电厂自动化元件（装置）及其系统运行维护与检修试验规程》5.2.16.3	月度定检	2
				电磁阀线圈直流电阻测试	测得的直流电阻值与出厂或标称值比较，不超过±10%	1	月	DL/T 619—2012《水电厂自动化元件（装置）及其系统运行维护与检修试验规程》5.2.16	月度定检	2
	1.11 机组尾水事故闸门及启闭设备									
		1.11.1 闸门								
			1.11.1.1 闸门本体							
				机组尾水事故闸门定期启闭试验	1. 检查闸门远方、现地启闭功能正常； 2. 检查尾闸与球阀闭锁功能正常； 3. 记录闸门启闭时间，并进行对比分析； 4. 检查闸门控制系统、管路等无异常	6	月	DL/T 293—2011《抽水蓄能可逆式水泵水轮机运行规程》6.8.4	定期启动、轮换与试验	7
			1.11.1.2 闸门本体充排气阀							
				机组尾水事故闸门本体充排气阀检查	隔离阀工作可靠，排气阀内部清扫洁净，工作正常	1	年		D修	3
		1.11.2 启闭机								
				尾水事故闸门启闭机电机检查	1. 外观检查，电机表面清洁无异物，无异常振动，底座固定紧固； 2. 电机接线接头检查，接线紧固无松动、无烧伤	3	月		日常维护	3
				尾水事故闸门启闭机轴承润滑脂更换	根据电机维护保养说明书加注润滑油脂，润滑油脂牌号符合要求	6	月		日常维护	3

续表

单元	系统	设备	部件	检查和试验项目	检查和试验标准	工作周期	周期类型	引用标准	项目类别	专业类别
		1.11.3　现地控制柜								
			1.11.3.1　闸门控制柜							
				盘柜内部检查	1. 盘柜各端子排端子压紧，无断脱、松动、锈蚀等现象； 2. 盘柜风扇运行正常，盘柜散热良好，照明良好，无异音，无异味，无过热；各继电器安装牢固，无松动，无破裂，接点无氧化，无严重受潮现象	1	月		月度定检	3
			1.11.3.2　尾闸油箱控制柜							
				盘柜内部检查	1. 盘柜各端子排端子压紧，无断脱、松动、锈蚀等现象； 2. 盘柜风扇运行正常，盘柜散热良好，照明良好，无异音，无异味，无过热；各继电器安装牢固，无松动，无破裂，接点无氧化，无严重受潮现象	1	月		月度定检	3
		1.11.4　液压操作系统								
			1.11.4.1　油箱							
				尾水事故闸门液压操作系统油位、油质检查	油位在正常区间，油透明、无杂质	6	月		D修	3
			1.11.4.2　阀组、管路							
				尾水事故闸门液压操作系统阀组、管路检查	阀组工作正常，无渗漏，管路管夹无松动，管路无渗漏	6	月		D修	3
		1.11.5　自动化原件								
			1.11.5.1　压力元件							
				压力元件外观检查	连接线整齐美观，无损伤，导电部分无外露，接线端子无松动，弹簧（包括波纹管）及胶皮垫无老化或变形，密封良好	6	月	DL/T 619—2012《水电厂自动化元件（装置）及其系统运行维护与检修试验规程》4.1	日常维护	2

续表

单元	系统	设备	部件	检查和试验项目	检查和试验标准	工作周期	周期类型	引用标准	项目类别	专业类别
				压力元件固定部件检查	元件固定稳固，固定件、支撑件无松动，连接处无渗漏	6	月	DL/T 619—2012《水电厂自动化元件（装置）及其系统运行维护与检修试验规程》4.1	日常维护	2
				压力元件显示检查	具有显示功能的压力信号器、压力变送器、差压变送器，应正确显示所测部位的压力，实时性正常	6	月	DL/T 619—2012《水电厂自动化元件（装置）及其系统运行维护与检修试验规程》4.1	日常维护	2
			1.11.5.2　位置元件							
				位置元件外观检查	表面完好无锈蚀、零部件应完好无损	6	月	DL/T 619—2012《水电厂自动化元件（装置）及其系统运行维护与检修试验规程》4.1	日常维护	2
				位置元件固定部件检查	元件固定稳固，固定件、支撑件、位置传动件应无松动	6	月	DL/T 619—2012《水电厂自动化元件（装置）及其系统运行维护与检修试验规程》4.2.5	日常维护	2
				位置元件接线检查	连接线整齐美观，无损伤，导电部分无外露，接线端子无松动	6	月	DL/T 619—2012《水电厂自动化元件（装置）及其系统运行维护与检修试验规程》4.2.5	日常维护	2
				位置元件指示检查	指示位置应与被测设备实际位置相符	6	月	DL/T 619—2012《水电厂自动化元件（装置）及其系统运行维护与检修试验规程》4.1	日常维护	2
			1.11.5.3　电磁阀							

续表

单元	系统	设备	部件	检查和试验项目	检查和试验标准	工作周期	周期类型	引用标准	项目类别	专业类别
				电磁阀外观检查	管路接头无渗漏；无积尘、油渍、腐蚀、锈蚀；线圈无变形、变色、烧焦过热现象，无受潮、浸水、浸油现象	6	月	DL/T 619—2012《水电厂自动化元件（装置）及其系统运行维护与检修试验规程》4.2.12	日常维护	2
				电磁阀固定部件检查	各栓钉无松动，焊点无开焊现象，立式电磁阀的挂钩应对称、端正，阀杆上端锁定不应松动	6	月	DL/T 619—2012《水电厂自动化元件（装置）及其系统运行维护与检修试验规程》4.2.12	日常维护	2
				电磁阀接线检查	接线插头或端子无松动、无断线	6	月	DL/T 619—2012《水电厂自动化元件（装置）及其系统运行维护与检修试验规程》4.2.12	日常维护	2
				电磁阀动作试验	操作油源隔离后，手动开闭、电动开闭均应灵活不卡涩，位置正确，指示灯正常	6	月	DL/T 619—2012《水电厂自动化元件（装置）及其系统运行维护与检修试验规程》5.2.16.3	日常维护	2
				电磁阀线圈直流电阻测试	测得的直流电阻值与出厂或标称值比较，不超过±10%	6	月	DL/T 619—2012《水电厂自动化元件（装置）及其系统运行维护与检修试验规程》5.2.16	日常维护	2
2　主变压器系统										
	2.1　主变压器									
		2.1.1　主变压器本体								
			2.1.1.1　油中气体在线监测装置							
				油中气体在线监测装置外观检查	现地装置指示正常无报警，气体在线分析计算机运行正常	1	周	DL/T 572—2010《电力变压器运行规程》	专业巡检	1

续表

单元	系统	设备	部件	检查和试验项目	检查和试验标准	工作周期	周期类型	引用标准	项目类别	专业类别
				油中气体数据分析	根据各种气体含量分析变压器运行状况及趋势	1	周	DL/T 572—2010《电力变压器运行规程》	专业巡检	1
				油样检测	运行中设备的定期检测周期：电压 330kV 及以上；容量 240MVA 及以上；所有发电厂升压变压器每 3 个月检查一次	3	月	DL/T 722—2014《变压器油中溶解气体分析和判断导则》	日常维护	1
			2.1.1.2 主变压器高压侧设备							
				主变压器高压侧套管外观检查	套管外部无破损裂纹、无严重油污、无放电痕迹及其他异常现象	1	周	DL/T 572—2010《电力变压器运行规程》5.1.4	专业巡检	1
				本体、高压侧套管、引线接头、电缆红外测温	红外测温无异常发热点，并记录最高温度	1	月	DL/T 572—2010《电力变压器运行规程》5.1.4、5.1.5	专业巡检	1
				主变压器高压侧避雷器检查	电缆线避雷器外观完好，接地引线完好，泄露电流及计数器显示正确	1	周	《国家电网公司十八项电网重大反事故措施》12.7.4	专业巡检	1
			2.1.1.3 主变压器中压侧设备							
			2.1.1.4 主变压器低压侧设备							
				主变压器低压侧套管外观检查	套管外部无破损裂纹、无严重油污、无放电痕迹及其他异常现象	1	周	DL/T 572—2010《电力变压器运行规程》5.1.4	专业巡检	1
				主变压器低压侧套管红外测温	检查无异常发热点，并记录最高温度	1	月	DL/T 572—2010《电力变压器运行规程》5.1.4、5.1.5	专业巡检	1
			2.1.1.5 主变压器中性点设备							
				主变压器中性点套管外观检查	套管外部无破损裂纹、无严重油污、无放电痕迹及其他异常现象	1	周	DL/T 572—2010《电力变压器运行规程》5.1.4	专业巡检	1

续表

单元	系统	设备	部件	检查和试验项目	检查和试验标准	工作周期	周期类型	引用标准	项目类别	专业类别
				主变压器中性点设备检查	避雷器无破损裂纹，无放电痕迹，避雷器动作次数正确；主变压器中性点隔离开关状态正确，机械指示与实际位置相符；各部位接地完好无缺失或松动	1	月		专业巡检	1
				主变压器外观检查	主变压器本体无渗油，特别注意冷却器潜油泵负压区、油温、绕组温度计无破损；运行声音正常；油枕的油位指示与油温相对应，且不大于最大值（max）；呼吸器完好无破损，吸附剂干燥变色部分不超过全部的三分之二	1	周	DL/T 572—2010《电力变压器运行规程》5.1.4	专业巡检	1
				主变压器红外测温	红外测温无异常发热点，并记录最高温度，精确检测的测量数据和图像应制作报告存档保存	1	月	1. 国家能源局《防止电力生产事故的二十五项重点要求》12.2.17 2. DL/T 572—2010《电力变压器运行规程》5.1.5和5.3	专业巡检	1
				主变压器局放分析	无异常变化	1	月	1. 国家能源局《防止电力生产事故的二十五项重点要求》12.2.17 2. DL/T 572—2010《电力变压器运行规程》5.1.5和5.3	专业巡检	1
				主变压器接地检查	主变压器的中性点、油箱和控制柜的接地良好，接地引下线无明显锈蚀	1	月	1. 国家能源局《防止电力生产事故的二十五项重点要求》12.2.18 2. DL/T 572—2010《电力变压器运行规程》5.1.5	专业巡检	1

续表

单元	系统	设备	部件	检查和试验项目	检查和试验标准	工作周期	周期类型	引用标准	项目类别	专业类别
				主变压器铁芯、夹件接地电流测量	铁芯、夹件无发热现象，接地电流一般在100mA以下	1	月	1. 国家能源局《防止电力生产事故的二十五项重点要求》12.2.18 2. DL/T 572—2010《电力变压器运行规程》5.1.5	专业巡检	1
	2.2 主变压器冷却器									
			2.2.1 循环油泵							
				主变压器循环油泵电机外观检查	外观检查，电机表面清洁无异物，无异常振动，底座固定紧固；电机接线接头检查，接线紧固无松动、无烧伤	1	周		专业巡检	1
				主变压器循环油泵电机温升、电流检查	根据绝缘等级，红外测温不超过规定温升；各相电流与平均值误差不应超过10%	3	月		日常维护	1
				主变压器冷却器定期轮换	检查冷却器自动切换功能正常；检查主用冷却器故障后备用冷却器启动正常；检查各冷却器油泵、冷却水电动阀等工作正常	3	月	《110（66）kV～500kV油浸式变压器（电抗器）运行规范》	定期启动、轮换与试验	7
				主变压器冷却器电源定期切换	主用电源故障备用电源正常切换，无报警；主变压器冷却器系统运行正常	3	月	《110（66）kV～500kV油浸式变压器（电抗器）运行规范》第十一条（七）	定期启动、轮换与试验	7
	2.3 主变压器控制									
	2.4 主变压器保护									
				主变压器保护压板、按钮、切换把手状态检查	保护压板、按钮、切换把手状态正确	1	周	DL/T 995—2016《继电保护和电网安全自动装置检验规程》	专业巡检	2

续表

单元	系统	设备	部件	检查和试验项目	检查和试验标准	工作周期	周期类型	引用标准	项目类别	专业类别
				主变压器保护盘柜内外环境清扫检查	装置内、外部清洁无积尘，电路板及屏柜内端子排上无灰尘。防火封堵完好，槽盒盖板无缺失	1	年	电气二次检修项目参考工艺流程	日常维护	2
				主变压器保护柜端子接线检查	二次回路无浮尘，外绝缘良好，端子无松动、接地点接触良好	1	年	电气二次检修项目参考工艺流程	日常维护	2
				主变压器保护时钟同步功能检查	对时功能正常	1	月	DL/T 587—2016《继电保护和安全自动装置运行管理规程》5.16	专业巡检	2
				主变压器保护装置各相电流、电压、零序电流（电压）、差流、外部开关量变位检查	各项数据正常	1	月	DL/T 587—2016《继电保护和安全自动装置运行管理规程》5.2	专业巡检	2
				主变压器继电保护整定值复算和校核	定期对发电机变压器组保护的整定值进行全面复算和校核	1	年	《国家电网公司水电厂重大反事故措施》16.1.3.2	日常维护	2
	2.5 主变压器消防系统									
		2.5.1 主变压器消防系统阀门及管路								
				消防水管路、阀门检查	管路无渗漏，阀门操作正常，能可靠隔离	2	周	GB 25201—2010《建筑消防设施的维护管理》	专业巡检	3
		2.5.2 主变压器消防喷淋头								
				消防喷淋头检查	喷淋头安装牢固、无松动，密封良好，每月不少于10%	1	月	GB 25201—2010《建筑消防设施的维护管理》	专业巡检	3
		2.5.3 主变压器消防加压系统								
				消防加压泵检查	功能正常工作，振动正常	1	月	GB 25201—2010《建筑消防设施的维护管理》	专业巡检	3

续表

单元	系统	设备	部件	检查和试验项目	检查和试验标准	工作周期	周期类型	引用标准	项目类别	专业类别
		2.5.4　主变压器消防控制系统								
				主变压器消防控制系统检查	检修控制系统运行指示正常，无报警，检查蓄电池无漏液，接线柱无腐蚀	1	月		专业巡检	2
				按要求周期对蓄电池进行核对性放电试验	蓄电池无漏液；若经过3次全核对性放充电，蓄电池组容量均达不到额定容量的80%以上，应进行更换	1	年		日常维护	2
	2.6　自动化元件									
			2.6.1　测温元件							
				测温元件外观检查	整洁无灰尘，标志正确、清晰、齐全（因安装位置条件限制无法检查者除外）	6	月	DL/T 619—2012《水电厂自动化元件（装置）及其系统运行维护与检修试验规程》4.1	日常维护	2
				测温元件固定部件检查	元件固定稳固，固定件、支撑件无松动（因安装位置条件限制无法检查者除外）	6	月	DL/T 619—2012《水电厂自动化元件（装置）及其系统运行维护与检修试验规程》4.1	日常维护	2
				测温元件引出线或端子箱接线检查	元件引出线或端子箱接线无损伤，导电部分无外露，接线端子无松动	6	月	DL/T 619—2012《水电厂自动化元件（装置）及其系统运行维护与检修试验规程》4.1	日常维护	2
				测温元件显示检查	显示及指示灯指示正确，示值显示应能连续变化，数字应清晰、无叠字、没有缺笔画、有测量单位，小数点和状态显示正确。无断线报警信号	6	月	DL/T 619—2012《水电厂自动化元件（装置）及其系统运行维护与检修试验规程》4.2.1	日常维护	2
			2.6.2　流量元件							

续表

单元	系统	设备	部件	检查和试验项目	检查和试验标准	工作周期	周期类型	引用标准	项目类别	专业类别
				流量元件外观检查	整洁无灰尘，标志正确、清晰、齐全	6	月	DL/T 619—2012《水电厂自动化元件（装置）及其系统运行维护与检修试验规程》4.1	日常维护	2
				流量元件固定部件检查	元件固定稳固，固定件、支撑件无松动	6	月	DL/T 619—2012《水电厂自动化元件（装置）及其系统运行维护与检修试验规程》4.1	日常维护	2
				流量元件接线检查	连接线整齐美观，无损伤，导电部分无外露，接线端子无松动	6	月	DL/T 619—2012《水电厂自动化元件（装置）及其系统运行维护与检修试验规程》4.1	日常维护	2
				流量元件位置指示	机械式示流信号器的位置指示应与运行方式相符，动作应正确；热导式流量信号器的 LED 指示灯应能实施显示流体流速状态；流量计应随流量变化正确指示	6	月	DL/T 619—2012《水电厂自动化元件（装置）及其系统运行维护与检修试验规程》4.2.3	日常维护	2
			2.6.3　压力元件							
				压力元件外观检查	连接线整齐美观，无损伤，导电部分无外露，接线端子无松动，弹簧（包括波纹管）及胶皮垫无老化或变形，密封良好	6	月	DL/T 619—2012《水电厂自动化元件（装置）及其系统运行维护与检修试验规程》4.1	日常维护	2
				压力元件固定部件检查	元件固定稳固，固定件、支撑件无松动，连接处无渗漏	6	月	DL/T 619—2012《水电厂自动化元件（装置）及其系统运行维护与检修试验规程》4.1	日常维护	2

续表

单元	系统	设备	部件	检查和试验项目	检查和试验标准	工作周期	周期类型	引用标准	项目类别	专业类别
				压力元件显示检查	具有显示功能的压力信号器、压力变送器、差压变送器，应正确显示所测部位的压力，实时性正常	6	月	DL/T 619—2012《水电厂自动化元件（装置）及其系统运行维护与检修试验规程》4.1	日常维护	2
3　厂用电设备										
	3.1　35kV 系统									
		3.1.1　35kV 开关柜								
			3.1.1.1　断路器							
				断路器外观检查	柜体清洁、控制方式、指示灯工作正常。断路器分、合位置指示正确，并与当时实际运行工况相符；支持绝缘子无裂痕及放电异声；真空灭弧室无异常	1	周		专业巡检	1
				断路器及机构检查保养	断路器极柱套管无污秽，无破损；断路器触指抓力紧固，无变形，涂抹导电脂（真空断路器与 SF_6 断路器除外）；断路器储能机构润滑良好，无锈蚀，无卡涩，储能电机接线紧固，无破损，无渗油。油断路器根据需要补充油或放油；空气断路器储气罐及工作母管定期排污，空气压缩机定期换油及添油；检查合闸熔丝是否正常，核对容量是否相符	1	年	《国家电网公司十八项电网重大反事故措施》11.4.5、11.4.6 和 11.8.1	日常维护	1
			3.1.1.2　开关柜							
				开关柜外观检查	柜体清洁、控制方式、指示灯工作正常；开关保护面板无破损，无报警。回路断线报警检查	1	周		专业巡检	1
				开关柜低压室清扫维护	低压室元件无破损，烧灼痕迹；端子紧固，二次室清扫无尘	1	年		日常维护	1

续表

单元	系统	设备	部件	检查和试验项目	检查和试验标准	工作周期	周期类型	引用标准	项目类别	专业类别
				开关柜机构检查	断路器室活门接地良好，无变形，锁止机构闭锁活门功能正常；接地开关动作正常，位置指示正确；柜体闭锁功能齐全，并与线路侧接地开关实现联锁，带电显示与柜门间闭锁可靠；开关柜防火封堵隔离措施完好；电缆室避雷器连接紧固，无破损、污秽、烧灼痕迹；电压互感器接线紧固，无破损，高压熔丝安装紧固	1	年	《国家电网公司十八项电网重大反事故措施》11.13	日常维护	1
		3.1.2 35kV 变压器								
			3.1.2.1 变压器							
				变压器外观检查	变压器运行声音正常、温度显示正常，柜门、观察窗无破损；油位正常、无渗油。套管外部无破损裂纹、无放电痕迹及其他异常现象；吸湿器完好，吸附剂干燥	1	周	DL/T 572—2010《电力变压器运行规程》5.1.4、5.1.5	专业巡检	1
				变压器红外测温	运行中红外测温，无明显高温点	1	月	DL/T 572—2010《电力变压器运行规程》5.1.5	专业巡检	1
				变压器清扫维护	变压器清洁无尘；外壳、铁芯接地良好；高低压引线及调压分接头螺栓紧固；变压器箱门与各侧隔离开关、断路器手车闭锁正常。更换吸湿器内受潮吸附剂	1	年	DL/T 572—2010《电力变压器运行规程》5.1.4、5.1.5	日常维护	1
			3.1.2.2 测温元件							
				测温元件外观检查	整洁无灰尘，标志正确、清晰、齐全（因安装位置条件限制无法检查者除外）	6	月	DL/T 619—2012《水电厂自动化元件（装置）及其系统运行维护与检修试验规程》4.1	日常维护	2
				测温元件固定部件检查	元件固定稳固，固定件、支撑件无松动（因安装位置条件限制无法检查者除外）	6	月	DL/T 619—2012《水电厂自动化元件（装置）及其系统运行维护与检修试验规程》4.1	日常维护	2

续表

单元	系统	设备	部件	检查和试验项目	检查和试验标准	工作周期	周期类型	引用标准	项目类别	专业类别
				测温元件引出线或端子箱接线检查	元件引出线或端子箱接线无损伤，导电部分无外露，接线端子无松动	6	月	DL/T 619—2012《水电厂自动化元件（装置）及其系统运行维护与检修试验规程》4.1	日常维护	2
				测温元件显示检查	显示及指示灯指示正确，示值显示应能连续变化，数字应清晰、无叠字、没有缺笔画、有测量单位，小数点和状态显示正确。无断线报警信号	6	月	DL/T 619—2012《水电厂自动化元件（装置）及其系统运行维护与检修试验规程》4.2.1	日常维护	2
			3.1.2.3 流量元件							
				流量元件外观检查	整洁无灰尘，标志正确、清晰、齐全	6	月	DL/T 619—2012《水电厂自动化元件（装置）及其系统运行维护与检修试验规程》4.1	日常维护	2
				流量元件固定部件检查	元件固定稳固，固定件、支撑件无松动	6	月	DL/T 619—2012《水电厂自动化元件（装置）及其系统运行维护与检修试验规程》4.1	日常维护	2
				流量元件接线检查	连接线整齐美观，无损伤，导电部分无外露，接线端子无松动	6	月	DL/T 619—2012《水电厂自动化元件（装置）及其系统运行维护与检修试验规程》4.1	日常维护	2
				流量元件位置指示	机械式示流信号器的位置指示应与运行方式相符，动作应正确；热导式流量信号器的 LED 指示灯应能实施显示流体流速状态；流量计应随流量变化正确指示	6	月	DL/T 619—2012《水电厂自动化元件（装置）及其系统运行维护与检修试验规程》4.2.3	日常维护	2

续表

单元	系统	设备	部件	检查和试验项目	检查和试验标准	工作周期	周期类型	引用标准	项目类别	专业类别
			3.1.2.4　压力元件							
				压力元件外观检查	连接线整齐美观，无损伤，导电部分无外露，接线端子无松动，弹簧（包括波纹管）及胶皮垫无老化或变形，密封良好	6	月	DL/T 619—2012《水电厂自动化元件（装置）及其系统运行维护与检修试验规程》4.1	日常维护	2
				压力元件固定部件检查	元件固定稳固，固定件、支撑件无松动，连接处无渗漏	6	月	DL/T 619—2012《水电厂自动化元件（装置）及其系统运行维护与检修试验规程》4.1	日常维护	2
				压力元件显示检查	具有显示功能的压力信号器、压力变送器、差压变送器，应正确显示所测部位的压力，实时性正常	6	月	DL/T 619—2012《水电厂自动化元件（装置）及其系统运行维护与检修试验规程》4.1	日常维护	2
	3.2　24kV（18kV）系统（高压厂用变压器系统）									
		3.2.1　24kV（18kV）开关柜								
			3.2.1.1　断路器							
				断路器外观检查	柜体清洁、控制方式、指示灯工作正常。断路器分、合位置指示正确，并与当时实际运行工况相符；支持绝缘子无裂痕及放电异声；真空灭弧室无异常	1	周		专业巡检	1
				断路器及机构检查保养	断路器极柱套管无污秽，无破损；断路器触指抓力紧固，无变形，涂抹导电脂（真空断路器与SF_6断路器除外）；断路器储能机构润滑良好，无锈蚀，无卡涩，储能电机接线紧固，无破损，无渗油。油断路器根据需要补充油或放油；空气断路器储气罐及工作母管定期排污，空气压缩机定期换油及添油；检查合闸熔丝是否正常，核对容量是否相符	1	年	《国家电网公司十八项电网重大反事故措施》11.4.5、11.4.6和11.8.1	日常维护	1

续表

单元	系统	设备	部件	检查和试验项目	检查和试验标准	工作周期	周期类型	引用标准	项目类别	专业类别
			3.2.1.2　开关柜							
				开关柜外观检查	柜体清洁、控制方式、指示灯工作正常；开关保护面板无破损，无报警	1	周		专业巡检	1
				开关柜低压室清扫维护	低压室元件无破损、烧灼痕迹；端子紧固，二次室清扫无尘	1	年		日常维护	1
				开关柜机构检查	断路器室活门接地良好，无变形，锁止机构闭锁活门功能正常；接地开关动作正常，位置指示正确；柜体闭锁功能齐全，并与线路侧接地开关实现联锁，带电显示与柜门间闭锁可靠；开关柜防火封堵隔离措施完好；电缆室避雷器连接紧固，无破损、污秽、烧灼痕迹；电压互感器接线紧固，无破损，高压熔丝安装紧固	1	年	《国家电网公司十八项电网重大反事故措施》11.13	日常维护	1
		3.2.2　24kV（18kV）变压器（高压厂用变压器）								
			3.2.2.1　变压器							
				变压器外观检查	变压器运行声音正常、温度显示正常，柜门、观察窗无破损；油位正常、无渗油。套管外部无破损裂纹、无放电痕迹及其他异常现象；吸湿器完好，吸附剂干燥	1	周	DL/T 572—2010《电力变压器运行规程》5.1.4、5.1.5	专业巡检	1
				变压器红外测温	运行中红外测温，无明显高温点	1	月	DL/T 572—2010《电力变压器运行规程》5.1.5	专业巡检	1
				变压器清扫维护	变压器清洁无尘；外壳、铁芯接地良好；高低压引线及调压分接头螺栓紧固；变压器箱门与各侧隔离开关、断路器手车闭锁正常。更换吸湿器内受潮吸附剂	1	年	DL/T 572—2010《电力变压器运行规程》5.1.4、5.1.5	日常维护	1
			3.2.2.2　测温元件							

续表

单元	系统	设备	部件	检查和试验项目	检查和试验标准	工作周期	周期类型	引用标准	项目类别	专业类别
				测温元件外观检查	整洁无灰尘，标志正确、清晰、齐全	6	月	DL/T 619—2012《水电厂自动化元件（装置）及其系统运行维护与检修试验规程》4.1	日常维护	2
				测温元件固定部件检查	元件固定稳固，固定件、支撑件无松动	6	月	DL/T 619—2012《水电厂自动化元件（装置）及其系统运行维护与检修试验规程》4.1	日常维护	2
				测温元件引出线或端子箱接线检查	元件引出线或端子箱接线无损伤，导电部分无外露，接线端子无松动	6	月	DL/T 619—2012《水电厂自动化元件（装置）及其系统运行维护与检修试验规程》4.1	日常维护	2
				测温元件显示检查	显示及指示灯指示正确，示值显示应能连续变化，数字应清晰、无叠字、没有缺笔画、有测量单位，小数点和状态显示正确。无断线报警信号	6	月	DL/T 619—2012《水电厂自动化元件（装置）及其系统运行维护与检修试验规程》4.2.1	日常维护	2
	3.3　10kV（6.3kV）系统									
		3.3.1　10kV 开关柜								
			3.3.1.1　断路器							
				断路器外观检查	柜体清洁、控制方式、指示灯工作正常。断路器分、合位置指示正确，并与当时实际运行工况相符；支持绝缘子无裂痕及放电异声；真空灭弧室无异常	1	周		专业巡检	1

续表

单元	系统	设备	部件	检查和试验项目	检查和试验标准	工作周期	周期类型	引用标准	项目类别	专业类别
				断路器及机构检查保养	断路器极柱套管无污秽，无破损；断路器触指抓力紧固，无变形，涂抹导电脂（真空断路器与 SF_6 断路器除外）；断路器储能机构润滑良好，无锈蚀，无卡涩，储能电机接线紧固，无破损，无渗油。油断路器根据需要补充油或放油；空气断路器储气罐及工作母管定期排污，空气压缩机定期换油及添油；检查合闸熔丝是否正常，核对容量是否相符	1	年	《国家电网公司十八项电网重大反事故措施》11.4.5、11.4.6 和 11.8.1	日常维护	1
			3.3.1.2　开关柜							
				开关柜外观检查	柜体清洁、控制方式、指示灯工作正常；开关保护面板无破损，无报警	1	周		专业巡检	1
				开关柜低压室清扫维护	低压室元件无破损，烧灼痕迹；端子紧固，二次室清扫无尘	1	年		日常维护	1
				开关柜机构检查	断路器室活门接地良好，无变形，锁止机构闭锁活门功能正常；接地开关动作正常，位置指示正确；柜体闭锁功能齐全，并与线路侧接地开关实现联锁，带电显示与柜门间闭锁可靠；开关柜防火封堵隔离措施完好；电缆室避雷器连接紧固，无破损，污秽，烧灼痕迹；电压互感器接线紧固，无破损，高压熔丝安装紧固	1	年	《国家电网公司十八项电网重大反事故措施》11.13	日常维护	1
				10kV 开关备自投试验	定期进行备用电源自动切换装置的动作试验，确保功能正常。试验结束后应对受电源消失影响的设备进行全面检查	1	年	《国家电网公司水电厂重大反事故措施》13.1.2.4	定期启动、轮换与试验	7
		3.3.2　10kV 变压器								
			3.3.2.1　变压器							

续表

单元	系统	设备	部件	检查和试验项目	检查和试验标准	工作周期	周期类型	引用标准	项目类别	专业类别
				变压器外观检查	变压器运行声音正常、温度显示正常，柜门、观察窗无破损；油变压器需检查油位、无渗油。套管外部无破损裂纹、无放电痕迹及其他异常现象；吸湿器完好，吸附剂干燥	1	周	DL/T 572—2010《电力变压器运行规程》5.1.4、5.1.5	专业巡检	1
				变压器红外测温	运行中红外测温，无明显高温点	1	月	DL/T 572—2010《电力变压器运行规程》5.1.5	专业巡检	1
				变压器清扫维护	变压器清洁无尘；检查外壳、铁芯接地良好；高低压引线及调压分接头螺栓紧固；变压器箱门与各侧隔离开关、断路器手车闭锁正常。更换吸湿器内受潮吸附剂	1	年	DL/T 572—2010《电力变压器运行规程》5.1.4、5.1.5、5.1.6	日常维护	1
			3.3.2.2　测温元件							
				测温元件外观检查	整洁无灰尘，标志正确、清晰、齐全	6	月	DL/T 619—2012《水电厂自动化元件（装置）及其系统运行维护与检修试验规程》4.1	日常维护	2
				测温元件固定部件检查	元件固定稳固，固定件、支撑件无松动	6	月	DL/T 619—2012《水电厂自动化元件（装置）及其系统运行维护与检修试验规程》4.1	日常维护	2
				测温元件引出线或端子箱接线检查	元件引出线或端子箱接线无损伤，导电部分无外露，接线端子无松动	6	月	DL/T 619—2012《水电厂自动化元件（装置）及其系统运行维护与检修试验规程》4.1	日常维护	2
				测温元件显示检查	显示及指示灯指示正确，示值显示应能连续变化，数字应清晰、无叠字、没有缺笔画、有测量单位，小数点和状态显示正确。无断线报警信号	6	月	DL/T 619—2012《水电厂自动化元件（装置）及其系统运行维护与检修试验规程》4.2.1	日常维护	2

续表

单元	系统	设备	部件	检查和试验项目	检查和试验标准	工作周期	周期类型	引用标准	项目类别	专业类别
	3.4 0.4kV 系统									
		3.4.1 0.4kV 进线母联柜								
			3.4.1.1 断路器							
				断路器外观检查	面板清洁、储能指示、指示灯工作正常	1	周		专业巡检	1
				断路器触头检查保养	主触头无烧蚀，梅花触头无变形；储能机构无锈蚀、卡涩，机构润滑良好；断路器辅助触点接触电阻无明显增大	1	年		日常维护	1
			3.4.1.2 开关柜							
				开关柜外观检查	柜体清洁、控制方式、指示灯工作正常	1	周		专业巡检	1
				开关柜检查清扫	清扫低压室，检查元件无破损、烧灼痕迹，指示一致，面板无报警；断路器活门接地良好，无变形，锁止机构闭锁活门功能正常；开关柜防火封堵措施完好，无破损	1	年		日常维护	1
				0.4kV 进线母联柜备用电源自动投入装置试验	定期进行备用电源自动投入装置的动作试验，确保功能正常。试验结束后应对受电源消失影响的设备进行全面检查	1	年	《国家电网公司水电厂重大反事故措施》13.1.2.4	日常维护	1
		3.4.2 0.4kV 馈线柜								
			3.4.2.1 馈线开关							
				馈线开关外观检查	柜体清洁、表计、指示灯工作正常	1	周		专业巡检	1
				馈线开关清扫维护	开关清扫无尘；操作把手及抽屉闭锁机构工作正常；抽屉与柜体母排连接插头无变形、无烧蚀，大电流大电机电源开关重点检查；馈线电缆端子紧固，电缆无异常高温点	1	年		日常维护	1

续表

单元	系统	设备	部件	检查和试验项目	检查和试验标准	工作周期	周期类型	引用标准	项目类别	专业类别
				馈线电缆红外测温	馈线电缆端子紧固，电缆无异常高温点	1	月		专业巡检	1
		3.4.3 照明								
			事故照明							
				事故照明电源定期切换	事故照明电源切换正常，各负荷正常；逆变器运行正常，无报警	3	月	《国家电网公司水电厂重大反事故措施》3.2.2.5	定期启动、轮换与试验	7
	3.5 柴油发电机									
				柴油发电机定期启动试验	检查柴油发电机柴油量、防冻液充足；检查柴油发电机蓄电池无漏液，电源线连接紧固；检查柴油发电机启动正常，电压、频率正常	1	月	《国家电网公司水电厂重大反事故措施》3.2.2.5	定期启动、轮换与试验	7
				柴油发电机带负荷试验	每年汛前进行一次柴油发电机带负荷试验；检查柴油发电机带渗漏排水系统或其他负荷运行正常	1	年	国家能源局《防止电力生产事故的二十五项重点要求》24.3.6	定期启动、轮换与试验	7
				柴油发电机月度维护	1. 检查燃油、冷却液、润滑油是否有泄漏； 2. 检查发动机冷却液加热器； 3. 检查电池组充电器； 4. 检查散热器是否有渗漏或连接松动； 5. 检查燃油标高和输送泵状况； 6. 检查排气系统是否有泄漏或过大阻力，排放冷凝液； 7. 检查电池组线路连接情况，电池液比重低于1.26h应充电	1	月	《国家电网公司水电厂重大反事故措施》13.5.2.1	日常维护	1

续表

单元	系统	设备	部件	检查和试验项目	检查和试验标准	工作周期	周期类型	引用标准	项目类别	专业类别
				柴油发电机半年维护	1. 检查发动机润滑油及支路滤清器； 2. 清洁或更换曲轴箱通风滤清器； 3. 检查电气安全控制设备和报警器； 4. 清除机组油脂、滑油、灰尘等沉积物； 5. 检查输电线接头、断路器和切换开关	6	月	《国家电网公司水电厂重大反事故措施》13.5.2.1	日常维护	1
				柴油发电机年度维护	1. 检查风扇叶片、皮带轮和水泵； 2. 紧固机组紧固件； 3. 清洁发电机输出与控制盒，检查并紧固所有线路接头，测量并记录发电机绕组绝缘电阻，检查发电机加热器； 4. 手动操作检查发电机主回路断路器验证自动跳闸机构； 5. 备用机组，一年应进行一次较彻底的保养，包括更换机油、机油滤清器、清洁空气滤 清器，更换水滤清器、柴油滤清器等	1	年	《国家电网公司水电厂重大反事故措施》13.5.2.1	日常维护	1
4　开关站设备										
	4.1　高压电缆									
		4.1.1　高压电缆								
			4.1.1.1　高压电缆							
				高压电缆外观检查	电缆结构无破损变形，相标完好	1	月	国家能源局《防止电力生产事故的二十五项重点要求》2.2.13	专业巡检	1
				高压电缆运行温度检测	对正常运行的电缆线路设备，主要是电缆终端，进行红外检测	1	月	国家能源局《防止电力生产事故的二十五项重点要求》2.2.13	专业巡检	1

续表

单元	系统	设备	部件	检查和试验项目	检查和试验标准	工作周期	周期类型	引用标准	项目类别	专业类别
			4.1.1.2 温度在线监测装置							
				高压电缆温度在线监测装置外观检查	设备运行正常，信号准确	1	周	国家能源局《防止电力生产事故的二十五项重点要求》2.2.12	专业巡检	1
			4.1.1.3 电缆通道							
				高压电缆通道定期巡视检查	结构本体有无形变，支架、爬梯、楼梯等附属设施及标识、标志是否完好；是否存在火灾、坍塌、盗窃、积水等隐患；是否存在温度超标、通风不良、杂物堆积等缺陷，缆线孔洞的封堵是否完好；电缆固定金具是否齐全，隧道内接地箱、交叉互联箱的固定、外观情况是否良好；机械通风、照明、排水、消防、通信、监控、测温等系统或设备是否运行正常，是否存在隐患和缺陷；测量并记录氧气和可燃、有害气体的成分和含量	1	月	《国家电网公司电缆通道管理规范》第三十三条	专业巡检	1
				带电测试外护层接地电流	单回路敷设电缆线路，一般不大于电缆负荷电流值的10%	1	年	《水电站电气设备预防性试验规程》表24-6	日常维护	1
	4.2 线路保护及自动装置									
		4.2.1 线路保护								
				线路保护盘柜指示灯、压板、按钮、切换把手状态检查	盘柜面板指示灯无异常，装置有无异常告警，保护压板、按钮、切换把手状态正确	1	周	DL/T 995—2016《继电保护和电网安全自动装置检验规程》	专业巡检	2
				线路保护打印设备检查	打印机正常，字迹是否清晰、打印纸充足，打印机色带完好	1	月	DL/T 587—2016《继电保护和安全自动装置运行管理规程》5.15	专业巡检	2

续表

单元	系统	设备	部件	检查和试验项目	检查和试验标准	工作周期	周期类型	引用标准	项目类别	专业类别
				线路保护时钟对时功能检验	对时功能正常	1	月	DL/T 587—2016《继电保护和安全自动装置装置运行管理规程》5.16	专业巡检	2
				线路保护装置各相电流、电压、零序电流（电压）、差流、外部开关量变位检查	各项数据正常	1	月	DL/T 587—2016《继电保护和安全自动装置运行管理规程》5.2	专业巡检	2
				线路保护光电转换接口、接插部件、PCM（或2M）板、光端机、通信电源的通信设备等进行检查	检查各元件运行正常，装置无报警	1	月	DL/T 587—2016《继电保护和安全自动装置运行管理规程》5.20	专业巡检	2
		4.2.2　母线保护								
				母线保护盘柜指示灯、压板、按钮、切换把手状态检查	盘柜面板指示灯无异常，装置有无异常告警，保护压板、按钮、切换把手状态正确	1	周	DL/T 995—2016《继电保护和电网安全自动装置检验规程》	专业巡检	2
				母线保护打印设备检查	打印机正常，字迹是否清晰、打印纸充足，打印机色带完好	1	月	DL/T 587—2016《继电保护和安全自动装置运行管理规程》5.15	专业巡检	2
				母线保护时钟对时功能检验	对时功能正常	1	月	DL/T 587—2016《继电保护和安全自动装置运行管理规程》5.16	专业巡检	2
				母线保护装置各相电流、电压、零序电流（电压）、差流、外部开关量变位检查	各项数据正常	1	月	DL/T 587—2016《继电保护和安全自动装置运行管理规程》5.2	专业巡检	2

续表

单元	系统	设备	部件	检查和试验项目	检查和试验标准	工作周期	周期类型	引用标准	项目类别	专业类别
				母线保护光电转换接口、接插部件、PCM（或2M）板、光端机、通信电源的通信设备等进行检查	检查各元件运行正常，装置无报警	1	月	DL/T 587—2016《继电保护和安全自动装置运行管理规程》5.20	专业巡检	2
		4.2.3 断路器保护								
				断路器保护盘柜指示灯、压板、按钮、切换把手状态检查	盘柜面板指示灯无异常，装置有无异常告警，保护压板、按钮、切换把手状态正确	1	周	DL/T 995—2016《继电保护和电网安全自动装置检验规程》	专业巡检	2
				断路器保护打印设备检查	打印机正常，字迹是否清晰、打印纸充足，打印机色带完好	1	月	DL/T 587—2016《继电保护和安全自动装置运行管理规程》5.15	专业巡检	2
				断路器保护时钟对时功能检验	对时功能正常	1	月	DL/T 587—2016《继电保护和安全自动装置运行管理规程》5.16	专业巡检	2
				断路器保护装置各相电流、电压、零序电流（电压）、差流、外部开关量变位检查	各项数据正常	1	月	DL/T 587—2016《继电保护和安全自动装置运行管理规程》5.2	专业巡检	2
				断路器保护光电转换接口、接插部件、PCM（或2M）板、光端机、通信电源的通信设备等进行检查	检查各元件运行正常，装置无报警	1	月	DL/T 587—2016《继电保护和安全自动装置运行管理规程》5.20	专业巡检	2

续表

单元	系统	设备	部件	检查和试验项目	检查和试验标准	工作周期	周期类型	引用标准	项目类别	专业类别
		4.2.4 故障录波器								
				故障录波器面板指示灯、工控机、切换把手状态检查	运行灯是否亮，自检灯是否闪烁，装置有无异常告警，装置人机界面显示正常，盘柜压板、切换把手位置正确	1	周	DL/T 995—2016《继电保护和电网安全自动装置检验规程》	专业巡检	2
				故障录波器时钟同步功能检查	对时功能正常，24h与外部标准时钟的时钟不超过±1s	1	月	DL/T 587—2016《继电保护和安全自动装置运行管理规程》5.16	专业巡检	2
				故障录波器报文数据清理	数据清理	3	月	国网新源控股有限公司《继电保护和安全自动装置设备管理手册》4	日常维护	2
				故障录波器定期启动试验	录波正常	3	月	国网新源控股有限公司《继电保护和安全自动装置设备管理手册》4	定期启动、轮换与试验	2
		4.2.5 安全自动装置								
	4.3 GIS系统									
		4.3.1 GIS设备								
				GIS外观检查	GIS外壳无锈蚀、无破损	1	周		专业巡检	1
				GIS月度检查	检查和试验标准：记录各气室 SF_6 压力，压力正常（参考 SF_6 密度继电器而非压力表）；读取开关设备、油泵动作次数（液压弹簧机构），动作次数应正常	1	月		专业巡检	1
			4.3.1.1 断路器							
				断路器红外测温	用红外线测温设备检查开关设备的接头部分、断路器本体的导电部分（重点部位：触头、出线座等）的温度，在重负荷或高温期间，应加强对运行设备温升的监视	1	月	《国家电网公司水电厂重大反事故措施》12.2.3.5	专业巡检	1

续表

单元	系统	设备	部件	检查和试验项目	检查和试验标准	工作周期	周期类型	引用标准	项目类别	专业类别
				断路器传动机构检查	油压油位正常，无渗油、传动机构无锈蚀，机构箱密封良好，防雨、防尘、通风、防潮等性能良好，并保持内部干燥清洁。定期检查分合闸缓冲器，防止由于缓冲器性能不良使绝缘拉杆在传动过程中受冲击，同时应加强监视分合闸指示器与绝缘拉杆相连的运动部件相对位置有无变化	1	年	国家能源局《防止电力生产事故的二十五项重点要求》13.1.29	日常维护	1
				断路器辅助接点检查	结合停电检查维护辅助开关，检查是否存在触点腐蚀、松动变位、触点转换不灵活、切换不可靠等问题	1	年	《国家电网公司水电厂重大反事故措施》12.1.3.7	日常维护	1
				核算断路器设备安装地点的短路电流	根据可能出现的系统最大运行方式，每年定期核算断路器设备安装地点的短路电流	1	年	《国家电网公司水电厂重大反事故措施》12.2.3.4	日常维护	2
			4.3.1.2　隔离开关							
				隔离开关红外测温	用红外测温设备检查隔离开关设备的接头、导电部分，特别是在重负荷或高温期间，加强对运行设备温升的监视，发现问题应及时采取措施	1	月	《国家电网公司水电厂重大反事故措施》12.3.3.3	专业巡检	1
				隔离开关传动机构检查	传动机构无锈蚀，机构箱密封良好，防雨、防尘、通风、防潮等性能良好，并保持内部干燥清洁。定期检查分合闸缓冲器，防止由于缓冲器性能不良使绝缘拉杆在传动过程中受冲击，同时应加强监视分合闸指示器与绝缘拉杆相连的运动部件相对位置有无变化	1	年	国家能源局《防止电力生产事故的二十五项重点要求》13.1.29	日常维护	1
				隔离开关辅助接点检查	定期检查维护辅助开关，检查是否存在触点腐蚀、松动变位、触点转换不灵活、切换不可靠等问题	1	年	《国家电网公司水电厂重大反事故措施》12.1.3.7	日常维护	1
				SF_6配电装置室低位区的氧量仪和SF_6气体泄漏报警仪测试	定期试验，保证完好	1	月	《抽水蓄能电站重大反事故措施（试行）》1.7.2	专业巡检	1

续表

单元	系统	设备	部件	检查和试验项目	检查和试验标准	工作周期	周期类型	引用标准	项目类别	专业类别
		4.3.2 汇控柜								
				汇控柜二次元器件检查	指示灯、元器件无破损	1	周		专业巡检	2
				汇控柜防火防潮检查	汇控柜防火封堵完好，加热器工作正常，户外设备检查无渗水，防止凝露造成二次设备损坏	1	月	国家能源局《防止电力生产事故的二十五项重点要求》	专业巡检	2
				汇控柜清扫检查	控制盘柜元器件无破损；紧固端子，盘柜清扫无尘；继电器等元器件校验	1	年		日常维护	2
	4.4 接地网（及接地装置）									
		4.4.1 接地扁铁								
				接地扁铁外观检查	无锈蚀，无变形，无断裂，油漆无脱落，各设备与主接地网的连接可靠	1	月	《国家电网公司水电厂重大反事故措施》12.1.3.7	专业巡检	1
				接地网、接地扁铁防腐	掉漆锈蚀部位防腐处理，黄绿漆，接地扁铁端部预留接地部位应刷导电漆	1	年	《国家电网公司水电厂重大反事故措施》12.1.3.7	日常维护	1
	4.5 出线场设备									
		4.5.1 出线绝缘子								
				出线绝缘子CVT外观检查	绝缘子无破损，红外测温无异常高温点。电容式电压互感器红外测温	1	月	国家能源局《防止电力生产事故的二十五项重点要求》15.3.8 Q/GDW 11150—2013《水电站电气设备预防性试验规程》8.7	专业巡检	1
		4.5.2 避雷器								
				避雷器外观检查	绝缘子无破损，红外测温无异常高温点	1	月		专业巡检	1

续表

单元	系统	设备	部件	检查和试验项目	检查和试验标准	工作周期	周期类型	引用标准	项目类别	专业类别
				避雷器泄漏电流表检查	记录泄漏电流表数值，电流无较大偏差，记录避雷器动作次数，动作次数与实际相符	1	月	国家能源局《防止电力生产事故的二十五项重点要求》14.6.3	专业巡检	1
				户外的楼梯、钢梯、金属平台定期防腐和检查	无锈蚀，无变形，无断裂，油漆无脱落	1	年	《国家电网公司水电厂重大反事故措施》1.2.5	日常维护	1
				门形架构检查	检查门形架构的锈蚀情况，必要时进行防腐、更换锈蚀严重的紧固件、连接件等	1	年	《国家电网公司水电厂重大反事故措施》12.8.3.1	日常维护	1
				铜铝过渡接头检查	定期检查开关设备的铜铝过渡接头，无氧化变色过热（红外成像）	3	月	《国家电网公司水电厂重大反事故措施》12.2.3.7	专业巡检	1
5 油系统										
	5.1 透平油系统									
		5.1.1 储油设备								
			5.1.1.1 储油罐							
				储油罐外观检查	储油罐干净，无漏油	1	月		专业巡检	3
				储油罐排污	储油罐排污后，无杂质，无水分	3	月		日常维护	3
		5.1.2 阀门及管路								
			5.1.2.1 阀门及管路							
				阀门及管路外观检查	阀门及管路无渗漏，阀门位置正确	1	月		专业巡检	3
		5.1.3 油处理设备								
			5.1.3.1 板式滤油机							
				板式滤油机外观检查	1. 表面无锈蚀； 2. 所有管路接头牢固，无渗漏	1	月		专业巡检	3

续表

单元	系统	设备	部件	检查和试验项目	检查和试验标准	工作周期	周期类型	引用标准	项目类别	专业类别
				板式滤油机启动试验检查	运行声音正常，压力正常，管路接头牢固可靠，无渗漏	6	月		定期启动、轮换与试验	3
				板式滤油机滤网检查	滤网洁净无堵塞，如有必要进行更换	6	月		日常维护	3
			5.1.3.2 真空滤油机							
				真空滤油机外观检查	1. 表面无锈蚀； 2. 所有管路接头牢固，无渗漏	1	月		专业巡检	3
				真空滤油机启动试验检查	运行声音正常，电流、电压正常，温度正常，管路压力正常，管路接头牢固可靠，无渗漏	6	月		定期启动、轮换与试验	3
				真空滤油机滤网检查	滤网洁净无堵塞，如有必要进行更换	6	月		日常维护	3
6 水系统										
	6.1 渗漏排水系统									
		6.1.1 排水单元								
			6.1.1.1 渗漏水泵及附件							
				渗漏水泵、电机运行检查	1. 水泵、电机运行良好，无异常气味、声音正常，水泵出水压力正常； 2. 水泵振动正常，固定螺栓无松动，振动值在允许范围内； 3. 运行电流在正常范围	1	周		专业巡检	3

续表

单元	系统	设备	部件	检查和试验项目	检查和试验标准	工作周期	周期类型	引用标准	项目类别	专业类别
				渗漏水泵、电机油位、油质检查	油质清澈、透明，无浑浊，油位在合格线范围内，若油低于正常值，则加油	1	周		日常维护	3
				渗漏水泵盘根检查	根据运行情况，应随时调整填料压盖的松紧度，填料密封滴水每分钟滴数应符合使用说明书要求	1	周		专业巡检	3
			6.1.1.2　阀门及管路							
				阀门及管路外观检查	管路、阀门位置正确，无振动，无渗水现象；自流排水廊道（排水洞）定期进行检查和清理，防止污物堵塞，影响排水效果	1	周	DL/T 305—2012《抽水蓄能可逆式发电电动机运行规程》6.6.4	专业巡检	3
				自流式排水孔洞盖板检查	检查自流式排水孔洞盖板开启是否顺畅，是否能在有积水时快速全开	6	月	国家能源局《防止电力生产事故的二十五项重点要求》24.3.6	日常维护	3
			6.1.1.3　液位元件							
				液位元件外观检查	表面完好无锈蚀、零部件应完好无损	6	月	DL/T 619—2012《水电厂自动化元件（装置）及其系统运行维护与检修试验规程》4.1	日常维护	2
				液位元件固定部件检查	元件固定稳固，固定件、支撑件无松动损坏现象	6	月	DL/T 619—2012《水电厂自动化元件（装置）及其系统运行维护与检修试验规程》4.1	日常维护	2
				液位元件接线检查	连接线整齐美观，引线无折痕、伤痕，绝缘无破损，导电部分无外露，接线端子无松动	6	月	DL/T 619—2012《水电厂自动化元件（装置）及其系统运行维护与检修试验规程》4.1	日常维护	2

续表

单元	系统	设备	部件	检查和试验项目	检查和试验标准	工作周期	周期类型	引用标准	项目类别	专业类别
				液位元件位置指示	具有显示功能的液位信号器、液位计、液位变送器应能正确反映液位，显示应清晰正常，机械式液位信号器应无发卡现象	6	月	DL/T 619—2012《水电厂自动化元件（装置）及其系统运行维护与检修试验规程》4.2.4	日常维护	2
				液位元件显示值误差检查	显示值误差与输出值误差最大不应超过说明书允许误差	6	月	DL/T 619—2012《水电厂自动化元件（装置）及其系统运行维护与检修试验规程》4.2.4	日常维护	2
			6.1.1.4　流量元件							
				流量元件外观检查	整洁无灰尘，标志正确、清晰、齐全	6	月	DL/T 619—2012 水电厂自动化元件（装置）及其系统运行维护与检修试验规程 4.1	日常维护	2
				流量元件固定部件检查	元件固定稳固，固定件、支撑件无松动	6	月	DL/T 619—2012 水电厂自动化元件（装置）及其系统运行维护与检修试验规程 4.1	日常维护	2
				流量元件接线检查	连接线整齐美观，无损伤，导电部分无外露，接线端子无松动	6	月	DL/T 619—2012《水电厂自动化元件（装置）及其系统运行维护与检修试验规程》4.1	日常维护	2
				流量元件位置指示	机械式示流信号器的位置指示应与运行方式相符，动作应正确；热导式流量信号器的 LED 指示灯应能实施显示流体流速状态；流量计应随流量变化正确指示	6	月	DL/T 619—2012《水电厂自动化元件（装置）及其系统运行维护与检修试验规程》4.2.3	日常维护	2

续表

单元	系统	设备	部件	检查和试验项目	检查和试验标准	工作周期	周期类型	引用标准	项目类别	专业类别
			6.1.1.5　电磁阀							
				电磁阀外观检查	管路接头无渗漏；无积尘、油渍、腐蚀、锈蚀；线圈无变形、变色、烧焦过热现象，无受潮、浸水、浸油现象	6	月	DL/T 619—2012《水电厂自动化元件（装置）及其系统运行维护与检修试验规程》4.2.12	日常维护	2
				电磁阀固定部件检查	各栓钉无松动，焊点无开焊现象，立式电磁阀的挂钩应对称、端正、阀杆上端锁定不应松动	6	月	DL/T 619—2012《水电厂自动化元件（装置）及其系统运行维护与检修试验规程》4.2.12	日常维护	2
				电磁阀接线检查	接线插头或端子无松动、无断线	6	月	DL/T 619—2012《水电厂自动化元件（装置）及其系统运行维护与检修试验规程》4.2.12	日常维护	2
				电磁阀动作试验	操作油源隔离后，手动开闭、电动开闭均应灵活不卡涩，位置正确，指示灯正常	6	月	DL/T 619—2012《水电厂自动化元件（装置）及其系统运行维护与检修试验规程》5.2.16.3	日常维护	2
				电磁阀线圈直流电阻测试	测得的直流电阻值与出厂或标称值比较，不超过±10%	6	月	DL/T 619—2012《水电厂自动化元件（装置）及其系统运行维护与检修试验规程》5.2.16	日常维护	2
		6.1.2　控制柜								
			6.1.2.1　渗漏排水控制及动力柜							
				渗漏排水控制及动力柜外观检查	盘柜指示灯指示正常，无故障灯亮，控制方式位置正确；盘柜各电压电流表工作正常，电压电流值显示正常	1	周	DL/T 293—2011《抽水蓄能可逆式水泵水轮机运行规程》	专业巡检	2

续表

单元	系统	设备	部件	检查和试验项目	检查和试验标准	工作周期	周期类型	引用标准	项目类别	专业类别
				渗漏排水控制及动力柜端子、元器件检查	1. 盘柜各端子排端子压紧，无断脱、松动、锈蚀等现象； 2. 盘柜风扇运行正常，盘柜散热良好，照明良好，无异音，无异味，无过热；各继电器安装牢固，无松动，无破裂，接点无氧化，无严重受潮现象	6	月	DL/T 293—2011《抽水蓄能可逆式水泵水轮机运行规程》	日常维护	2
	6.2　检修排水系统									
		6.2.1　排水单元								
			6.2.1.1　检修水泵及附件							
				检修排水泵、电机运行检查	1. 水泵、电机运行良好，无异常气味、声音正常，水泵出水压力正常； 2. 水泵振动正常，固定螺栓无松动，振动值在允许范围内； 3. 运行电流在正常范围	1	周		专业巡检	3
				检修排水泵盘根检查	根据运行情况，应随时调整填料压盖的松紧度，填料密封滴水每分钟滴数应符合使用说明书要求	1	周		专业巡检	3
				水泵、电机油位、油质检查	油质清澈、透明，无浑浊，油位在合格线范围内，若油低于正常值，则加油	1	周		日常维护	3
			6.2.1.2　阀门及管路							
				检修排水阀门及管路外观检查	管路、阀门位置正确，无振动，无漏水现象	1	周		专业巡检	3
			6.2.1.3　液位元件							
				液位元件外观检查	表面完好无锈蚀、零部件应完好无损	6	月	DL/T 619—2012《水电厂自动化元件（装置）及其系统运行维护与检修试验规程》4.1	日常维护	2

续表

单元	系统	设备	部件	检查和试验项目	检查和试验标准	工作周期	周期类型	引用标准	项目类别	专业类别
				液位元件固定部件检查	元件固定稳固，固定件、支撑件无松动损坏现象	6	月	DL/T 619—2012《水电厂自动化元件（装置）及其系统运行维护与检修试验规程》4.1	日常维护	2
				液位元件接线检查	连接线整齐美观，引线无折痕、伤痕，绝缘无破损，导电部分无外露，接线端子无松动	6	月	DL/T 619—2012《水电厂自动化元件（装置）及其系统运行维护与检修试验规程》4.1	日常维护	2
				液位元件位置指示	具有显示功能的液位信号器、液位计、液位变送器应能正确反映液位，显示应清晰正常，机械式液位信号器应无发卡现象	6	月	DL/T 619—2012《水电厂自动化元件（装置）及其系统运行维护与检修试验规程》4.2.4	日常维护	2
				液位元件显示值误差检查	显示值误差与输出值误差最大不应超过说明书允许误差	6	月	DL/T 619—2012《水电厂自动化元件（装置）及其系统运行维护与检修试验规程》4.2.4	日常维护	2
			6.2.1.4 流量元件							
				流量元件外观检查	整洁无灰尘，标志正确、清晰、齐全	6	月	DL/T 619—2012《水电厂自动化元件（装置）及其系统运行维护与检修试验规程》4.1	日常维护	2
				流量元件固定部件检查	元件固定稳固，固定件、支撑件无松动	6	月	DL/T 619—2012《水电厂自动化元件（装置）及其系统运行维护与检修试验规程》4.1	日常维护	2

续表

单元	系统	设备	部件	检查和试验项目	检查和试验标准	工作周期	周期类型	引用标准	项目类别	专业类别
				流量元件接线检查	连接线整齐美观，无损伤，导电部分无外露，接线端子无松动	6	月	DL/T 619—2012《水电厂自动化元件（装置）及其系统运行维护与检修试验规程》4.1	日常维护	2
				流量元件位置指示	机械式示流信号器的位置指示应与运行方式相符，动作应正确；热导式流量信号器的 LED 指示灯应能实施显示流体流速状态；流量计应随流量变化正确指示	6	月	DL/T 619—2012《水电厂自动化元件（装置）及其系统运行维护与检修试验规程》4.2.3	日常维护	2
			6.2.1.5 压力元件							
				压力元件外观检查	连接线整齐美观，无损伤，导电部分无外露，接线端子无松动，弹簧（包括波纹管）及胶皮垫无老化或变形，密封良好	6	月	DL/T 619—2012《水电厂自动化元件（装置）及其系统运行维护与检修试验规程》4.1	日常维护	2
				压力元件固定部件检查	元件固定稳固，固定件、支撑件无松动，连接处无渗漏	6	月	DL/T 619—2012《水电厂自动化元件（装置）及其系统运行维护与检修试验规程》4.1	日常维护	2
				压力元件显示检查	具有显示功能的压力信号器、压力变送器、差压变送器，应正确显示所测部位的压力，实时性正常	6	月	DL/T 619—2012《水电厂自动化元件（装置）及其系统运行维护与检修试验规程》4.1	日常维护	2
			6.2.1.6 电磁阀							
				电磁阀外观检查	管路接头无渗漏；无积尘、油渍、腐蚀、锈蚀；线圈无变形、变色、烧焦过热现象，无受潮、浸水、浸油现象	6	月	DL/T 619—2012《水电厂自动化元件（装置）及其系统运行维护与检修试验规程》4.2.12	日常维护	2

续表

单元	系统	设备	部件	检查和试验项目	检查和试验标准	工作周期	周期类型	引用标准	项目类别	专业类别
				电磁阀固定部件检查	各栓钉无松动，焊点无开焊现象，立式电磁阀的挂钩应对称、端正、阀杆上端锁定不应松动	6	月	DL/T 619—2012《水电厂自动化元件（装置）及其系统运行维护与检修试验规程》4.2.12	日常维护	2
				电磁阀接线检查	接线插头或端子无松动、无断线	6	月	DL/T 619—2012《水电厂自动化元件（装置）及其系统运行维护与检修试验规程》4.2.12	日常维护	2
				电磁阀动作试验	操作油源隔离后，手动开闭、电动开闭均应灵活不卡涩，位置正确，指示灯正常	6	月	DL/T 619—2012《水电厂自动化元件（装置）及其系统运行维护与检修试验规程》5.2.16.3	日常维护	2
				电磁阀线圈直流电阻测试	测得的直流电阻值与出厂或标称值比较，不超过±10%	6	月	DL/T 619—2012《水电厂自动化元件（装置）及其系统运行维护与检修试验规程》5.2.16	日常维护	2
		6.2.2　控制柜								
			6.2.2.1　检修排水控制及动力柜							
				检修排水控制及动力柜外观检查	盘柜指示灯指示正常，无故障灯亮，控制方式位置正确；盘柜各电压电流表工作正常，电压电流值显示正常	1	周	DL/T 293—2011《抽水蓄能可逆式水泵水轮机运行规程》	专业巡检	2
				检修排水控制及动力柜端子及元器件检查	1. 盘柜各端子排端子压紧，无断脱、松动、锈蚀等现象； 2. 盘柜风扇运行正常，盘柜散热良好，照明良好，无异音，无异味，无过热；各继电器安装牢固，无松动，无破裂，接点无氧化，无严重受潮现象	6	月	DL/T 293—2011《抽水蓄能可逆式水泵水轮机运行规程》	日常维护	2

续表

单元	系统	设备	部件	检查和试验项目	检查和试验标准	工作周期	周期类型	引用标准	项目类别	专业类别
	6.3 公用供水系统									
		6.3.1 供水单元								
			6.3.1.1 公用供水泵及附件							
				公用供水泵运行检查	1. 水泵、电机运行良好，无异常气味、声音正常，水泵出水压力正常； 2. 水泵振动正常，固定螺栓无松动，振动值在允许范围内； 3. 运行电流在正常范围	1	周	DL/T 293—2011《抽水蓄能可逆式水泵水轮机运行规程》	专业巡检	3
				水泵、电机油位、油质检查	油质清澈、透明，无浑浊，油位在合格线范围内，若油低于正常值，则加油	1	周		日常维护	3
				公用供水泵盘根检查	根据运行情况，应随时调整填料压盖的松紧度，填料密封滴水每分钟滴数应符合使用说明书要求	1	周		专业巡检	3
			6.3.1.2 过滤器							
				公用供水过滤器运行检查	过滤器工作正常，无漏水，电机运行良好，无异常气味、声音正常	1	周		专业巡检	3
				公用供水过滤器手动清洗检查	手动启停过滤器检查排污阀开/关正常，过滤器电动冲洗正常，无异音	1	周		专业巡检	3
				公用供水过滤器压差检查	过滤器前后压差在整定范围内	1	周		专业巡检	3
			6.3.1.3 阀门及管路							
				公用供水过滤器阀门及管路检查	技术供水管路、阀门位置正确，无振动，无漏水现象	1	周		专业巡检	3

续表

单元	系统	设备	部件	检查和试验项目	检查和试验标准	工作周期	周期类型	引用标准	项目类别	专业类别
			6.3.1.4 流量元件							
				流量元件外观检查	整洁无灰尘，标志正确、清晰、齐全	6	月	DL/T 619—2012《水电厂自动化元件（装置）及其系统运行维护与检修试验规程》4.1	日常维护	2
				流量元件固定部件检查	元件固定稳固，固定件、支撑件无松动	6	月	DL/T 619—2012《水电厂自动化元件（装置）及其系统运行维护与检修试验规程》4.1	日常维护	2
				流量元件接线检查	连接线整齐美观，无损伤，导电部分无外露，接线端子无松动	6	月	DL/T 619—2012《水电厂自动化元件（装置）及其系统运行维护与检修试验规程》4.1	日常维护	2
				流量元件位置指示	机械式示流信号器的位置指示应与运行方式相符，动作应正确；热导式流量信号器的 LED 指示灯应能实施显示流体流速状态；流量计应随流量变化正确指示	6	月	DL/T 619—2012《水电厂自动化元件（装置）及其系统运行维护与检修试验规程》4.2.3	日常维护	2
			6.3.1.5 压力元件							
				压力元件外观检查	连接线整齐美观，无损伤，导电部分无外露，接线端子无松动，弹簧（包括波纹管）及胶皮垫无老化或变形，密封良好	6	月	DL/T 619—2012《水电厂自动化元件（装置）及其系统运行维护与检修试验规程》4.1	日常维护	2
				压力元件固定部件检查	元件固定稳固，固定件、支撑件无松动，连接处无渗漏	6	月	DL/T 619—2012《水电厂自动化元件（装置）及其系统运行维护与检修试验规程》4.1	日常维护	2

续表

单元	系统	设备	部件	检查和试验项目	检查和试验标准	工作周期	周期类型	引用标准	项目类别	专业类别
				压力元件显示检查	具有显示功能的压力信号器、压力变送器、差压变送器，应正确显示所测部位的压力，实时性正常	6	月	DL/T 619—2012《水电厂自动化元件（装置）及其系统运行维护与检修试验规程》4.1	日常维护	2
		6.3.2 控制柜								
			6.3.2.1 公用供水控制及动力柜							
				公用供水控制及动力柜外观检查	盘柜指示灯指示正常，无故障灯亮，控制方式位置正确；盘柜各电压电流表工作正常，电压电流值显示正常	1	周	DL/T 293—2011《抽水蓄能可逆式水泵水轮机运行规程》	专业巡检	2
				公用供水控制及动力柜端子、元器件检查	1. 盘柜各端子排端子压紧，无断脱、松动、锈蚀等现象； 2. 盘柜风扇运行正常，盘柜散热良好，照明良好，无异音，无异味，无过热；各继电器安装牢固，无松动，无破裂，接点无氧化，无严重受潮现象	6	月	DL/T 293—2011《抽水蓄能可逆式水泵水轮机运行规程》	日常维护	2
			6.3.2.2 过滤器控制柜							
				公用供水过滤器控制柜外观检查	盘柜指示灯指示正常，无故障灯亮，控制方式位置正确；技术供水盘柜各电压电流表工作正常，电压电流值显示正常	1	周	DL/T 293—2011《抽水蓄能可逆式水泵水轮机运行规程》	专业巡检	2
				公用供水过滤器控制柜端子及元器件检查	1. 盘柜各端子排端子压紧，无断脱、松动、锈蚀等现象； 2. 盘柜风扇运行正常，盘柜散热良好，照明良好，无异音，无异味，无过热；各继电器安装牢固，无松动，无破裂，接点无氧化，无严重受潮现象	6	月	DL/T 293—2011《抽水蓄能可逆式水泵水轮机运行规程》	日常维护	2
	6.4 其他排水系统									
		6.4.1 施工支洞排水泵定期检查								

续表

单元	系统	设备	部件	检查和试验项目	检查和试验标准	工作周期	周期类型	引用标准	项目类别	专业类别
				施工支洞排水泵运行检查	1. 水泵、电机运行良好，无异常气味、声音正常； 2. 水泵振动正常，振动值在允许范围内； 3. 运行电流在正常范围	1	周		专业巡检	7
7　气系统										
	7.1　中、低压气系统									
		7.1.1　中压气系统								
			7.1.1.1　气机							
				压气机运行情况检查	设备运行时应无异常振动、无噪声异响等	1	周	上级单位空压机维保框架采购技术规范 3.10	专业巡检	3
				压气机外观检查	设备无明显的漏油、漏气、漏水现象	1	周	上级单位空压机维保框架采购技术规范 3.10	专业巡检	3
				压气机控制器检查	设备控制器无异常报警，如有，查明原因及时处理	1	周	上级单位空压机维保框架采购技术规范 3.10	专业巡检	3
				压气机润滑状况检查	检查润滑油状况（油位、油质、乳化情况等），油位不够时需补加	1	周	上级单位空压机维保框架采购技术规范 3.10	专业巡检	3
				压气机冷凝水电磁阀排放情况检查	冷凝水电磁阀排放正常，无堵塞	3	月	上级单位空压机维保框架采购技术规范 3.10	日常维护	3
				压气机回油管检查	检查回油管回油情况，如有堵塞及时处理	3	月	上级单位空压机维保框架采购技术规范 3.10	日常维护	3
				压气机空气过滤器芯检查清洁	检查清洁空气过滤器芯，如有需要及时更换	3	月	上级单位空压机维保框架采购技术规范 3.10	日常维护	3
				压气机软管状况检查	检查软管状况，如发现老化或漏气现象及时处理；根据设计使用寿命更换	3	月	上级单位空压机维保框架采购技术规范 3.10	日常维护	3

续表

单元	系统	设备	部件	检查和试验项目	检查和试验标准	工作周期	周期类型	引用标准	项目类别	专业类别
				压气机接触器和电机的连接点检查	检查拧紧接触器和电孔的连接点	3	月	上级单位空压机维保框架采购技术规范 3.10	日常维护	3
				压气机控制箱内各接线端子检查	检查控制箱内各接线端子有无松动	3	月	上级单位空压机维保框架采购技术规范 3.10	日常维护	3
				压气机三相电压、电流检查	检查三相电压、电流是否平衡	3	月	上级单位空压机维保框架采购技术规范 3.10	日常维护	3
				压气机皮带松紧度检查	检查皮带松紧度是否合格，应保持一种适当紧张的程度	3	月	上级单位空压机维保框架采购技术规范 3.10	日常维护	3
				压气机测量电气元件功能检查	测量电气元件功能是否正常	3	月	上级单位空压机维保框架采购技术规范 3.10	日常维护	3
				压气机振动数值检查	检查机器震动数值并记录	3	月	上级单位空压机维保框架采购技术规范 3.10	日常维护	3
				压气机进排气温度及冷却水进出温度检查	检查机器进排气温度及冷却水进出温度并记录	3	月	上级单位空压机维保框架采购技术规范 3.10	日常维护	3
				压气机排污电磁阀检查	排污电磁阀打开检查并清扫	3	月	上级单位空压机维保框架采购技术规范 3.10	日常维护	3
				压气机排污电磁阀定时器功能检查	排污电磁阀定时器功能检查	3	月	上级单位空压机维保框架采购技术规范 3.10	日常维护	3
				压气机设备与管路相连的软管检查	检查设备与管路相连的软管连接严实，无跑漏现象；根据设计使用寿命更换	3	月	上级单位空压机维保框架采购技术规范 3.10	日常维护	3
			7.1.1.2　气管路、阀门							
				压气机气管路检查	管路无渗漏	1	周	SLJJ 1—15—1981《施工机械安全技术操作规程（第十五册 空气压缩机）》6.5	专业巡检	3

续表

单元	系统	设备	部件	检查和试验项目	检查和试验标准	工作周期	周期类型	引用标准	项目类别	专业类别
				压气机阀门检查	操作正常，能可靠隔离	3	月		日常维护	3
				压气机安全阀检查	安全阀无漏气，在有效校验周期内	1	年	国家能源局《防止电力生产事故的二十五项重点要求》7.1.2	日常维护	3
			7.1.1.3　气罐							
				气罐排污阀检查	排污阀应工作正常	1	月	国家能源局《防止电力生产事故的二十五项重点要求》7.1.3	日常维护	3
				气罐安全阀检查	安全阀无漏气，在有效校验周期内	1	年	国家能源局《防止电力生产事故的二十五项重点要求》7.1.2	日常维护	3
				气罐本体检查	1. 无锈蚀，在检验合格期内； 2. 运行时，气罐压力应保持在正常工作范围内	1	周	《国家电网公司水电厂重大反事故措施》10.4.3	专业巡检	3
				气罐附件及人孔门螺栓检查	压力容器及其附件人孔门螺栓应定期进行检查，确保其无松动、破坏，密封完好无渗漏	1	年	《国家电网公司水电厂重大反事故措施》10.4.3	日常维护	3
			7.1.1.4　测温元件							
				测温元件外观检查	整洁无灰尘，标志正确、清晰、齐全（因安装位置条件限制无法检查者除外）	6	月	DL/T 619—2012《水电厂自动化元件（装置）及其系统运行维护与检修试验规程》4.1	日常维护	2
				测温元件固定部件检查	元件固定稳固，固定件、支撑件无松动（因安装位置条件限制无法检查者除外）	6	月	DL/T 619—2012《水电厂自动化元件（装置）及其系统运行维护与检修试验规程》4.1	日常维护	2

续表

单元	系统	设备	部件	检查和试验项目	检查和试验标准	工作周期	周期类型	引用标准	项目类别	专业类别
				测温元件引出线或端子箱接线检查	元件引出线或端子箱接线无损伤，导电部分无外露，接线端子无松动	6	月	DL/T 619—2012《水电厂自动化元件（装置）及其系统运行维护与检修试验规程》4.1	日常维护	2
				测温元件显示检查	显示及指示灯指示正确，示值显示应能连续变化，数字应清晰、无叠字、没有缺笔画、有测量单位，小数点和状态显示正确。无断线报警信号	6	月	DL/T 619—2012《水电厂自动化元件（装置）及其系统运行维护与检修试验规程》4.2.1	日常维护	2
			7.1.1.5 流量元件							
				流量元件外观检查	整洁无灰尘，标志正确、清晰、齐全	6	月	DL/T 619—2012《水电厂自动化元件（装置）及其系统运行维护与检修试验规程》4.1	日常维护	2
				流量元件固定部件检查	元件固定稳固，固定件、支撑件无松动	6	月	DL/T 619—2012《水电厂自动化元件（装置）及其系统运行维护与检修试验规程》4.1	日常维护	2
				流量元件接线检查	连接线整齐美观，无损伤，导电部分无外露，接线端子无松动	6	月	DL/T 619—2012《水电厂自动化元件（装置）及其系统运行维护与检修试验规程》4.1	日常维护	2
				流量元件位置指示	机械式示流信号器的位置指示应与运行方式相符，动作应正确；热导式流量信号器的 LED 指示灯应能实施显示流体流速状态；流量计应随流量变化正确指示	6	月	DL/T 619—2012《水电厂自动化元件（装置）及其系统运行维护与检修试验规程》4.2.3	日常维护	2

续表

单元	系统	设备	部件	检查和试验项目	检查和试验标准	工作周期	周期类型	引用标准	项目类别	专业类别
			7.1.1.6　压力元件							
				压力元件外观检查	连接线整齐美观，无损伤，导电部分无外露，接线端子无松动，弹簧（包括波纹管）及胶皮垫无老化或变形，密封良好	6	月	DL/T 619—2012《水电厂自动化元件（装置）及其系统运行维护与检修试验规程》4.1	日常维护	2
				压力元件固定部件检查	元件固定稳固，固定件、支撑件无松动，连接处无渗漏	6	月	DL/T 619—2012《水电厂自动化元件（装置）及其系统运行维护与检修试验规程》4.1	日常维护	2
				压力元件显示检查	具有显示功能的压力信号器、压力变送器、差压变送器，应正确显示所测部位的压力，实时性正常	6	月	DL/T 619—2012《水电厂自动化元件（装置）及其系统运行维护与检修试验规程》4.1	日常维护	2
			7.1.1.7　电磁阀							
				电磁阀外观检查	管路接头无渗漏；无积尘、油渍、腐蚀、锈蚀；线圈无变形、变色、烧焦过热现象，无受潮、浸水、浸油现象	6	月	DL/T 619—2012《水电厂自动化元件（装置）及其系统运行维护与检修试验规程》4.2.12	日常维护	2
				电磁阀固定部件检查	各栓钉无松动，焊点无开焊现象，立式电磁阀的挂钩应对称、端正，阀杆上端锁定不应松动	6	月	DL/T 619—2012《水电厂自动化元件（装置）及其系统运行维护与检修试验规程》4.2.12	日常维护	2
				电磁阀接线检查	接线插头或端子无松动、无断线	6	月	DL/T 619—2012《水电厂自动化元件（装置）及其系统运行维护与检修试验规程》4.2.12	日常维护	2

续表

单元	系统	设备	部件	检查和试验项目	检查和试验标准	工作周期	周期类型	引用标准	项目类别	专业类别
				电磁阀动作试验	操作油源隔离后，手动开闭、电动开闭均应灵活不卡涩，位置正确，指示灯正常	6	月	DL/T 619—2012《水电厂自动化元件（装置）及其系统运行维护与检修试验规程》5.2.16.3	日常维护	2
				电磁阀线圈直流电阻测试	测得的直流电阻值与出厂或标称值比较，不超过±10%	6	月	DL/T 619—2012《水电厂自动化元件（装置）及其系统运行维护与检修试验规程》5.2.16	日常维护	2
		7.1.2 低压气系统								
			7.1.2.1 气机							
				压气机运行情况检查	设备运行时应无异常振动、无噪声异响等	1	周	上级单位空压机维保框架采购技术规范3.10	专业巡检	3
				压气机外观检查	设备无明显的漏油、漏气、漏水现象	1	周	上级单位空压机维保框架采购技术规范3.10	专业巡检	3
				压气机控制器检查	设备控制器无异常报警，如有，查明原因及时处理	1	周	上级单位空压机维保框架采购技术规范3.10	专业巡检	3
				压气机润滑状况检查	检查润滑油状况（油位、油质、乳化情况等），油位不够时需补加	3	月	上级单位空压机维保框架采购技术规范3.10	日常维护	3
				压气机冷凝水电磁阀排放情况检查	冷凝水电磁阀排放正常，无堵塞	3	月	上级单位空压机维保框架采购技术规范3.10	日常维护	3
				压气机回油管检查	检查回油管回油情况，如有堵塞及时处理	3	月	上级单位空压机维保框架采购技术规范3.10	日常维护	3
				压气机清洁空气过滤器芯检查	检查清洁空气过滤器芯，如有需要及时更换	3	月	上级单位空压机维保框架采购技术规范3.10	日常维护	3

续表

单元	系统	设备	部件	检查和试验项目	检查和试验标准	工作周期	周期类型	引用标准	项目类别	专业类别
				压气机软管状况检查	检查软管状况，如发现老化或漏气现象及时处理；根据设计使用寿命更换	3	月	上级单位空压机维保框架采购技术规范 3.10	日常维护	3
				压气机接触器和电机的连接点检查	检查拧紧接触器和电机的连接点	3	月	上级单位空压机维保框架采购技术规范 3.10	日常维护	3
				压气机控制箱内各接线端子检查	检查控制箱内各接线端子有无松动	3	月	上级单位空压机维保框架采购技术规范 3.10	日常维护	3
				压气机三相电压、电流检查	检查三相电压、电流是否平衡	3	月	上级单位空压机维保框架采购技术规范 3.10	日常维护	3
				压气机皮带松紧度检查	检查皮带松紧度是否合格，应保持一种适当紧张的程度	3	月	上级单位空压机维保框架采购技术规范 3.10	日常维护	3
				压气机电气元件功能检查	测量电气元件功能是否正常	3	月	上级单位空压机维保框架采购技术规范 3.10	日常维护	3
				压气机机器振动数值检查	检查机器振动数值并记录	3	月	上级单位空压机维保框架采购技术规范 3.10	日常维护	3
				压气机进排气温度及冷却水进出温度检查	检查机器进排气温度及冷却水进出温度并记录	3	月	上级单位空压机维保框架采购技术规范 3.10	日常维护	3
				压气机排污电磁阀检查	排污电磁阀打开检查并清扫	3	月	上级单位空压机维保框架采购技术规范 3.10	日常维护	3
				压气机排污电磁阀定时器功能检查	排污电磁阀定时器功能检查	3	月	上级单位空压机维保框架采购技术规范 3.10	日常维护	3
				压气机设备与管路相连的软管检查	检查设备与管路相连的软管连接严实，无跑漏现象；根据设计使用寿命更换	3	月	上级单位空压机维保框架采购技术规范 3.10	日常维护	3
			7.1.2.2 气管路、阀门							

续表

单元	系统	设备	部件	检查和试验项目	检查和试验标准	工作周期	周期类型	引用标准	项目类别	专业类别
				压气机管路检查	管路无渗漏	1	周	SLJJ 1—15—1981《施工机械安全技术操作规程（第十五册　空气压缩机）》6.5	专业巡检	3
				压气机阀门检查	操作正常，能可靠隔离	3	月		日常维护	3
				压气机安全阀检查	安全阀无漏气，在有效校验周期内	1	年	国家能源局《防止电力生产事故的二十五项重点要求》7.1.2	日常维护	3
			7.1.2.3　气罐							
				气罐排污阀检查	排污阀应工作正常	1	月	国家能源局《防止电力生产事故的二十五项重点要求》7.1.3	日常维护	3
				气罐安全阀检查	安全阀无漏气，在有效校验周期内	1	年		日常维护	3
				气罐本体检查	1. 无锈蚀，在检验合格期内； 2. 运行时，气罐压力应保持在正常工作范围内	1	周	国家能源局《防止电力生产事故的二十五项重点要求》7.1.2	专业巡检	3
				气罐附件及人孔门螺栓检查	压力容器及其附件人孔门螺栓应定期进行检查，确保其无松动、破坏，密封完好无渗漏	1	年		日常维护	3
			7.1.2.4　测温元件							
				测温元件外观检查	整洁无灰尘，标志正确、清晰、齐全（因安装位置条件限制无法检查者除外）	6	月	DL/T 619—2012《水电厂自动化元件（装置）及其系统运行维护与检修试验规程》4.1	日常维护	2

续表

单元	系统	设备	部件	检查和试验项目	检查和试验标准	工作周期	周期类型	引用标准	项目类别	专业类别
				测温元件固定部件检查	元件固定稳固，固定件、支撑件无松动（因安装位置条件限制无法检查者除外）	6	月	DL/T 619—2012《水电厂自动化元件（装置）及其系统运行维护与检修试验规程》4.1	日常维护	2
				测温元件引出线或端子箱接线检查	元件引出线或端子箱接线无损伤，导电部分无外露，接线端子无松动	6	月	DL/T 619—2012《水电厂自动化元件（装置）及其系统运行维护与检修试验规程》4.1	日常维护	2
				测温元件显示检查	显示及指示灯指示正确，示值显示应能连续变化，数字应清晰、无叠字、没有缺笔画、有测量单位，小数点和状态显示正确。无断线报警信号	6	月	DL/T 619—2012《水电厂自动化元件（装置）及其系统运行维护与检修试验规程》4.2.1	日常维护	2
			7.1.2.5　流量元件							
				流量元件外观检查	整洁无灰尘，标志正确、清晰、齐全	6	月	DL/T 619—2012《水电厂自动化元件（装置）及其系统运行维护与检修试验规程》4.1	日常维护	2
				流量元件固定部件检查	元件固定稳固，固定件、支撑件无松动	6	月	DL/T 619—2012《水电厂自动化元件（装置）及其系统运行维护与检修试验规程》4.1	日常维护	2
				流量元件接线检查	连接线整齐美观，无损伤，导电部分无外露，接线端子无松动	6	月	DL/T 619—2012《水电厂自动化元件（装置）及其系统运行维护与检修试验规程》4.1	日常维护	2

续表

单元	系统	设备	部件	检查和试验项目	检查和试验标准	工作周期	周期类型	引用标准	项目类别	专业类别
				流量元件位置指示	机械式示流信号器的位置指示应与运行方式相符，动作应正确；热导式流量信号器的LED指示灯应能实施显示流体流速状态；流量计应随流量变化正确指示	6	月	DL/T 619—2012《水电厂自动化元件（装置）及其系统运行维护与检修试验规程》4.2.3	日常维护	2
			7.1.2.6　压力元件							
				压力元件外观检查	连接线整齐美观，无损伤，导电部分无外露，接线端子无松动，弹簧（包括波纹管）及胶皮垫无老化或变形，密封良好	6	月	DL/T 619—2012《水电厂自动化元件（装置）及其系统运行维护与检修试验规程》4.1	日常维护	2
				压力元件固定部件检查	元件固定稳固，固定件、支撑件无松动，连接处无渗漏	6	月	DL/T 619—2012《水电厂自动化元件（装置）及其系统运行维护与检修试验规程》4.1	日常维护	2
				压力元件显示检查	具有显示功能的压力信号器、压力变送器、差压变送器，应正确显示所测部位的压力，实时性正常	6	月	DL/T 619—2012《水电厂自动化元件（装置）及其系统运行维护与检修试验规程》4.1	日常维护	2
			7.1.2.7　电磁阀							
				电磁阀外观检查	管路接头无渗漏；无积尘、油渍、腐蚀、锈蚀；线圈无变形、变色、烧焦过热现象，无受潮、浸水、浸油现象	6	月	DL/T 619—2012 水电厂自动化元件（装置）及其系统运行维护与检修试验规程 4.2.12	日常维护	2
				电磁阀固定部件检查	各栓钉无松动，焊点无开焊现象，立式电磁阀的挂钩应对称、端正，阀杆上端锁定不应松动	6	月	DL/T 619—2012《水电厂自动化元件（装置）及其系统运行维护与检修试验规程》4.2.12	日常维护	2

续表

单元	系统	设备	部件	检查和试验项目	检查和试验标准	工作周期	周期类型	引用标准	项目类别	专业类别
				电磁阀接线检查	接线插头或端子无松动、无断线	6	月	DL/T 619—2012《水电厂自动化元件（装置）及其系统运行维护与检修试验规程》4.2.12	日常维护	2
				电磁阀动作试验	操作油源隔离后，手动开闭、电动开闭均应灵活不卡涩，位置正确，指示灯正常	6	月	DL/T 619—2012《水电厂自动化元件（装置）及其系统运行维护与检修试验规程》5.2.16.3	日常维护	2
				电磁阀线圈直流电阻测试	测得的直流电阻值与出厂或标称值比较，不超过±10%	6	月	DL/T 619—2012《水电厂自动化元件（装置）及其系统运行维护与检修试验规程》5.2.16	日常维护	2
8　进出水口										
	8.1　供水工作闸门启闭机									
		8.1.1　卷扬启闭机电机								
				启闭机电机检查	1. 外观检查，电机表面清洁无异物，无异常振动，底座固定紧固； 2. 电机接线接头检查，接线紧固无松动、无烧伤	3	月		日常维护	3
				启闭机电机轴承润滑脂更换	根据电机维护保养说明书加注润滑油脂，润滑油脂牌号符合要求	6	月		日常维护	3
				启闭机减速器油位、油质检查	检查减速器油位应在正常范围内，油质无劣化、乳化现象	3	月		日常维护	3
				启闭机制动器、卷筒、齿轮、钢丝绳及绳端固定等检查	1. 制动器制动正常、闸板无异常； 2. 卷筒、齿轮、钢丝绳等表面清洁，钢丝绳排列、润滑良好，绳端固定可靠	3	月		日常维护	3

续表

单元	系统	设备	部件	检查和试验项目	检查和试验标准	工作周期	周期类型	引用标准	项目类别	专业类别
				启闭机控制系统清扫检查	控制系统各指示信号正常，各端子排端子压紧，无断脱、松动、锈蚀等现象，各继电器安装牢固，无松动，无破裂，接点无氧化，无严重受潮现象	3	月		日常维护	3
	8.2 进出水口闸门									
				进水口闸门定期启闭试验	1. 检查闸门启闭功能正常； 2. 记录闸门启闭时间，并进行对比分析； 3. 检查闸门控制系统、卷扬机等无异常	6	月	DL/T 293—2011《抽水蓄能可逆式水泵水轮机运行规程》6.8.4	定期启动、轮换与试验	7
9 计算机监控系统										
	9.1 现地控制单元									
				现地控制单元控制柜清扫检查	盘柜内外及模件、端子干净无积灰；盘柜与接地网连接良好，电缆孔洞防火泥封堵无漏缝；端子、元器件、电缆标识牌与设备核对一致且标识清晰；加热器及其温控器设定值核对正常；盘柜照明检查正常	1	年	电气二次检修项目参考工艺流程	D修	2
				现地控制单元断电重启检查	检查各卡件运行正常，装置无报警	1	年	DL/T 1009—2016《水电厂计算机监控系统运行及维护规程》	D修	2
				现地控制单元软件、数据库及文件系统备份	完成系统和程序备份： 1. 如有软件修改，改动前、后均应进行备份，数据完整，注明备份时间； 2. 所有备份介质实行异地存放； 3. 确保最近三个版本软件的备份，固化类软件应确保无误后投入运行	1	年	DL/T 1009—2016《水电厂计算机监控系统运行及维护规程》	D修	2
				现地控制单元CPU主备用切换	CPU主备用切换正常，监控画面显示正确且无异常报警，各通信信号正常有效	1	月	DL/T 1009—2016《水电厂计算机监控系统运行及维护规程》	月度定检	2

续表

单元	系统	设备	部件	检查和试验项目	检查和试验标准	工作周期	周期类型	引用标准	项目类别	专业类别
				现地控制单元工作电源检测与试验	1. 交、直流电源电压与电流正常； 2. 交流电源频率正常； 3. 冗余电源切换试验，电源切换回路动作正常，备用回路电源输出有效	1	月	DL/T 1009—2016《水电厂计算机监控系统运行及维护规程》	月度定检	2
				现地控制单元散热设备检查	滤网检查、清扫、更换，设备散热正常	1	月	DL/T 1009—2016《水电厂计算机监控系统运行及维护规程》	月度定检	2
				现地控制单元巡视检查	1. 与站内的时钟同步装置保持时钟一致； 2. 设备运行状态检查，包括电源、指示灯、通信、CPU及各输入输出模块检查； 3. 检查二次安全防护措施是否完备	1	月	DL/T 1009—2016《水电厂计算机监控系统运行及维护规程》	专业巡检	2
	9.2 操作员站									
		9.2.1 主机								
				操作员站主机功能性检查	检查机组运行监视程序工作正确	3	月	DL/T 1009—2016《水电厂计算机监控系统运行及维护规程》	日常维护	2
				操作员站计算机及附属设备清洁	设备清洁无灰尘	3	月	DL/T 1009—2016《水电厂计算机监控系统运行及维护规程》	日常维护	2
				操作员站磁盘空间检查	1. 磁盘空间满足运行要求； 2. 垃圾文件及时清理	3	月	DL/T 1009—2016《水电厂计算机监控系统运行及维护规程》	日常维护	2

续表

单元	系统	设备	部件	检查和试验项目	检查和试验标准	工作周期	周期类型	引用标准	项目类别	专业类别
				操作员站软件、数据库及文件系统备份	完成系统和程序备份： 1. 如有软件修改，改动前、后均应进行备份； 2. 所有备份介质实行异地存放； 3. 确保最近三个版本软件的备份，固化类软件应确保无误后投入运行； 4. 若备份由计算机自动完成，检查自动备份完成正常	6	月	DL/T 1009—2016《水电厂计算机监控系统运行及维护规程》	日常维护	2
				操作员站通信软件运行情况检查	1. 数据通信正常； 2. 设备状态正确	3	月	DL/T 1009—2016《水电厂计算机监控系统运行及维护规程》	日常维护	2
		9.2.2　显示器								
				操作员站显示器清洁	设备清洁无灰尘	1	月	DL/T 1009—2016《水电厂计算机监控系统运行及维护规程》	日常维护	2
	9.3　工程师站									
		9.3.1　主机								
				工程师站计算机及附属设备清洁	设备清洁无灰尘	3	月	DL/T 1009—2016《水电厂计算机监控系统运行及维护规程》	日常维护	2
				工程师站主机功能性检查	检查主机功能正常	6	月	DL/T 1009—2016《水电厂计算机监控系统运行及维护规程》	日常维护	2
				工程师站磁盘空间检查	1. 磁盘空间满足运行要求； 2. 垃圾文件及时被清理	3	月	DL/T 1009—2016《水电厂计算机监控系统运行及维护规程》	日常维护	2

续表

单元	系统	设备	部件	检查和试验项目	检查和试验标准	工作周期	周期类型	引用标准	项目类别	专业类别
				工程师站软件、数据库及文件系统备份	完成系统和程序备份： 1. 如有软件修改，改动前、后均应进行备份； 2. 所有备份介质实行异地存放； 3. 确保最近三个版本软件的备份，固化类软件应确保无误后投入运行； 4. 若备份由计算机自动完成，检查自动备份完成正常	6	月	DL/T 1009—2016《水电厂计算机监控系统运行及维护规程》	日常维护	2
				工程师站通信软件运行情况检查	1. 数据通信正常； 2. 设备状态正确	3	月	DL/T 1009—2016《水电厂计算机监控系统运行及维护规程》	日常维护	2
		9.3.2 显示器								
				工程师站显示器清洁	设备清洁无灰尘	3	月	DL/T 1009—2016《水电厂计算机监控系统运行及维护规程》	日常维护	2
	9.4 数据库和服务器									
		9.4.1 实时数据服务器								
				实时数据服务器通信软件运行情况检查	1. 数据通信正常； 2. 设备状态正确	3	月	DL/T 1009—2016《水电厂计算机监控系统运行及维护规程》	日常维护	2
		9.4.2 历史数据服务器								
				历史数据服务器软件、数据库及文件系统备份	完成系统和程序备份： 1. 如有软件修改，改动前、后均应进行备份； 2. 所有备份介质实行异地存放； 3. 确保最近三个版本软件的备份，固化类软件应确保无误后投入运行； 4. 若备份由计算机自动完成，检查自动备份完成正常	6	月	DL/T 1009—2016《水电厂计算机监控系统运行及维护规程》	日常维护	2

续表

单元	系统	设备	部件	检查和试验项目	检查和试验标准	工作周期	周期类型	引用标准	项目类别	专业类别
		9.4.3 数据库维护编辑软件								
				服务器磁盘空间检查	1. 磁盘空间满足运行要求； 2. 垃圾文件及时被清理	3	月	DL/T 1009—2016《水电厂计算机监控系统运行及维护规程》	日常维护	2
	9.5 远动及调度数据网									
		9.5.1 省调调度数据网络								
				调度数据网络“四遥”信号的传动	与调度端的遥信、遥控、遥测、遥调等信号的传动正确	3	月	DL/T 1009—2016《水电厂计算机监控系统运行及维护规程》	日常维护	2
				调度数据网络时钟核对	与调度端的时钟一致	3	月	DL/T 1009—2016《水电厂计算机监控系统运行及维护规程》	日常维护	2
				调度数据网络电源装置的检查	1. 输入输出电压测量； 2. 电源切换试验	3	月	DL/T 1009—2016《水电厂计算机监控系统运行及维护规程》	日常维护	2
		9.5.2 网调调度数据网络								
				“四遥”信号的传动	与调度端的遥信、遥控、遥测、遥调等信号的传动正确	3	月	DL/T 1009—2016《水电厂计算机监控系统运行及维护规程》	日常维护	2
				时钟核对	与调度端的时钟一致	3	月	DL/T 1009—2016《水电厂计算机监控系统运行及维护规程》	日常维护	2
				电源装置的检查	1. 输入输出电压测量； 2. 电源切换试验	3	月	DL/T 1009—2016《水电厂计算机监控系统运行及维护规程》	日常维护	2

续表

单元	系统	设备	部件	检查和试验项目	检查和试验标准	工作周期	周期类型	引用标准	项目类别	专业类别
		9.5.3　远动工作站								
		9.5.4　远方终端单元（RTU）								
	9.6　计算机监控附属系统									
		9.6.1　网络设备								
				信息系统使用的服务器主用及备用两套系统间的数据同步	主用及备用两套系统间的数据同步	3	月	《国家电网公司水电厂重大反事故措施》14.1.3.2	日常维护	2
				监控系统的系统操作软件安装盘备份情况检查	应至少备份2套，并分级管理、异地保存，使用正常	1	年	《国家电网公司水电厂重大反事故措施》14.1.3.1	日常维护	2
				网络冗余性检查	冗余网络切换正常	6	月	DL/T 1009—2016《水电厂计算机监控系统运行及维护规程》	日常维护	2
		9.6.2　不间断电源系统（UPS）								
				UPS蓄电池外观检查	外观整洁，电极无锈蚀现象	1	月	DL/T 1009—2016《水电厂计算机监控系统运行及维护规程》	日常维护	2
				UPS盘柜内各接线端子紧固情况检查	端子无松动或缺失、烧损，外观检查完好	1	年	《国家电网公司水电厂重大反事故措施》13.2.2.7	日常维护	2
				UPS盘柜清洁、封堵、接地情况检查	盘柜内外无积尘，防火封堵完好，接地导通电阻不大于50mΩ	1	年	《国家电网公司水电厂重大反事故措施》13.2.2.7	日常维护	2
				UPS各元器件检查	各元器件外观完好	1	年	《国家电网公司水电厂重大反事故措施》13.2.2.7	日常维护	2
				UPS装置运行参数、设定参数检查	装置工作正常，参数正确、无报警	1	年	《国家电网公司水电厂重大反事故措施》13.2.2.7	日常维护	2

续表

单元	系统	设备	部件	检查和试验项目	检查和试验标准	工作周期	周期类型	引用标准	项目类别	专业类别
				模拟UPS交流异常，检查直流逆变情况	直流逆变正常	1	年	《国家电网公司水电厂重大反事故措施》13.2.2.7	日常维护	2
				模拟UPS逆变器异常，检查旁路切换情况	旁路切换正常	1	年	《国家电网公司水电厂重大反事故措施》13.2.2.7	日常维护	2
				测量UPS输出电压的纹波系数、频率、交直流分量等技术参数	UPS输出电压的纹波系数、频率、交直流分量等技术参数符合产品说明书要求	1	年	《国家电网公司水电厂重大反事故措施》13.2.2.7	日常维护	2
				模拟UPS各种异常，检查报警信号输出情况	UPS异常报警信号输出正常，以监控系统报警信号核对正确	1	年	《国家电网公司水电厂重大反事故措施》13.2.2.7	日常维护	2
				UPS主备用供电电源切换	UPS装置无报警，电压输出正常	1	年	《国家电网公司水电厂重大反事故措施》13.2.2.7	定期启动、轮换与试验	2
				UPS蓄电池充放电试验	放电标准为电压降至额定电压的90%	1	年	DL/T 1009—2016《水电厂计算机监控系统运行及维护规程》	日常维护	2
		9.6.3 模拟屏								
				模拟屏清扫	模拟屏洁净无灰尘	1	年	DL/T 1009—2016《水电厂计算机监控系统运行及维护规程》	日常维护	2
		9.6.4 AGC控制装置								
				AGC功能正常检查	AGC功能投退正常；AGC动作结果正常	1	年	《国家电网公司水电厂重大反事故措施》14.2.3.5	日常维护	2
		9.6.5 AVC控制装置								

续表

单元	系统	设备	部件	检查和试验项目	检查和试验标准	工作周期	周期类型	引用标准	项目类别	专业类别
				AVC功能正常检查	AVC功能投退正常；AVC动作结果正常	1	年	DL/T 1009—2016《水电厂计算机监控系统运行及维护规程》	日常维护	2
		9.6.6　机组成组控制装置								
				机组成组控制功能检查	机组成组控制功能投退正常	1	年	DL/T 1009—2016《水电厂计算机监控系统运行及维护规程》	日常维护	2
		9.6.7　交流采样装置								
				交流采样装置运行情况检查	1. 数据通信正常； 2. 设备状态正确，功能正常	3	月		日常维护	2
		9.6.8　温度专业巡检装置								
				温度专业巡检装置运行情况检查	1. 数据通信正常； 2. 设备状态正确，功能正常	3	月		日常维护	2
		9.6.9　相量测量装置								
				相量测量装置运行情况检查	1. 数据通信正常； 2. 设备状态正确，功能正常	3	月		日常维护	2
		9.6.10　电能质量监测装置								
				电能质量监测装置运行情况检查	1. 数据通信正常； 2. 设备状态正确，功能正常	3	月		日常维护	2
		9.6.11　时钟同步装置								
				时钟同步装置设备清扫	外观无灰、无污渍	3	月		日常维护	2
				时钟同步装置时钟对时检查	检查各子站时间显示与主时钟一致	3	月		日常维护	2

续表

单元	系统	设备	部件	检查和试验项目	检查和试验标准	工作周期	周期类型	引用标准	项目类别	专业类别
				时钟同步装置检查	通信接口连接正确，通信电缆完好无损；检查天线安装应垂直，四周应无建筑物或杂物遮挡；天线插头应接插可靠、牢固无松动，馈线应无破损断裂	1	年		日常维护	2
	9.7 电能量采集系统									
				电能量采集系统设备清洁	清洁无灰尘	3	月	DL/T 1009—2016《水电厂计算机监控系统运行及维护规程》	日常维护	2
				电能量采集系统磁盘空间检查	1. 磁盘空间满足运行要求； 2. 垃圾文件及时被清理	3	月	DL/T 1009—2016《水电厂计算机监控系统运行及维护规程》	日常维护	2
	9.8 独立工作站									
				独立工作站停电清灰除尘	设备清洁无灰尘	6	月	DL/T 1009—2016《水电厂计算机监控系统运行及维护规程》	日常维护	2
				独立工作站磁盘空间检查	1. 磁盘空间满足运行要求； 2. 垃圾文件及时被清理	3	月	DL/T 1009—2016《水电厂计算机监控系统运行及维护规程》	日常维护	2
				独立工作站软件、数据库及文件系统备份	完成系统和程序备份	1	年	DL/T 1009—2016《水电厂计算机监控系统运行及维护规程》	日常维护	2
	9.9 紧停装置									
				紧停装置功能检查	对紧停装置进行传动试验，传动结果正常	1	年		日常维护	2

续表

单元	系统	设备	部件	检查和试验项目	检查和试验标准	工作周期	周期类型	引用标准	项目类别	专业类别
	9.10　水库水位测量系统									
		9.10.1　调度数据网信息报送终端								
		9.10.2　水位测量装置								
				水位测量装置模拟量信号核对	各个水位测量元件与水工实测数据一致	3	月		日常维护	2
				水位保护传动试验	每年汛前、讯后各应进行一次水位保护模拟动作试验	6	月		日常维护	2
	9.11　电力五防系统									
		9.11.1　主机								
				五防主机功能检查	检查机组运行监视程序工作正确	3	月	DL/T 1009—2016《水电厂计算机监控系统运行及维护规程》	日常维护	2
				五防主机清洁	设备清洁无灰尘	3	月	DL/T 1009—2016《水电厂计算机监控系统运行及维护规程》	日常维护	2
				五防计算机及附属设备清洁	设备清洁无灰尘	3	月	DL/T 1009—2016《水电厂计算机监控系统运行及维护规程》	日常维护	2
				五防主机磁盘空间检查	1. 磁盘空间满足运行要求； 2. 垃圾文件及时被清理	3	月	DL/T 1009—2016《水电厂计算机监控系统运行及维护规程》	日常维护	2

续表

单元	系统	设备	部件	检查和试验项目	检查和试验标准	工作周期	周期类型	引用标准	项目类别	专业类别
				五防主机软件、数据库及文件系统备份	完成系统和程序备份： 1. 如有软件修改，改动前、后均应进行备份； 2. 所有备份介质实行异地存放； 3. 确保最近三个版本软件的备份，固化类软件应确保无误后投入运行； 4. 若备份由计算机自动完成，检查自动备份完成正常	6	月	DL/T 1009—2016《水电厂计算机监控系统运行及维护规程》	日常维护	2
				五防主机通信软件运行情况检查	1. 数据通信正常； 2. 设备状态正确	3	月	DL/T 1009—2016《水电厂计算机监控系统运行及维护规程》	日常维护	2
		9.11.2 显示器								
				五防主机显示器清洁	设备清洁无灰尘	1	月	DL/T 1009—2016《水电厂计算机监控系统运行及维护规程》	日常维护	2
		9.11.3 电脑钥匙								
				五防电脑钥匙清洁	设备清洁无灰尘	3	月	DL/T 1009—2016《水电厂计算机监控系统运行及维护规程》	日常维护	2
				五防电脑钥匙通信运行情况检查	1. 数据通信正常； 2. 设备状态正确	3	月	DL/T 1009—2016《水电厂计算机监控系统运行及维护规程》	日常维护	2
		9.11.4 编码锁具								
		9.11.5 机械锁								
10 通信系统										
	10.1 电力系统通信传输系统									

续表

单元	系统	设备	部件	检查和试验项目	检查和试验标准	工作周期	周期类型	引用标准	项目类别	专业类别
	10.2　厂内通信系统									
				厂内通信线缆检查	1. 通信音频配线架（含模块、避雷器）正常； 2. 通信音频电缆（含电缆交接箱、分线盒）正常； 3. 通信光配架（含光纤终端盒、尾纤）正常； 4. 光缆（含光缆接续盒）正常； 5. 光纤连接器应具有良好的重复性和互换性；尾纤的长度应符合设计要求、外皮无损伤；尾纤各项参数应符合规程规定，连接器的损耗应符合规程规定	3	月	Q/GDW 721—2012《电力通信现场标准化作业规范》9.2.5.2	日常维护	5
				调度电话终端设备检查试验	1. 调度电话机（特种电话）正常； 2. 数字电话机、录音电话机、普通电话机正常	3	月	Q/GDW 721—2012 电力通信现场标准化作业规范	日常维护	5
	10.3　调度通信系统									
				调度交换设备检查	1. 调度总机工作状态，有无紧急、主要告警； 2. 调度交换机主、备用控制架状态，巡视期间有无发生切换； 3. 调度台工作状态，进行出局、入局呼叫，检查显示信号是否正常； 4. 使用调度台随机进行调度电话试话，检查话音音质状况	3	月	Q/GDW 721—2012《电力通信现场标准化作业规范》	日常维护	5
				调度录音系统检查	1. 检查调度录音设备工作状态，查询录音文件，确认所有录音端口工作正常； 2. 巡视周期间录音文件放音，监听音质状况良好	3	月	Q/GDW 721—2012《电力通信现场标准化作业规范》	日常维护	5
				调度通信系统盘柜检查	1. 设备表面除尘清洁； 2. 设备机柜封堵； 3. 标识标签检查补缺	3	月	Q/GDW 721—2012《电力通信现场标准化作业规范》	日常维护	5
				调度通信系统时钟对时	以北京时间为基准，校准调度录音系统时间	3	月	Q/GDW 721—2012 电力通信现场标准化作业规范	日常维护	5

续表

单元	系统	设备	部件	检查和试验项目	检查和试验标准	工作周期	周期类型	引用标准	项目类别	专业类别
	10.4 行政通信系统									
	10.5 通信系统电源									
				通信电源设备盘柜接地线、接地装置检查测试	1. 标志清晰，接地线、接地装置完整，安装牢固可靠完整； 2. 每年雷雨季节前应对接地系统进行检查维护，对运行中的过电压防护装置进行检测	6	月		日常维护	5
				通信电源设备性能检查测试	1. 查看蓄电池外观无变形、漏液、发热等异常现象； 2. 测试单体电池电压正常； 3. 测量交流输入电压、直流输出电压正常	1	月		日常维护	5
				蓄电池充放电试验	蓄电池无漏液；若经过3次全核对性放充电，蓄电池组容量均达不到额定容量的80%以上，应进行更换	1	年		日常维护	5
	10.6 应急通信系统									
				应急通信设备检查测试	检查应急通信设备工作状态良好；测试应急通信系统运行正常	6	月		日常维护	5
11 直流系统										
	11.1 蓄电池组									
				蓄电池组容量核对性充放电试验	蓄电池无漏液；若经过3次全核对性放充电，蓄电池组容量均达不到额定容量的80%以上，应进行更换	1	年	DL/T 724—2000《电力系统用蓄电池直流电源装置运行与维护技术规程》6.3.3	日常维护	2
				蓄电池组连接线固定螺栓紧固	螺栓紧固，电气连接部位无过热痕迹	1	年	DL/T 724—2000《电力系统用蓄电池直流电源装置运行与维护技术规程》6	日常维护	2

续表

单元	系统	设备	部件	检查和试验项目	检查和试验标准	工作周期	周期类型	引用标准	项目类别	专业类别
				地下厂房直流蓄电池外观检查	蓄电池外壳无破裂、膨胀、漏液现象，表面目视无尘；蓄电池各连接点应严密，无氧化现象	1	周	DL/T 724—2000《电力系统用蓄电池直流电源装置运行与维护技术规程》6	专业巡检	2
				直流蓄电池室温度、通风检查	蓄电池室的温度应经常保持在5～35℃之间，并保持良好的通风和照明。柜内安装的蓄电池，单体温度不高于35℃	1	周	《国家电网水电厂重大反事故措施》16.4.3.3	专业巡检	2
				蓄电池端电压测量	端电压正常	1	月	DL/T 724—2000《电力系统用蓄电池直流电源装置运行与维护技术规程》6.3.4	日常维护	2
				蓄电池定期均衡充电	检查均充电压、时间正常	6	月	DL/T 724—2000《电力系统用蓄电池直流电源装置运行与维护技术规程》6	日常维护	2
	11.2 充电装置									
				充电柜接线端子紧固情况检查	端子无松动或缺失、烧损，外观检查完好	1	年	DL/T 724—2000《电力系统用蓄电池直流电源装置运行与维护技术规程》7.2	日常维护	2
				充电柜加热器和照明检查	控制加热器的温湿度开关动作正确，加热器和照明能正常启停，必要时更换加热器导线和照明光源	1	月	电气二次检修项目参考工艺流程 直流系统	专业巡检	2
				充电装置红外测温检查	充电装置各元件极限温升值满足要求	1	年	DL/T 724—2000《电力系统用蓄电池直流电源装置运行与维护技术规程》7.1.8	专业巡检	2
				充电柜清洁、封堵、接地情况检查	盘柜内外无积尘，防火封堵完好，接地导通电阻不大于50MΩ	1	年	DL/T 724—2000《电力系统用蓄电池直流电源装置运行与维护技术规程》7.2	日常维护	2

续表

单元	系统	设备	部件	检查和试验项目	检查和试验标准	工作周期	周期类型	引用标准	项目类别	专业类别
				充电装置检查、校验	装置校验结果符合要求	1	年	DL/T 724—2000《电力系统用蓄电池直流电源装置运行与维护技术规程》7.2	日常维护	2
				备用充电装置定期轮换	充电装置启动正常，切换正常，无报警；充电装置输入电压正常，充电模块运行正常；直流正/负母电压、对地绝缘正常	3	月	Q/GDW 11459—2015《水电站直流系统运行维护导则》6.3	定期启动、轮换与试验	7
	11.3 接地专业巡检装置									
				接地专业巡检装置接线端子检查紧固	端子无松动或缺失、烧损，外观检查完好	1	年	《电气二次检修项目参考工艺流程 直流系统》	日常维护	2
				接地专业巡检装置盘柜加热器和照明检查	控制加热器的温湿度开关动作正确，加热器和照明能正常启停，必要时更换加热器导线和照明光源	1	月	《电气二次检修项目参考工艺流程直流系统》	专业巡检	2
				接地专业巡检装置盘柜盘柜清洁、封堵、接地情况检查	盘柜内外无积尘，防火封堵完好，接地导通电阻不大于50MΩ	1	年	电气二次检修项目参考工艺流程 直流系统	日常维护	2
				接地专业巡检装置检查、校验	母线或支路绝缘电阻、接地电流等定值校验正常	1	年	电气二次检修项目参考工艺流程 直流系统	日常维护	2
	11.4 UPS									
				UPS盘柜内各接线端子紧固情况检查	端子无松动或缺失、烧损，外观检查完好	1	年	《国家电网公司水电厂重大反事故措施》13.2.2.7	日常维护	2
				UPS盘柜加热器和照明检查	控制加热器的温湿度开关动作正确，加热器和照明能正常启停，必要时更换加热器导线和照明光源	1	月	《国家电网公司水电厂重大反事故措施》13.2.2.7	专业巡检	2

续表

单元	系统	设备	部件	检查和试验项目	检查和试验标准	工作周期	周期类型	引用标准	项目类别	专业类别
				UPS盘柜清洁、封堵、接地情况检查	盘柜内外无积尘，防火封堵完好，接地导通电阻不大于50MΩ	1	年	《国家电网公司水电厂重大反事故措施》13.2.2.7	日常维护	2
				UPS各元器件检查	各元器件外观完好	1	年	《国家电网公司水电厂重大反事故措施》13.2.2.7	日常维护	2
				UPS装置运行情况检查	装置工作正常，无报警	1	年	《国家电网公司水电厂重大反事故措施》13.2.2.7	日常维护	2
				模拟UPS交流异常，检查直流逆变情况	直流逆变正常	1	年	《国家电网公司水电厂重大反事故措施》13.2.2.7	日常维护	2
				模拟UPS逆变器异常，检查旁路切换情况	旁路切换正常	1	年	《国家电网公司水电厂重大反事故措施》13.2.2.7	日常维护	2
				测量UPS输出电压的纹波系数、频率、交直流分量等技术参数	UPS输出电压的纹波系数、频率、交直流分量等技术参数符合产品说明书要求	1	年	《国家电网公司水电厂重大反事故措施》13.2.2.7	日常维护	2
				模拟UPS各种异常，检查报警信号输出情况	UPS异常报警信号输出正常	1	年	《国家电网公司水电厂重大反事故措施》13.2.2.7	日常维护	2
	11.5　放电装置									
	11.6　电池专业巡检									
				电池专业巡检装置运行情况检查	装置工作正常，无报警	1	周	DL/T 724—2000《电力系统用蓄电池直流电源装置运行与维护技术规程》	专业巡检	2
	11.7　馈电屏									
				馈电屏接线端子的检查紧固	端子无松动或缺失、烧损，外观检查完好	1	年	DL/T 724—2000《电力系统用蓄电池直流电源装置运行与维护技术规程》	日常维护	2

续表

单元	系统	设备	部件	检查和试验项目	检查和试验标准	工作周期	周期类型	引用标准	项目类别	专业类别
				馈电屏加热器和照明检查	控制加热器的温湿度开关动作正确，加热器和照明能正常启停，必要时更换加热器导线和照明光源	1	月	DL/T 724—2000《电力系统用蓄电池直流电源装置运行与维护技术规程》	专业巡检	2
				馈电屏清洁、封堵、接地情况检查	盘柜内外无积尘，防火封堵完好，接地导通电阻不大于50MΩ	1	年	DL/T 724—2000《电力系统用蓄电池直流电源装置运行与维护技术规程》	日常维护	2
12　起重、电梯与交通工具										
	12.1　起重设备									
		12.1.1　桥式起重机								
			12.1.1.1　金属结构							
				金属结构外观检查	1. 主要受力构件（如主梁、主支撑腿、主副吊臂、标准节、吊具横梁等）无明显塑性变形； 2. 金属结构的连接焊缝无明显可见的焊接缺陷，螺栓和销轴等连接无松动，无缺	1	月	TSG Q7015—2016《起重机械定期检验规则》	日常维护	3
			12.1.1.2　制动器							
				制动器外观检查	1. 制动器的零部件无裂纹、过度磨损、塑性变形、缺件等缺陷（制动片磨损达原厚度的50%或者露出铆钉时报废），液压制动器无漏油现象； 2. 制动器打开时制动轮与摩擦片无摩擦现象，制动器闭合时制动轮与摩擦片接触均匀，无影响制动性能的缺陷和油污（不适用于制动电机）	1	月	TSG Q7015—2016《起重机械定期检验规则》	日常维护	3
			12.1.1.3　吊具							
				吊具外观检查	1. 电磁吸盘、抓斗、吊具横梁等吊具悬挂牢固可靠（适用于固定使用的）； 2. 吊钩应当设置防脱钩装置（司索人员无法靠近吊钩的除外），并且有效； 3. 吊钩不应当焊补，铸造起重机钩口防磨保护鞍座完整	2	周	TSG Q7015—2016《起重机械定期检验规则》	日常维护	3

续表

单元	系统	设备	部件	检查和试验项目	检查和试验标准	工作周期	周期类型	引用标准	项目类别	专业类别
			12.1.1.4　钢丝绳							
				钢丝绳外观检查	1. 钢丝绳绳端固定牢固、可靠，压板固定时的压板不少于2个（电动葫芦不少于3个），除固定钢丝绳的圈数外，卷筒上至少保留2圈钢丝绳作为安全圈（多层卷绕安全圈为3圈）； 2. 卷筒上的绳端固定装置有防松或者自紧的性能；用金属压制接头固定时，接头无裂纹； 3. 用楔块固定时，楔套无裂纹，楔块无松动；用绳卡固定时，绳卡安装正确，绳卡数满足要求	1	月	TSG Q7015—2016《起重机械定期检验规则》	日常维护	3
			12.1.1.5　轨道							
				轨道检查	检查起重机械大车、小车轨道是否未出现明显松动，是否无影响其安全运行的明显缺陷	1	月	TSG Q7015—2016《起重机械定期检验规则》	日常维护	3
				桥式起重机设备检查	1. 检查各机构运转是否正常，制动是否可靠； 2. 检查操纵系统、电气控制系统工作是否正常； 3. 检查起重机械沿轨道全长运行是否有啃轨现象； 4. 检查各种安全装置工作是否可靠有效	1	月	TSG Q7015—2016《起重机械定期检验规则》	日常维护	3
				桥式起重机作业环境和外观检查	1. 起重机械明显部位标注的额定起重量标志和安全检验合格标志清晰，符合规定； 2. 起重机械运动部分与建筑物、设施、输电线的安全距离符合相应标准	1	月	TSG Q7015—2016《起重机械定期检验规则》	日常维护	3
		12.1.2　门式起重机								
			12.1.2.1　金属结构							
				金属结构外观检查	1. 主要受力构件（如主梁、主支撑腿、主副吊臂、标准节、吊具横梁等）无明显塑性变形； 2. 金属结构的连接焊缝无明显可见的焊接缺陷，螺栓和销轴等连接无松动，无缺	1	月	TSGQ 7015—2016《起重机械定期检验规则》	日常维护	3

续表

单元	系统	设备	部件	检查和试验项目	检查和试验标准	工作周期	周期类型	引用标准	项目类别	专业类别
			12.1.2.2　制动器							
				制动器外观检查	1. 制动器的零部件无裂纹、过度磨损、塑性变形、缺件等缺陷（制动片磨损达原厚度的50%或者露出铆钉时报废），液压制动器无漏油现象； 2. 制动器打开时制动轮与摩擦片无摩擦现象，制动器闭合时制动轮与摩擦片接触均匀，无影响制动性能的缺陷和油污（不适用于制动电机）	1	月	TSG 08—2017《特种设备使用管理规则》	日常维护	3
			12.1.2.3　吊具							
				吊具外观检查	1. 电磁吸盘、抓斗、吊具横梁等吊具悬挂牢固可靠（适用于固定使用的）； 2. 吊钩应当设置防脱钩装置（司索人员无法靠近吊钩的除外），并且有效； 3. 吊钩不应当焊补，铸造起重机钩口防磨保护鞍座完整	1	月	TSG Q7015—2016《起重机械定期检验规则》	日常维护	3
			12.1.2.4　钢丝绳							
				钢丝绳外观检查	1. 钢丝绳绳端固定牢固、可靠，压板固定时的压板不少于2个（电动葫芦不少于3个），除固定钢丝绳的圈数外，卷筒上至少保留2圈钢丝绳作为安全圈（多层卷绕安全圈为3圈）； 2. 卷筒上的绳端固定装置有防松或者自紧的性能；用金属压制接头固定时，接头无裂纹； 3. 用楔块固定时，楔套无裂纹，楔块无松动；用绳卡固定时，绳卡安装正确，绳卡数满足要求	1	月	TSG Q7015—2016《起重机械定期检验规则》	日常维护	3
			12.1.2.5　轨道							
				轨道检查	轨道是否未出现明显松动，是否无影响其安全运行的明显缺陷	1	月	TSGQ 7015—2016《起重机械定期检验规则》	日常维护	3

续表

单元	系统	设备	部件	检查和试验项目	检查和试验标准	工作周期	周期类型	引用标准	项目类别	专业类别
				门式起重机设备检查	1. 检查各机构运转是否正常，制动是否可靠； 2. 检查操纵系统、电气控制系统工作是否正常； 3. 检查起重机械沿轨道全长运行是否有啃轨现象； 4. 检查各种安全装置工作是否可靠有效	1	月	TSG Q7015—2016《起重机械定期检验规则》	日常维护	3
				门式起重机作业环境和外观检查	1. 起重机械明显部位标注的额定起重量标志和安全检验合格标志清晰，符合规定； 2. 起重机械运动部分与建筑物、设施、输电线的安全距离符合相应标准	1	月	TSG Q7015—2016《起重机械定期检验规则》	日常维护	3
		12.1.3　卷扬机								
			12.1.3.1　钢丝绳							
				钢丝绳外观检查	1. 钢丝绳绳端固定牢固、可靠，压板固定时的压板不少于2个（电动葫芦不少于3个），除固定钢丝绳的圈数外，卷筒上至少保留2圈钢丝绳作为安全圈（多层卷绕安全圈为3圈）； 2. 卷筒上的绳端固定装置有防松或者自紧的性能；用金属压制接头固定时，接头无裂纹； 3. 用楔块固定时，楔套无裂纹，楔块无松动；用绳卡固定时，绳卡安装正确，绳卡数满足要求	1	月	TSG Q7015—2016《起重机械定期检验规则》	日常维护	3
			12.1.3.2　制动器							
				制动器外观检查	1. 制动器的零部件无裂纹、过度磨损、塑性变形、缺件等缺陷（制动片磨损达原厚度的50%或者露出铆钉时报废），液压制动器无漏油现象； 2. 制动器打开时制动轮与摩擦片无摩擦现象，制动器闭合时制动轮与摩擦片接触均匀，无影响制动性能的缺陷和油污（不适用于制动电机）	1	月	TSG 08—2017《特种设备使用管理规则》	日常维护	3

续表

单元	系统	设备	部件	检查和试验项目	检查和试验标准	工作周期	周期类型	引用标准	项目类别	专业类别
				卷扬机作业环境和外观检查	1. 起重机械明显部位标注的额定起重量标志和安全检验合格标志清晰，符合规定； 2. 起重机械运动部分与建筑物、设施、输电线的安全距离符合相应标准	1	月	TSG Q7015—2016《起重机械定期检验规则》	日常维护	3
		12.1.4 卷扬机其他起重设备								
	12.2 电梯									
		12.2.1 机房								
				电梯机房、滑轮间环境检查	清洁，门窗完好、照明正常	2	周	TSG 08—2017《特种设备使用管理规则》	日常维护	3
		12.2.2 控制柜								
				电梯控制柜内各接线端子	各接线紧固、整齐，线号齐全清晰	6	月	TSG 08—2017《特种设备使用管理规则》	日常维护	3
				电梯控制柜各仪表	显示正确	6	月	TSG 08—2017《特种设备使用管理规则》	日常维护	3
		12.2.3 曳引机								
				曳引机运行检查	运行时无异常振动和异常声响	2	周	TSG 08—2017《特种设备使用管理规则》	日常维护	3
				曳引轮槽、曳引钢丝绳检查	清洁无严重油腻，张力均匀	3	月	TSG 08—2017《特种设备使用管理规则》	日常维护	3
				曳引机曳引轮、导向轮轴承部、轮槽检查	1. 曳引轮，导向轮轴承部无异常，无振动，润滑良好； 2. 轮槽磨损量不超过制造单位要求	6	月	TSG 08—2017《特种设备使用管理规则》	日常维护	3
				曳引机曳引绳、补偿绳检查	1. 曳引绳、补偿绳磨损量、断丝数不超过要求； 2. 曳引绳绳头组合螺母无松动	6	月	TSG 08—2017《特种设备使用管理规则》	日常维护	3

续表

单元	系统	设备	部件	检查和试验项目	检查和试验标准	工作周期	周期类型	引用标准	项目类别	专业类别
		12.2.4 减速机								
				减速机润滑油检查	油量适宜，除蜗杆伸出端外无渗漏，按照制造单位要求适时更换，保证油质符合要求	3	月	TSG 08—2017《特种设备使用管理规则》	日常维护	3
				电动机与减速机联轴器螺栓检查	无松动	6	月	TSG 08—2017《特种设备使用管理规则》	日常维护	3
		12.2.5 制动器								
				制动器各销轴部位检查	润滑，动作灵活	2	周	TSG 08—2017《特种设备使用管理规则》	日常维护	3
				制动器间隙检查	打开时制动衬与制动轮不应发生摩擦	2	周	TSG 08—2017《特种设备使用管理规则》	日常维护	3
				制动器制动衬检查	清洁、磨损量不超过制造单位要求	3	月	TSG 08—2017《特种设备使用管理规则》	日常维护	3
				制动器铁芯检查	进行清洁、润滑、检查，磨损量不超过制造单位要求	1	年	TSG 08—2017《特种设备使用管理规则》	日常维护	3
				制动器制动弹簧压缩量检查	制动器制动弹簧压缩量符合制造单位要求，保持足够的制动里	1	年	TSG 08—2017《特种设备使用管理规则》	日常维护	3
				制动器检测开关检查	工作正常，制动器动作可靠	6	月	TSG 08—2017《特种设备使用管理规则》	日常维护	3
		12.2.6 限速系统								
				限速系统各销轴部位检查	润滑，转动灵活，电气开关正常	2	周	TSG 08—2017《特种设备使用管理规则》	日常维护	3
				限速器轮槽、钢丝绳丝检查	清洁、无严重油腻	3	月	TSG 08—2017《特种设备使用管理规则》	日常维护	3

续表

单元	系统	设备	部件	检查和试验项目	检查和试验标准	工作周期	周期类型	引用标准	项目类别	专业类别
				限速张紧轮装置和电气安全装置检查	工作正常	3	月	TSG 08—2017《特种设备使用管理规则》	日常维护	3
				限速器钢丝绳检查	限速器钢丝绳磨损量、断丝数不超过要求	6	月	TSG 08—2017《特种设备使用管理规则》	日常维护	3
				限速器安全钳联动试验	工作正常	1	年	TSG 08—2017《特种设备使用管理规则》	日常维护	3
				限速系统上行超速保护装置动作试验	工作正常	1	年	TSG 08—2017《特种设备使用管理规则》	日常维护	3
		12.2.7 缓冲器								
				耗能缓冲器检查	电气安全装置功能有效，油量适宜，柱塞无锈蚀	1	年	TSG 08—2017《特种设备使用管理规则》	日常维护	3
				缓冲器紧固检查	固定，无松动	1	年	TSG 08—2017《特种设备使用管理规则》	日常维护	3
		12.2.8 厅、轿门系统								
				厅、轿门系统检查	1. 厅、轿门正常开启关闭 ； 2. 轿门门锁安全装置功能有效； 3. 轿门门锁电器触点清洁，触点接触良好，接线可靠	2	周	TSG 08—2017《特种设备使用管理规则》	日常维护	3
		12.2.9 轿厢								
				轿厢外观检查	1. 轿厢照明、风扇、应急照明工作正常； 2. 检修开关、急停开关、报警装置、对讲系统工作正常； 3. 轿内显示、指示按钮齐全有效	2	周	TSG 08—2017《特种设备使用管理规则》	日常维护	3
				轿顶检修开关、急停开关	工作正常	2	周	TSG 08—2017《特种设备使用管理规则》	日常维护	3

续表

单元	系统	设备	部件	检查和试验项目	检查和试验标准	工作周期	周期类型	引用标准	项目类别	专业类别
				轿厢紧固件检查	1. 轿厢和对重的导轨支架固定，无松动； 2. 轿底安装螺栓紧固； 3. 轿顶、轿厢架、轿门及其附件安装螺栓紧固无松动	1	年	TSG 08—2017《特种设备使用管理规则》	日常维护	3
				轿厢称重装置检查	准确有效	1	年	TSG 08—2017《特种设备使用管理规则》	日常维护	3
		12.2.10 层门								
				层门外观检查	1. 层站召唤、层楼显示齐全有效； 2. 层门地坎清洁； 3. 层门自动关闭装置政策	2	周	TSG 08—2017《特种设备使用管理规则》	日常维护	3
				层门门锁检查	1. 用层门门钥匙打开手动开锁装置释放后，层门门锁自动复位； 2. 层门门锁电气触点清洁，接触良好，接线可靠； 3. 层门锁紧元件齿合长度小于 7mm	3	月	TSG 08—2017《特种设备使用管理规则》	日常维护	3
				层门导靴检查	磨损量不超过制造单位要求	3	月	TSG 08—2017《特种设备使用管理规则》	日常维护	3
				电梯选层器动静触点检查	清洁，无烧蚀	3	月	TSG 08—2017《特种设备使用管理规则》	日常维护	3
				电梯底坑检查	1. 清洁，无渗水、积水，照明正常； 2. 底坑急停开关工作正常	3	月	TSG 08—2017《特种设备使用管理规则》	日常维护	3
				电梯本体装置和底坎检查	无影响正常使用的变形，各安装螺栓紧固	1	年	TSG 08—2017《特种设备使用管理规则》	日常维护	3
		12.2.11 其他部件								
				电梯手动紧急操作装置检查	齐全，在指定位置	2	周	TSG 08—2017《特种设备使用管理规则》	日常维护	3

续表

单元	系统	设备	部件	检查和试验项目	检查和试验标准	工作周期	周期类型	引用标准	项目类别	专业类别
				电梯编码器检查	清洁，安装牢固	2	周	TSG 08—2017《特种设备使用管理规则》	日常维护	3
				电梯井道照明检查	齐全、正常	2	周	TSG 08—2017《特种设备使用管理规则》	日常维护	3
				电梯对重块及其压板检查	对重块无松动，压板紧固	2	周	TSG 08—2017《特种设备使用管理规则》	日常维护	3
				电梯位置脉冲发生器检查	工作正常	3	月	TSG 08—2017《特种设备使用管理规则》	日常维护	3
				电梯靴衬、滚轮检查	清洁，磨损量不超过制造单位要求	3	月	TSG 08—2017《特种设备使用管理规则》	日常维护	3
				电梯上下极限开关检查	工作正常	6	月	TSG 08—2017《特种设备使用管理规则》	日常维护	3
				电梯补偿链（绳）与轿厢、对重接合处检查	固定、无松动	6	月	TSG 08—2017《特种设备使用管理规则》	日常维护	3
				电梯井道、对重、轿顶各反绳轮轴承部检查	无异常声，无振动，润滑良好	6	月	TSG 08—2017《特种设备使用管理规则》	日常维护	3
				电梯随行电缆检查	无损伤	1	年	TSG 08—2017《特种设备使用管理规则》	日常维护	3
				电梯安全钳钳座检查	固定，无松动	1	年	TSG 08—2017《特种设备使用管理规则》	日常维护	3
				电梯导电回路绝缘性能测试	符合标准	1	年	TSG 08—2017《特种设备使用管理规则》	日常维护	3
13 安保及工业电视系统										

续表

单元	系统	设备	部件	检查和试验项目	检查和试验标准	工作周期	周期类型	引用标准	项目类别	专业类别
	13.1　安保系统									
				安保视频系统上位机设备检查	工业电视上位机无报警、服务器正常运行、盘柜内外整洁，无异响；进行时钟对时。工业电视上位机监控软件上各个硬盘录像机处于正常登陆状态，无异常报警	1	月	电气二次检修项目参考流程	日常维护	2
				安保视频画面检查	视频画面均有图像且图像质量较好	1	月	电气二次检修项目参考流程	日常维护	2
				安保视频录像检查	录像无中断现象	1	月	电气二次检修项目参考流程	日常维护	2
				安保视频硬盘检查	硬盘无异常或报警	1	月	电气二次检修项目参考流程	日常维护	2
				安保视频事件记录检查	事件记录无异常	1	月	电气二次检修项目参考流程	日常维护	2
				安保视频网络连接情况检查	网络连接正常	1	月	电气二次检修项目参考流程	日常维护	2
				安保视频盘柜检查	盘柜内线路整齐、盘柜内接地满足要求、开关状态正确	1	年	电气二次检修项目参考流程	日常维护	2
				安保视频系统摄像机检查、清理	1. 摄像机外观整洁无灰尘； 2. 摄像机供电电压正常； 3. 摄像机图像传输、显示正常	1	年	电气二次检修项目参考流程	日常维护	2
				安保视频系统硬盘录像机检查、清理以及空间检查	1. 硬盘录像机运行正常无异声； 2. 硬盘录像机录像正常，空间足够； 3. 硬盘录像机外无尘土、内无积垢，外罩严密	1	年	电气二次检修项目参考流程	日常维护	2

续表

单元	系统	设备	部件	检查和试验项目	检查和试验标准	工作周期	周期类型	引用标准	项目类别	专业类别
				安保视频系统网络交换机负荷率检测	1. 交换机外无尘土、内无积垢，外罩严密； 2. 交换机 CPU 消耗率低于 31%，数据交换正常	1	年	电气二次检修项目参考流程	日常维护	2
				安保视频系统光缆衰减率检测	1. 多模光纤：波长 850nm，衰减偏差 0.1～0.2dB/km，波长 1300nm，衰减偏差 0.1～0.2dB/km； 2. 单模光纤：波长 1310nm，衰减偏差 0.03～0.05dB/km，波长 1550nm，衰减偏差 0.03～0.06dB/km。符合标准要求	1	年	电气二次检修项目参考流程	日常维护	2
				安保视频系统光端机功率检测	1. 光端机外整洁无灰尘，内无积垢，外罩严密； 2. 光端机信号传输正常无数据丢失	1	年	电气二次检修项目参考流程	日常维护	2
				安保视频系统显示器检查、清理	1. 显示器整洁无灰尘； 2. 显示器运行正常，图像显示清晰	1	年	《电气二次检修项目参考流程》	日常维护	2
				安保视频系统矩阵检查、清理	1. 矩阵显示正常、无异声； 2. 外无尘土、内无积垢，外罩严密； 3. 矩阵整体运行状况良好，数据交换正常	1	年	电气二次检修项目参考流程	日常维护	2
				安保视频系统设备检查	利用视频系统的显示和控制设备对系统内所有摄像头进行所具备功能操作，检验其工作正常	1	月	电气二次检修项目参考流程	日常维护	2
	13.2 工业电视系统									
				工业电视系统设备检查	工业电视上位机无报警、服务器正常运行、盘柜内外整洁，无异响；进行时钟对时	1	月	电气二次检修项目参考流程	日常维护	2
				工业电视系统视频画面检查	视频画面均有图像且图像质量较好	1	月	电气二次检修项目参考流程	日常维护	2

续表

单元	系统	设备	部件	检查和试验项目	检查和试验标准	工作周期	周期类型	引用标准	项目类别	专业类别
				工业电视录像检查	录像无中断现象	1	月	电气二次检修项目参考流程	日常维护	2
				工业电视硬盘检查	硬盘无异常或报警	1	月	电气二次检修项目参考流程	日常维护	2
				工业电视事件记录检查	事件记录无异常	1	月	电气二次检修项目参考流程	日常维护	2
				工业电视网络连接情况检查	网络连接正常	1	月	电气二次检修项目参考流程	日常维护	2
				工业电视盘柜检查	盘柜内线路整齐、盘柜内接地满足要求、开关状态正确	1	年	电气二次检修项目参考流程	日常维护	2
				工业电视系统摄像机检查、清理	1. 摄像机外观整洁无灰尘； 2. 摄像机供电电压正常； 3. 摄像机图像传输、显示正常	1	年	电气二次检修项目参考流程	日常维护	2
				工业电视系统硬盘录像机检查、清理以及空间检查	1. 硬盘录像机运行正常无异声； 2. 硬盘录像机录像正常，空间足够； 3. 硬盘录像机外无尘土、内无积垢，外罩严密	1	年	电气二次检修项目参考流程	日常维护	2
				工业电视系统网络交换机负荷率检测	1. 交换机外无尘土、内无积垢，外罩严密； 2. 交换机 CPU 消耗率低于 31%，数据交换正常	1	年	电气二次检修项目参考流程	日常维护	2
				工业电视系统光缆衰减率检测	1. 多模光纤：波长 850nm，衰减偏差 0.1～0.2dB/km，波长 1300nm，衰减偏差 0.1～0.2dB/km； 2. 单模光纤：波长 1310nm，衰减偏差 0.03～0.05dB/km，波长 1550nm，衰减偏差 0.03～0.06dB/km。符合标准要求	1	年	电气二次检修项目参考流程	日常维护	2

续表

单元	系统	设备	部件	检查和试验项目	检查和试验标准	工作周期	周期类型	引用标准	项目类别	专业类别
				工业电视系统光端机功率检测	1. 光端机外整洁无灰尘，内无积垢，外罩严密； 2. 光端机信号传输正常无数据丢失	1	年	电气二次检修项目参考流程	日常维护	2
				工业电视系统显示器检查、清理	1. 显示器整洁无灰尘； 2. 显示器运行正常，图像显示清晰	1	年	电气二次检修项目参考流程	日常维护	2
				工业电视系统矩阵检查、清理	1. 矩阵显示正常、无异声； 2. 外无尘土、内无积垢，外罩严密； 3. 矩阵整体运行状况良好，数据交换正常	1	年	电气二次检修项目参考流程	日常维护	2
14　消防及火灾报警系统										
	14.1　消防水系统									
		14.1.1　消防水池								
				消防水池水位、水质检查	水位合格，水质良好、无浑浊	2	周	GB 25201—2010《建筑消防设施的维护管理》	专业巡检	3
		14.1.2　消防水管路、阀门								
				消防水管路、阀门检查	管路无渗漏，阀门操作正常，能可靠隔离	2	周	GB 25201—2010《建筑消防设施的维护管理》	专业巡检	3
		14.1.3　补水系统								
				消防补水系统水位测量装置检查	能实时显示消防水池水位；液位检测装置报警功能正常	2	周	GB 25201—2010《建筑消防设施的维护管理》	专业巡检	3
				消防补水泵检查	补水功能正常工作，振动正常	2	周	GB 25201—2010《建筑消防设施的维护管理》	专业巡检	3
		14.1.4　消防喷淋头								
				消防喷淋头检查	喷淋头安装牢固、无松动，密封良好，每月不少于10%	1	月	GB 25201—2010《建筑消防设施的维护管理》	专业巡检	3

续表

单元	系统	设备	部件	检查和试验项目	检查和试验标准	工作周期	周期类型	引用标准	项目类别	专业类别
		14.1.5　消火栓								
				消火栓检查	水压正常，无渗漏	2	周	GB 25201—2010《建筑消防设施的维护管理》	专业巡检	3
		14.1.6　控制柜								
				控制柜检查	控制柜屏面光亮无污渍，屏内及屏顶无积尘，端子无松动				专业巡检	3
	14.2　火灾报警系统									
				火灾报警系统自检功能试验	1. 监控设备应能对本机进行功能检查（以下简称自检），监控设备在执行自检期间，受控制的外接设备和输出接点均不应动作，监控设备自检时间超过 1 min 或其不能自动停止自检功能时，监控设备的自检不应影响非自检部位的报警功能； 2. 监控设备应能手动检查其面板所有指示灯，显示器的功能	1	年	GB 14287.1—2005《电气火灾监控系统　第 1 部分：电气火灾监控设备》	日常维护	2
				火灾报警系统探测器报警功能试验	用探测器试验器或其他方法对火灾探测器进行加烟、加温等试验，观察探测器确认灯是否显示，控制器能否接到报警信号。探测器实际安装数量在 100 只以下者抽验 5 只，100 只以上者抽验 8 只。当探测器其烟（温、光）参数达到规定值时，火灾探测器应动作，输出火灾报警信号，并启动探测器的报警确认灯（亮），报警控制器接收到报警信号	3	月	GB 50166—2007《火灾自动报警系统施工及验收规范》	日常维护	2
				火灾自动报警系统测试检查	警报装置的警报功能，火灾报警探测器、手动报警按钮、火灾报警控制器、CRT 图形显示器、火灾显示盘的报警显示功能，消防联动控制设备的联动控制功能和显示。其中火灾报警探测器和手动报警按钮的报警功能的检查数量不少于总数 25%	1	月	GB 25201—2010《建筑消防设施的维护管理》	日常维护	2

续表

单元	系统	设备	部件	检查和试验项目	检查和试验标准	工作周期	周期类型	引用标准	项目类别	专业类别
				火灾自动报警系统联动测试	火灾自动报警装置每层、每回路报警系统和联动控制设备的功能试验。每12个月对每只探测器、手动报警按钮检查不少于一次	1	年	GB 25201—2010《建筑消防设施的维护管理》	日常维护	2
				消防供配电设施测试检查	试验消防用电设备电源末级配电箱处主、备电切换功能，测试消防电源主、备电源供电能力，试验应急电源充、放电功能	1	月	GB 25201—2010《建筑消防设施的维护管理》	日常维护	2
				消防供电设施联动测试	消防供电设施供电功能和主备电源切换功能检查，检验供电能力	1	年	GB 25201—2010《建筑消防设施的维护管理》	日常维护	2
				防排烟系统测试检查	机械加压送风机以及系统功能，送风机控制柜；机械排烟风机、排烟阀以及系统功能，排烟风机控制柜；电动排烟窗启、闭	1	月	GB 25201—2010《建筑消防设施的维护管理》	日常维护	2
				防排烟系统联动测试	通过报警联动，检查正压送风或者机械排烟系统功能，并测试风速、风压值	1	年	GB 25201—2010《建筑消防设施的维护管理》	日常维护	2
				应急照明和疏散指示标志测试检查	电源切换和充电功能，标识正确性	1	月	GB 25201—2010《建筑消防设施的维护管理》	日常维护	2
				应急广播系统消防专用电话测试检查	测试卡座的播音、录音功能，测试功放的录音功能，测试合用广播系统应急强制切换功能，测试主、备扩音机切换功能。电话主机录音功能	1	月	GB 25201—2010《建筑消防设施的维护管理》	日常维护	2
				应急广播系统消防专用电话联动测试	检查消防广播切换功能；通过报警联动，检查应急照明、疏散指示标志功能	1	年	GB 25201—2010《建筑消防设施的维护管理》	日常维护	2
				防火分隔设施测试检查	防火门启闭功能，防火卷帘自动启动和现场手动功能，电动防火门联动功能，电动防火阀的启、闭功能。通过报警联动，检查电动防火阀的关闭功能及密封性	1	月	GB 25201—2010《建筑消防设施的维护管理》	日常维护	2
				消防电梯测试检查	首层按钮控制和联动电梯回首层，电梯轿箱内消防电话，电梯井排水设备	1	月	GB 25201—2010《建筑消防设施的维护管理》	日常维护	2

续表

单元	系统	设备	部件	检查和试验项目	检查和试验标准	工作周期	周期类型	引用标准	项目类别	专业类别
				消防电梯联动测试	通过报警联动，检查电梯迫降功能；通过报警联动，检查防火卷帘门及电动防火门的功能	1	年	GB 25201—2010《建筑消防设施的维护管理》	日常维护	2
	14.3　气体灭火系统									
				气体灭火系统测试检查	1. 通风换气设备：测试通风换气功能； 2. 备用瓶切换：测试主、备瓶组切换功能； 3. 灭火剂储存量，模拟自动启动系统功能	1	月	GB 25201—2010《建筑消防设施的维护管理》	日常维护	2
				气体灭火系统联动测试	通过报警联动，检验系统功能，进行模拟喷气试验；校验仪器仪表，存储容器称重	1	年	GB 25201—2010《建筑消防设施的维护管理》	日常维护	2
		14.3.1　气瓶								
				气体灭火系统气瓶压力检查	气瓶压力在允许范围内并记录	2	周	GB 25201—2010《建筑消防设施的维护管理》	专业巡检	2
		14.3.2　管路、阀门								
				气体灭火系统管路、阀门检查	管路接头连接牢固，阀门状态检查正常	2	周	GB 25201—2010《建筑消防设施的维护管理》	专业巡检	3
	14.4　细水雾灭火系统									
		14.4.1　水箱								
				细水雾灭火系统水箱检查	水箱内水位正常，水质良好无浑浊	2	周	GB 25201—2010《建筑消防设施的维护管理》	专业巡检	3
		14.4.2　水泵								
				细水雾灭火系统水泵检查	水泵启停正常	2	周	GB 25201—2010《建筑消防设施的维护管理》	专业巡检	3
		14.4.3　管路、阀门								
				细水雾灭火系统管路、阀门检查	管路接头连接牢固，阀门状态检查正常	2	周	GB 25201—2010《建筑消防设施的维护管理》	专业巡检	3

续表

单元	系统	设备	部件	检查和试验项目	检查和试验标准	工作周期	周期类型	引用标准	项目类别	专业类别
				自动喷水灭火系统测试检查	报警阀组放水、末端试水装置放水。其中末端试水装置放水检查数量不少于总数量25%	1	月	GB 25201—2010《建筑消防设施的维护管理》	日常维护	2
				自动喷水灭火系统联动测试	自动喷水灭火系统在末端放水，进行系统功能联动试验，水流指示器报警，压力开关、水力警铃动作。对消防设施上的仪器仪表进行校验；每12个月对每个末端放水阀检查不少于一次	1	年	GB 25201—2010《建筑消防设施的维护管理》	日常维护	2
	14.5　泡沫灭火系统									
				泡沫灭火系统测试检查	沫液有效期和储存量，泡沫消防栓出水或出泡沫	1	月	GB 25201—2010 建筑消防设施的维护管理	日常维护	3
				泡沫灭火系统联动测试	泡沫灭火系统结合泡沫灭火剂到期更换进行喷泡沫试验；检验系统功能；校验仪器仪表	1	年	GB 25201—2010《建筑消防设施的维护管理》	日常维护	2
15　通风空调系统										
	15.1　通风系统									
		15.1.1　风道								
			15.1.1.1　风道内部							
				通风系统风道内部检查	内部清洁、无积灰、异物	1	年	GB 50243—2016《通风与空调工程施工质量验收规范》	日常维护	3
			15.1.1.2　滤网							
				通风系统滤网检查	滤网清扫检查，如有必要进行更换	3	月	GB 50243—2016《通风与空调工程施工质量验收规范》	日常维护	3

续表

单元	系统	设备	部件	检查和试验项目	检查和试验标准	工作周期	周期类型	引用标准	项目类别	专业类别
			15.1.1.3　风道法兰面							
				通风系统风道法兰面检查	风道法兰面连接螺栓紧固检查无松动	3	月	GB 50243—2016《通风与空调工程施工质量验收规范》	日常维护	3
			15.1.1.4　风道吊具							
				通风系统风道吊具检查	风道吊具检查无松脱	3	月	GB 50243—2016《通风与空调工程施工质量验收规范》	日常维护	3
		15.1.2　风扇								
			15.1.2.1　叶片							
				通风系统风扇叶片检查	运作正常、无异音，叶片清扫，无污渍	3	月	GB 50243—2016《通风与空调工程施工质量验收规范》	日常维护	3
			15.1.2.2　百叶窗							
				通风系统百叶窗检查	百叶窗清扫检查，无污渍、松脱	3	月	GB 50243—2016《通风与空调工程施工质量验收规范》	日常维护	3
		15.1.3　控制柜								
			15.1.3.1　控制柜							
				通风系统控制柜内部检查	内部清洁、无积灰，接线端子紧固、无松动	1	年	GB 50243—2016《通风与空调工程施工质量验收规范》	日常维护	2
			15.1.3.2　控制柜面板							
				通风系统控制柜面板检查	面板控制按钮操作正常，指示灯工作正常	1	月	GB 50243—2016《通风与空调工程施工质量验收规范》	专业巡检	2

续表

单元	系统	设备	部件	检查和试验项目	检查和试验标准	工作周期	周期类型	引用标准	项目类别	专业类别
	15.2 空调设备									
		15.2.1 冷水机组及附属设备								
			15.2.1.1 冷冻水回路							
				冷冻水回路检查	滤水器工作正常	1	周	GB 50243—2016《通风与空调工程施工质量验收规范》	专业巡检	3
			15.2.1.2 压缩机							
				压缩机冷媒检查	检查压力正常	1	周	GB 50243—2016《通风与空调工程施工质量验收规范》	专业巡检	3
				压缩机运行检查	油压正常，运行正常，无异音，振动正常，电流正常	1	周	GB 50243—2016《通风与空调工程施工质量验收规范》	专业巡检	3
			15.2.1.3 冷却水回路							
				冷却水回路检查	阀门状态正常，管路无渗漏	1	周	GB 50243—2016《通风与空调工程施工质量验收规范》	专业巡检	3
		15.2.2 水泵及其管路								
				空调系统水泵运行检查	水泵运行正常，振动正常，电流正常	1	周	GB 50243—2016《通风与空调工程施工质量验收规范》	专业巡检	3
				冷冻水系统检查	冷冻水系统的冷却水过滤器要定期切换和清洗	6	月	GB 50243—2016 通风与空调工程施工质量验收规范	日常维护	3

续表

单元	系统	设备	部件	检查和试验项目	检查和试验标准	工作周期	周期类型	引用标准	项目类别	专业类别
				空调系统管路检查	管路法兰检查无渗漏	1	周	GB 50243—2016《通风与空调工程施工质量验收规范》	专业巡检	3
				空调系统水泵电机检查	1. 外观检查，电机表面清洁无异物，无异常振动，底座固定紧固； 2. 电机接线接头检查，接线紧固无松动、无烧伤； 3. 温度检查，根据绝缘等级，红外测温不超过规定温升； 4. 电机电流检测，各相电流与平均值误差不应超过10％	3	月		日常维护	3
				空调系统水泵电机轴承润滑脂更换	根据电机维护保养说明书加注润滑油脂，润滑油脂牌号符合要求	6	月		日常维护	3
	15.3　通风空调监控系统									
		15.3.1　主机								
				通风空调监控系统主机功能性检查	检查机组运行监视程序工作正确	3	月	DL/T 1009—2016《水电厂计算机监控系统运行及维护规程》	日常维护	2
				通风空调监控系统主机及附属设备清洁	设备清洁无灰尘	3	月	DL/T 1009—2016《水电厂计算机监控系统运行及维护规程》	日常维护	2
				通风空调监控系统主机磁盘空间检查	1. 磁盘空间满足运行要求； 2. 垃圾文件及时被清理	3	月	DL/T 1009—2016《水电厂计算机监控系统运行及维护规程》	日常维护	2

续表

单元	系统	设备	部件	检查和试验项目	检查和试验标准	工作周期	周期类型	引用标准	项目类别	专业类别
				通风空调监控系统软件、数据库及文件系统备份	完成系统和程序备份： 1. 如有软件修改，改动前、后均应进行备份； 2. 所有备份介质实行异地存放； 3. 确保最近三个版本软件的备份，固化类软件应确保无误后投入运行； 4. 若备份由计算机自动完成，检查自动备份完成正常	6	月	DL/T 1009—2016《水电厂计算机监控系统运行及维护规程》	日常维护	2
				通风空调监控系统通信软件运行情况检查	1. 数据通信正常； 2. 设备状态正确	3	月	DL/T 1009—2016《水电厂计算机监控系统运行及维护规程》	日常维护	2
		15.3.2 显示器								
				通风空调监控系统显示器清洁	设备清洁无灰尘	1	月	DL/T 1009—2016《水电厂计算机监控系统运行及维护规程》	日常维护	2
16 信息系统										
				信息系统使用的服务器主用及备用两套系统间的数据进行同步	主用及备用两套系统间的数据同步	3	月	《国家电网公司水电厂重大反事故措施》14.1.3.2	日常维护	2
17 接地系统										
			17.1 接地扁铁							
				接地扁铁外观检查	无锈蚀，无变形，无断裂，油漆无脱落	3	月		专业巡检	1
				接地扁铁防腐	1. 掉漆锈蚀部位防腐处理，黄绿漆，接地扁铁端部预留接地部位应刷导电漆； 2. 接地引下线检查，无锈蚀，无断裂	1	年		日常维护	1

续表

单元	系统	设备	部件	检查和试验项目	检查和试验标准	工作周期	周期类型	引用标准	项目类别	专业类别
			17.2　接地装置							
				接地装置热稳定容量校核	根据电站短路容量的变化，校核接地装置（包括设备接地引下线）的热稳定容量	1	年	国家能源局《防止电力生产事故的二十五项重点要求》14.1.10	日常维护	1
			17.3　接地网							
				接地网腐蚀情况检查	通过开挖抽查等手段确定接地网的腐蚀情况，铜质材料接地体地网不必定期开挖检查。若接地网接地阻抗或接触电压和跨步电压测量不符合设计要求，怀疑接地网被严重腐蚀时，应进行开挖检查。如发现接地网腐蚀较为严重，应及时进行处理	1	年	《国家电网公司水电厂重大反事故措施》12.7.1.3	日常维护	1
18　工器具及仪器仪表										
	18.1　工器具									
		18.1.1　绝缘工器具及安全工具器								
			18.1.1.1　绝缘靴							
				绝缘靴工频耐压试验	工频耐压 15kV，持续时间 1min，泄漏电流≤7.5mA	6	月	Q/GDW 1799.1—2014《国家电网公司电力安全工作规程变电部分》附录 J.9	定期校验	7
			18.1.1.2　绝缘手套							
				绝缘手套工频耐压试验	1. 高压：工频耐压 18kV，持续时间 1min，泄漏电流≤9mA； 2. 低压：工频耐压 2.5kV，持续时间 1min，泄漏电流≤2.5mA	6	月	Q/GDW 1799.1—2014《国家电网公司电力安全工作规程变电部分》附录 J.10	定期校验	7
			18.1.1.3　绝缘隔板							
				绝缘隔板表面工频耐压试验	根据不同电压等级进行不同等级耐压试验	1	年	Q/GDW 1799.1—2014《国家电网公司电力安全工作规程变电部分》附录 J.7	定期校验	7

续表

单元	系统	设备	部件	检查和试验项目	检查和试验标准	工作周期	周期类型	引用标准	项目类别	专业类别
			18.1.1.4 绝缘胶垫							
				绝缘胶垫工频耐压试验	1. 高压：工频耐压15kV，持续时间1min； 2. 低压：工频耐压3.5kV，持续时间1min	1	年	Q/GDW 1799.1—2014《国家电网公司电力安全工作规程变电部分》附录J.8	定期校验	7
			18.1.1.5 绝缘夹钳							
				绝缘夹钳工频耐压试验	1. 额定电压10kV：试验长度0.7m，工频耐压45kV，持续时间1min； 2. 额定电压35kV：试验长度0.9m，工频耐压95kV，持续时间1min	1	年	Q/GDW 1799.1—2014《国家电网公司电力安全工作规程变电部分》附录J.12	定期校验	7
			18.1.1.6 验电器							
				验电器启动电压试验、工频耐压试验	1. 启动电压值不高于额定电压的40%，不低于额定电压的15%； 2. 工频耐压试验根据不同电压、试验长度进行不同等级工频耐压试验	1	年	Q/GDW 1799.1—2014《国家电网公司电力安全工作规程变电部分》附录J.1	定期校验	7
			18.1.1.7 接地线							
				接地线成组直流电阻试验	根据接地线不同截面，平均每米电阻小于标准阻值	5	年	Q/GDW 1799.1—2014《国家电网公司电力安全工作规程变电部分》附录J.2	定期校验	7
			18.1.1.8 绝缘杆							
				绝缘杆工频耐压试验	根据不同电压等级进行不同等级耐压试验	1	年	Q/GDW 1799.1—2014《国家电网公司电力安全工作规程变电部分》附录J.4	定期校验	7
			18.1.1.9 个人保安线							
				个人保安线成组直流电阻试验	根据接线不同截面，平均每米电阻小于标准阻值	5	年	Q/GDW 1799.1—2014《国家电网公司电力安全工作规程变电部分》附录J.3	定期校验	7

续表

单元	系统	设备	部件	检查和试验项目	检查和试验标准	工作周期	周期类型	引用标准	项目类别	专业类别
			18.1.1.10　绝缘罩							
				绝缘罩工频耐压试验	根据不同电压等级进行不同等级耐压试验	1	年	Q/GDW 1799.1—2014《国家电网公司电力安全工作规程变电部分》附录 J.6	定期校验	7
			18.1.1.11　安全带							
				安全带静负荷试验	根据不同种类进行不同静压力试验	1	年	Q/GDW 1799.3—2015《国家电网公司电力安全工作规程水电厂动力部分》附录 J.1	定期校验	7
			18.1.1.12　缓冲器							
				缓冲器静荷试验	1. 悬垂状态下末端挂 5kN 重物，测量缓冲器端点长度； 2. 两端受力点之间加载 2kN 保持 2min，卸载 5min 后检查缓冲器是否打开，并在保持测量两端点之间长度，悬垂状态下末端挂 5kN 重物，测量缓冲器端点长度	1	年	GB 6096—2009《安全带测试方法》4.11.2	定期校验	3
		18.1.2　常用工器具								
			18.1.2.1　白棕绳纤维绳							
				白棕绳纤维绳定期检查	绳子光滑、干燥无磨损现象	1	月	Q/GDW 1799.3—2015《国家电网公司电力安全工作规程水电厂动力部分》附录 I3.1	定期校验	3
				白棕绳纤维绳静力试验	以 2 倍允许负荷进行，10min 的静力试验，不应有断裂和显著的局部延伸	1	年	Q/GDW 1799.3—2015《国家电网公司电力安全工作规程水电厂动力部分》附录 I3.1	定期校验	3

续表

单元	系统	设备	部件	检查和试验项目	检查和试验标准	工作周期	周期类型	引用标准	项目类别	专业类别
			18.1.2.2　起重用钢丝绳							
				起重用钢丝绳定期检查	1. 绳扣可靠，无松动现象； 2. 钢丝绳无严重磨损现象； 3. 钢丝绳断丝数在规程规定的限度内	1	月	Q/GDW 1799.3—2015《国家电网公司电力安全工作规程水电厂动力部分》附录I3.2	定期校验	3
				起重用钢丝绳静力试验	以2倍允许荷重进行10min的静力试验，不应有断裂和显著的局部延伸	1	年	Q/GDW 1799.3—2015《国家电网公司电力安全工作规程水电厂动力部分》附录I3.2	定期校验	3
			18.1.2.3　合成纤维吊装带							
				合成纤维吊装带定期检查	吊装带外部护套无破损，内芯无裂痕	1	月	Q/GDW 1799.3—2015《国家电网公司电力安全工作规程水电厂动力部分》附录I3.3	定期校验	3
				合成纤维吊装带静力试验	以2倍允许荷重进行10min的静力试验，不应有断裂现象	1	年	Q/GDW 1799.3—2015《国家电网公司电力安全工作规程水电厂动力部分》附录I3.3	定期校验	3
			18.1.2.4　铁链							
				铁链定期检查	1. 链节无严重锈蚀，无严重磨损，链节磨损达原直径的10%应报废； 2. 链节应无裂纹，发生裂纹应报废	1	月	Q/GDW 1799.3—2015《国家电网公司电力安全工作规程水电厂动力部分》附录I3.4	定期校验	3

续表

单元	系统	设备	部件	检查和试验项目	检查和试验标准	工作周期	周期类型	引用标准	项目类别	专业类别
				铁链静力试验	以2倍容许工作荷重进行10 min的静力试验，链条不应有断裂、显著的局部延伸及个别链节拉长等现象，塑性变形达原长度的5%时应报废	1	年	Q/GDW 1799.3—2015《国家电网公司电力安全工作规程水电厂动力部分》附录I3.4	定期校验	3
			18.1.2.5　链条葫芦							
				链条葫芦定期检查	1. 链节无严重锈蚀、无裂纹、无打滑现象； 2. 齿轮完整、转轴无磨损现象，开口销完整； 3. 撑牙灵活，能起刹车作用； 4. 撑牙平面的垫片有足够厚度，加荷重后不会打滑； 5. 吊钩无裂纹、无变形； 6. 轮滑油充分	1	月	Q/GDW 1799.3—2015《国家电网公司电力安全工作规程水电厂动力部分》附录I3.5	定期校验	3
				链条葫芦静力试验	以1.1倍允许荷重进行10min的静力试验	1	年	Q/GDW 1799.3—2015《国家电网公司电力安全工作规程水电厂动力部分》附录I3.5	定期校验	3
			18.1.2.6　滑轮							
				滑轮定期检查	1. 滑轮完整无裂纹，转动灵活； 2. 滑轮轴无磨损现象，开口销完整； 3. 吊钩无裂纹、无变形； 4. 轮滑油充分	1	月	Q/GDW 1799.3—2015《国家电网公司电力安全工作规程水电厂动力部分》附录I3.6	定期校验	3
				滑轮静力试验、磨损测量	1. 以1.1倍允许荷重进行10min的静力试验； 2. 轮槽壁厚磨损达原尺寸的20%，轮槽不均匀磨损达3mm以上，轮槽底部直径减少量达钢丝绳直径的50%应予以报废	1	年	Q/GDW 1799.3—2015《国家电网公司电力安全工作规程水电厂动力部分》附录I3.6	定期校验	3

续表

单元	系统	设备	部件	检查和试验项目	检查和试验标准	工作周期	周期类型	引用标准	项目类别	专业类别
			18.1.2.7 绳卡、卸扣							
				绳卡、卸扣定期检查	丝扣良好，表面无裂纹	1	月	Q/GDW 1799.3—2015《国家电网公司电力安全工作规程水电厂动力部分》附录I3.7	定期校验	3
				绳卡、卸扣静力试验	以2倍允许荷重进行10min的静力试验	1	年	Q/GDW 1799.3—2015《国家电网公司电力安全工作规程水电厂动力部分》附录I3.7	定期校验	3
			18.1.2.8 吊钩							
				吊钩定期检查	无裂纹或严重变形；无严重腐蚀、磨损现象；防脱钩装置完好；轮滑油充分，转动灵活	1	月	Q/GDW 1799.3—2015《国家电网公司电力安全工作规程水电厂动力部分》附录I3.8	定期校验	3
				吊钩静力试验、磨损及变形测量	1. 以1.25倍容许工作荷重进行10min的静力试验，用20倍放大镜或其他方法检查，不应有残余变形，裂纹及裂口； 2. 危险断面磨损达原尺寸的10%，开口度比原尺寸增加15%，扭转变形超过10°，危险断面或吊钩颈部产生塑性变形，出现这些情况之一，应予以报废	1	年	Q/GDW 1799.3—2015《国家电网公司电力安全工作规程水电厂动力部分》附录I3.8	定期校验	3
			18.1.2.9 千斤顶							
				千斤顶定期检查	顶重头形状能防止物件的滑动，螺旋或齿条千斤顶的防止螺杆齿条脱离丝扣的装置良好，螺纹磨损率不超过20%，螺旋千斤顶的自动制动功能良好	1	月	Q/GDW 1799.3—2015《国家电网公司电力安全工作规程水电厂动力部分》附录I3.9	定期校验	3

续表

单元	系统	设备	部件	检查和试验项目	检查和试验标准	工作周期	周期类型	引用标准	项目类别	专业类别
				千斤顶静力试验	以1.1倍容许工作荷重进行10min的静力试验	1	年	Q/GDW 1799.3—2015《国家电网公司电力安全工作规程水电厂动力部分》附录I3.9	定期校验	3
			18.1.2.10　万用表							
				万用表外观检查、误差测定、升降变差检定	检查外观无破损，绝缘良好，测量示值误差及精度在产品设计误差范围之内	1	年	JJG 124—2005《电流表、电压表、功率表及电阻表》6.3	定期校验	2
			18.1.2.11　力矩扳手							
				力矩扳手外观检查、扭矩测量	1. 外观完好，无裂纹、损伤、锈蚀，扭矩到达设定值时应能发出简单的信号； 2. 超载性能应能达125%； 3. 容许偏差：≤10Nm为±6%，>10Nm为±4%	1	年	JJG 707—2014《扭矩扳子检定规程》 GB/T 15729—2008《手用扭力扳手通用技术条件》	定期校验	3
			18.1.2.12　梯子							
				静负荷试验	施加1765N静压力，持续时间5min	6	月	Q/GDW 1799.1—2013《国家电网公司电力安全工作规程　变电部分》附录L5	定期校验	3
		18.1.3　电动工器具								
			18.1.3.1　电锤							
				电锤定期检查	外观无破损、绝缘合格、运转灵活，噪声合格	6	月	Q/GDW 1799.1—2013《国家电网公司电力安全工作规程　变电部分》16.4.2.1	定期校验	3

续表

单元	系统	设备	部件	检查和试验项目	检查和试验标准	工作周期	周期类型	引用标准	项目类别	专业类别
			18.1.3.2 手枪式冲击钻							
				手枪式冲击钻定期检查	机身完好、无破损、无污垢、电缆线绝缘合格，碳刷磨损在允许范围内，弹簧压力正常，轮滑油充足	6	月	Q/GDW 1799.1—2013《国家电网公司电力安全工作规程　变电部分》16.4.2.1	定期校验	3
			18.1.3.3 电动扳手							
				电动扳手定期检查	金属外壳可靠接地，机身螺栓紧固，外观无破损，手柄完好无开裂	6	月	Q/GDW 1799.1—2013《国家电网公司电力安全工作规程　变电部分》16.4.2.1	定期校验	3
			18.1.3.4 电焊机							
				电焊机定期检查	外观无破损、防护罩齐全、焊钳夹紧力好、绝缘合格、一次和二次电缆线长度≤3m且外皮柔软完整	6	月	Q/GDW 1799.1—2013《国家电网公司电力安全工作规程　变电部分》16.4.2.1	定期校验	3
			18.1.3.5 磨光机							
				磨光机定期检查	外观无破损、绝缘合格、电机转动正常	6	月	Q/GDW 1799.1—2013《国家电网公司电力安全工作规程　变电部分》16.4.2.1	定期校验	3
			18.1.3.6 直向磨光机							
				直向磨光机定期检查	外观无破损、绝缘合格、电机转动正常	6	月	Q/GDW 1799.1—2013《国家电网公司电力安全工作规程　变电部分》16.4.2.1	定期校验	3
			18.1.3.7 台式砂轮机							
				台式砂轮机定期检查	外观无破损，绝缘合格，防护罩完好，砂轮片无损伤、无破裂，轴承轮滑良好，电机空载运转正常	6	月	Q/GDW 1799.1—2013《国家电网公司电力安全工作规程　变电部分》16.4.2.1	定期校验	3

续表

单元	系统	设备	部件	检查和试验项目	检查和试验标准	工作周期	周期类型	引用标准	项目类别	专业类别
			18.1.3.8　滤油机							
				滤油机定期检查	外观无破损、绝缘合格、外壳接地可靠，油管和水管安装牢固，转动部分转动无卡涩现象，电机转向正确，试转正常	6	月	Q/GDW 1799.1—2013《国家电网公司电力安全工作规程　变电部分》16.4.2.1	定期校验	3
			18.1.3.9　行灯变压器							
				行灯变压器定期检查	外观无破损、绝缘合格、外壳接地可靠	6	月	Q/GDW 1799.1—2013《国家电网公司电力安全工作规程　变电部分》16.4.2.1	定期校验	2
			18.1.3.10　吸尘器							
				吸尘器定期检查	外观无破损、绝缘合格，各部件连接紧固，噪声≤80dB，最大真空度应根据不同功率满足相应的压力值	6	月	Q/GDW 1799.1—2013《国家电网公司电力安全工作规程　变电部分》16.4.2.1	定期校验	2
			18.1.3.11　电吹风							
				电吹风定期检查	外观无破损、绝缘合格、过载保护能可靠动作，开关灵活，转动部分转动正常	6	月	Q/GDW 1799.1—2013《国家电网公司电力安全工作规程　变电部分》16.4.2.1	定期校验	2
			18.1.3.12　电缆盘							
				电缆盘定期检查	外观无破损、绝缘合格，开关分合动作接触良好	6	月	Q/GDW 1799.1—2013《国家电网公司电力安全工作规程　变电部分》附录16.4.2.1	定期校验	2
	18.2　仪器仪表及测试设备									
		18.2.1　高压仪器设备								
			18.2.1.1　直流电阻测试仪							
				直流电阻测试仪定期校验	满足性能要求	1	年		定期校验	1

续表

单元	系统	设备	部件	检查和试验项目	检查和试验标准	工作周期	周期类型	引用标准	项目类别	专业类别
			18.2.1.2　介损测量仪							
				介损测量仪定期校验	满足性能要求	1	年		定期校验	1
			18.2.1.3　绝缘电阻测试仪							
				绝缘电阻测试仪定期校验	满足性能要求	1	年		定期校验	1
			18.2.1.4　绝缘电阻表							
				绝缘电阻表定期校验	满足性能要求	1	年		定期校验	1
			18.2.1.5　GCB测量装置电源发生器							
				GCB测量装置电源发生器定期校验	满足性能要求	1	年		定期校验	1
			18.2.1.6　氧化锌避雷器带点测试仪							
				氧化锌避雷器带点测试仪定期校验	满足性能要求	1	年		定期校验	1
			18.2.1.7　大电流发生器							
				大电流发生器定期校验	满足性能要求	1	年		定期校验	1
			18.2.1.8　开关测试仪							
				开关测试仪定期校验	满足性能要求	1	年		定期校验	1
			18.2.1.9　防雷元件测试仪							
				防雷元件测试仪定期校验	满足性能要求	1	年		定期校验	1

续表

单元	系统	设备	部件	检查和试验项目	检查和试验标准	工作周期	周期类型	引用标准	项目类别	专业类别
			18.2.1.10　分压器							
				分压器定期校验	满足性能要求	1	年		定期校验	1
		18.2.2　低压仪器设备								
			18.2.2.1　多功能电测产品检定装置							
				多功能电测产品检定装置定期校验	满足性能要求	1	年		定期校验	2
			18.2.2.2　微机继电保护测试仪							
				微机继电保护测试仪定期校验	满足性能要求	1	年		定期校验	2
			18.2.2.3　钳形电流表							
				钳形电流表定期校验	满足性能要求	1	年		定期校验	2
			18.2.2.4　漏电保护测试仪							
				漏电保护测试仪定期校验	满足性能要求	1	年		定期校验	2
			18.2.2.5　信号发生器							
				信号发生器定期校验	满足性能要求	1	年		定期校验	2
			18.2.2.6　RTD 校验炉							
				RTD 校验炉定期校验	满足性能要求	1	年		定期校验	2

续表

单元	系统	设备	部件	检查和试验项目	检查和试验标准	工作周期	周期类型	引用标准	项目类别	专业类别
			18.2.2.7　三相相位伏安表							
				三相相位伏安表定期校验	满足性能要求	1	年		定期校验	2
			18.2.2.8　泄漏电流测试表							
				泄漏电流测试表定期校验	满足性能要求	1	年		定期校验	2
			18.2.2.9　示波器							
				示波器定期校验	满足性能要求	1	年		定期校验	2
			18.2.2.10　频响分析仪							
				频响分析仪定期校验	满足性能要求	1	年		定期校验	2
			18.2.2.11　电流互感器校验仪							
				电流互感器校验仪定期校验	满足性能要求	1	年		定期校验	2
			18.2.2.12　蓄电池测试仪							
				蓄电池测试仪定期校验	满足性能要求	1	年		定期校验	2
			18.2.2.13　录波仪							
				录波仪定期校验	满足性能要求	1	年		定期校验	2
		18.2.3　光学、化学仪器设备								
			18.2.3.1　SF_6 露点仪							
				SF_6 露点仪定期校验	满足性能要求	1	年		定期校验	1

续表

单元	系统	设备	部件	检查和试验项目	检查和试验标准	工作周期	周期类型	引用标准	项目类别	专业类别
			18.2.3.2　红外成像仪							
				红外成像仪定期校验	满足性能要求	1	年		定期校验	1
			18.2.3.3　SF_6 电气设备气体综合检测仪							
				SF_6 电气设备气体综合检测仪定期校验	满足性能要求	1	年		定期校验	1
			18.2.3.4　气相色谱仪							
				气相色谱仪定期校验	满足性能要求	1	年		定期校验	1
			18.2.3.5　运动粘度仪							
				运动粘度仪定期校验	满足性能要求	1	年		定期校验	1
			18.2.3.6　颗粒度仪							
				颗粒度仪定期校验	满足性能要求	1	年		定期校验	1
			18.2.3.7　绝缘油介损仪							
				绝缘油介损仪定期校验	满足性能要求	1	年		定期校验	1
			18.2.3.8　含氧量测试仪							
				含氧量测试仪定期校验	满足性能要求	1	年		定期校验	1
			18.2.3.9　微水仪							
				微水仪定期校验	满足性能要求	1	年		定期校验	1

第七章　抽水蓄能电站设备巡定检管理信息化建设

第一节　巡定检信息系统建设的必要性

传统巡定检管理在抽水蓄能电站中得到不同程度的推广和应用，有利于设备运行情况分析，提高了设备的健康管理水平，取得了较好的经济效益，但传统的巡定检管理还存在以下不足：

（1）大多还停留在手工处理的阶段，而设备巡定检管理的工作量大，数据处理繁琐，手工操作的方式很大程度上限制了巡定检数据的优化和分析；

（2）实时在线系统的数据多为设备的运行参数，而非直接反映设备健康的参数；

（3）单一仪器不能全面反映设备的状态信息；

（4）状态数据收集分布于各部门，缺少公共数据平台，不便全面分析设备状态；

（5）设备状态的定量分析难以标准化。

因此，利用计算机专业化信息管理的强大功能，采用结构化的数据，开发基于设备巡定检的信息化系统建设，提高信息处理和应用的自动化水平，成为巡定检技术发展的必然趋势，也必然成为现代设备管理的趋势。

第二节　巡定检信息系统技术规范

经过不断的应用实践，抽水蓄能电站在进行巡定检系统建设方面积累了一定的经验，相关的技术规范主要有：

一、巡定检信息化系统建设主要内容

（1）软件。主要包括两大部分：一是系统软件，如操作系统、数据库、中间件、杀毒软件、数据备份软件等；二是点检定修应用软件。

（2）硬件。包括数据库服务器、应用服务器等。

（3）接口。巡定检系统是电站信息化建设中的一个主要组成部分，但不是全部，所以不可避免地要与其他系统的接口及数据进行交换。这部分的内容往往在前期的规划中不容易引起足够的重视，从而为后期的顺利运行带来隐患。

（4）实施与服务。包括实施过程、步骤、计划安排以及贯穿这个项目实施过程中的服务。

（5）项目管理。包括质量控制、进度控制、里程碑管理、文档管理等内容。

（6）培训、咨询。包括培训计划、培训内容以及一些咨询服务，例如标准的整理、路线规划等。

二、系统建设的总体原则

（1）贯彻执行上级单位巡定检方面的相关管理标准。

（2）在标准的制订整理过程中，按照上级单位对应的规范标准，便于上级单位对各基层电站的巡定检管理水平评价有统一的依据和标准。

（3）开放性和可扩展性。

1）巡检系统应采用符合国际、国家或行业标准的产品和技术。

2）巡检系统应支持大型商业数据库系统。

3）巡检系统应可以在数据和流程上与生产管理信息系统连接。

4）巡检系统应提供开放的接口以便和其他系统对接，与其他系统进行数据共享关联，防止“信息孤岛”。

5）体现巡定检的闭环管理，在信息化的建设上，要体现巡定检的管理特点。形成设备的健康档案库，提高设备的管理水平，形成设备的数字化健康档案，为设备的合理化维修提供正确的数字化依据。

（4）安全性。

1）巡检系统应采取必要的安全手段来保证信息的安全，保护信息不被非法截获或非法修改。

2）用户必须通过身份验证才能使用巡检系统（包括巡检终端和后台系统）。

3）只有经过授权的巡检终端才能够和后台系统交换资料。

（5）稳定性。

1）巡检终端不能因为用户操作失误而导致数据丢失。

2）后台系统应能不间断地运行。

（6）易用性。

1）巡检终端的操作界面必须简单易用。

2）用户在巡检终端上进行巡检操作和数据录入操作时等待时间应不超过1s。

3）巡检终端应方便携带和在户外使用，具有防水、防震、抗干扰等性能。

4）后台系统应提供直观的导航及操作界面。

5）后台系统的日常操作的响应时间不得超过2s。

（7）易维护性。

1）巡检终端应能够自动识别后台系统所提供的最新版本，自动实现升级和维护。

2）用户可以通过Web浏览器使用后台系统。

3）后台系统应能支持用户根据要求自定义设备类型、设备属性、巡检周期、巡检项目和缺陷类型。

4）系统操作简单，维护方便，在系统的操作上，要与日常的操作习惯保持一致，这样会减少学习的难度。

（8）巡检仪易操作（集成式、一体化），精度高。

在巡定检的日常执行过程中，巡检仪是一个重要的工具。作为巡检人员每天的工作伙件，其一定要操作简单，携带方便，而且精度要满足点检标准的需要。

通过接口与电站其他系统进行有效的数据共享，比如设备台账、缺陷信息等，所有的数据要保持一个唯一的数据源。

第三节　巡定检信息化系统总体说明

结合抽水蓄能电站的生产管理系统，完成巡定检信息化系统的建设。巡检信息能够进行有效的数据共享，关联设备台账、缺陷管理等，同时也能够形成设备的健康档案库，对设备健康数据形成分析报表，具有数据统计功能，同时也能输出统计报表。

一、功能

1. 巡检终端

（1）提示和巡检任务相关的危险点、安全措施、工器具等。

（2）查询巡检对象基本资料。

（3）提示巡检对象当前的缺陷。

（4）查询巡检对象的历史缺陷信息。

（5）提示电站巡检路线。

（6）对巡检工作过程进行准确的记录（包括巡检时间、巡检人员、设备、巡检项、缺陷等）。

（7）采用无线射频电子标签（RFID）技术进行设备定位。

（8）支持通过无线和有线方式与后台系统交换数据。

（9）支持录音、照相、录像等多媒体资料的录入。

2. 后台系统

（1）具备巡检任务的管理功能，包括巡检任务的手工制定和自动生成、任务的分配、任务完成情况的检查等。应能够从生产管理信息系统中输入巡检任务。

（2）具备对巡检人员的到位监督和巡检质量考核功能。应能够把巡检情况输出到生产管理信息系统中。

（3）具备设备数据的管理功能。设备数据可以和生产管理信息系统中的设备数据一致。

（4）具备缺陷的管理功能。应能够将缺陷输出到生产管理信息系统，并从生产管理信息系统中输入缺陷处理结果。

（5）具备对巡检终端的管理，包括巡检终端的授权管理等。

（6）具备自定义报表功能，允许用户自己选择数据源、筛选条件和字段来生成报表。

（7）宜采用用户角色和功能细分的对应来进行整个系统的权限管理。

二、信息化建设系统结构图

结构图具体见图 7－1。

三、信息化建设功能结构及业务流程图

功能结构图具体见图 7－2；业务流程图见图 7－3。

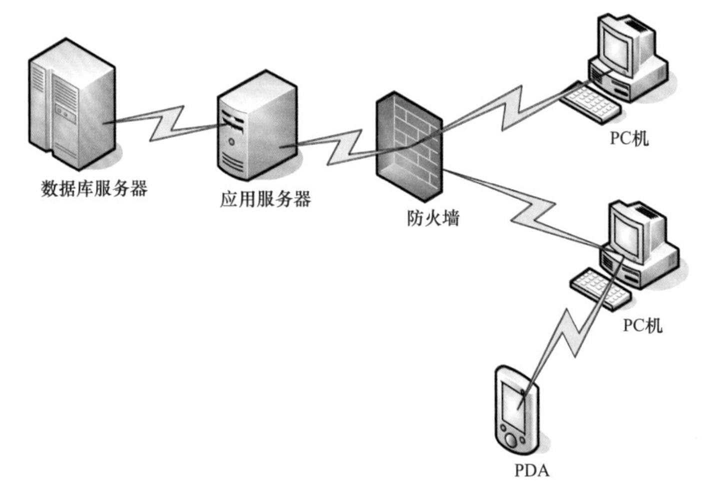

图 7-1　系统结构图

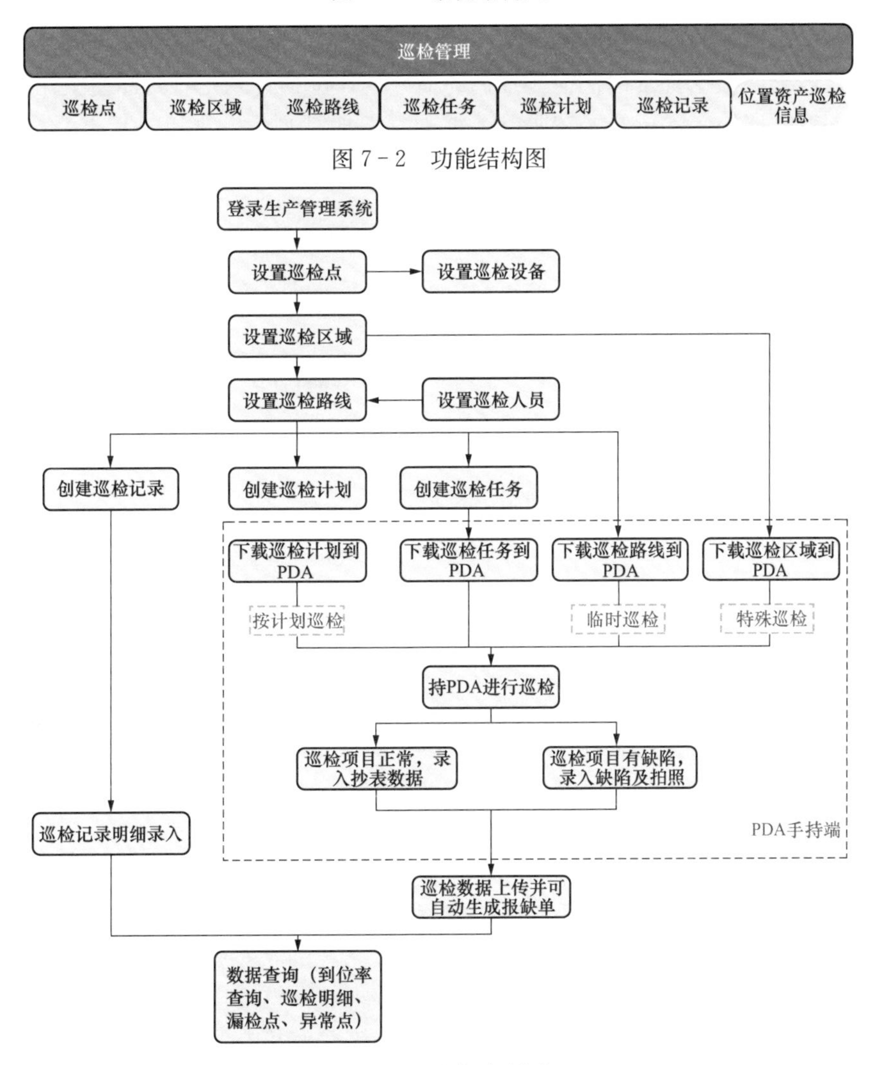

图 7-2　功能结构图

图 7-3　业务流程图

第四节　巡定检系统软件管理

一、系统基础数据

基础数据包括巡检点、巡检区域、巡检路线，根据巡检体系建设中巡检点的确定，收集到基础数据，按照巡检数据整理模板录入到生产管理系统里面。

（1）巡检点，包括巡检内容，分为水工、消防、运行、检修等巡检类型。

（2）巡检区域，巡检区域名称，选择巡检区域对应的巡检点，如果是PAD巡检，则需要录入对应的条形码。

（3）巡检路线，包括巡检人员以及巡检区域、巡检点等。

（4）巡检任务，根据巡检路线的巡检频率维护巡检任务，如果PAD进行了巡检任务下载，则可以查询到下载记录。下载到PAD端的巡检任务，由用户手持PAD机器进行现场巡检，巡检完毕后在上传到后台，进行巡检记录的查询统计分析。

（5）巡检计划，根据日常巡检情况维护巡检计划，巡检计划是日常巡检工作中比较固定时间和巡检内容的巡检工作记录。在服务端维护好巡检计划后，可以进行PAD端下载。下载到PAD端的巡检计划，则会按照巡检计划的周期等信息在PAD端自动生成用户的巡检任务信息，然后由用户手持PAD进行现场巡检，巡检完毕后在上传到后台，进行巡检记录的查询统计分析。

（6）巡检记录，维护巡检数据。创建完成后的巡检记录，经过审核人审核后，成为正式的巡检记录，进行统计分析。

（7）位置资产巡检明细，查询位置和设备的巡检记录信息。

二、系统软件配置

巡检路线的详细页面，数据列分别有以下内容：

（1）序号：巡检点的顺序号。

（2）线路名称：巡检线路名称，导入到生产管理系统中的巡检路线名称。

（3）巡检频率：巡检路线的频率，该字段只是描述信息。

（4）巡检类型：巡检路线的类型（运行、检修、水工、消防），每条路线只有一个巡检类型。

（5）巡检区域：巡检区域名称，所贴条码的地方，是指巡检的物理位置。巡检人员到达该地点，扫描条码后，PAD上即显示在该位置都要巡视的哪些巡检点。

（6）巡检条码：巡检区域的条码，如果现在没有可以为空。

（7）巡检点名称：具体巡检点的名称。

（8）巡检点：如果该条巡检点是否巡检依据其他巡检点的状态，比如巡检点：“一号冷却器压力”，如果另一个巡检点“一号冷却器运行状态”的状态是运行，就要记录该冷却器的压力数据，如果一号冷却器不运行，就不需要记录一号冷却器的压力数据。这样的巡检点就需要维护其父巡检点为“一号冷却器运行状态”，该父巡检点数据列的数据和另一个巡检点的巡检点名称是一致的。并且还需要维护数据列“进行过滤的巡检状态”，其数据为

“是”。这样当运行状态是否的时候，则会过滤掉该巡检点，不用进行巡检。

（9）资产：该处维护的巡检点所属的资产编码，可以在生产管理系统里面维护。

（10）位置：该处维护的巡检点所属的位置编码，可以在生产管理系统里面维护。

（11）巡检点类型：巡检点类型分为观察、数值、状态值三种类型。观察类型的巡检点是指该巡检点的巡检结果是正常或者异常（检修除外）；数值类型是指需要记录巡检数据的巡检点；状态值类型的巡检点是指那些具有多种状态的巡检点。

（12）状态值：如果是观察或者数值类型的巡检点，它的状态值只能是正常、异常、检修三种（用逗号隔开）。如果是状态值类型的巡检点，它的状态值就是该巡检点具体的状态，比如机组的运行状态巡检点，它的状态值为：发电和抽水（用逗号隔开）。

（13）数据单位：如果巡检点是数值类型的，那么就需要维护其数据单位，比如温度的单位:℃。

（14）巡检要求说明：巡检点巡检要求的简单说明。

1）上限类型：如果是数值类型的巡检点，并且有上限数据要求，那么需要维护上限类型。

2）上限值：如果是数值类型的巡检点，并且有上限数据要求，那么需要维护上限值。

3）下限类型：如果是数值类型的巡检点，并且有下限数据要求，那么需要维护下限类型。

4）下限值：如果是数值类型的巡检点，并且有下限数据要求，那么需要维护下限值。

5）进行过滤的巡检状态：如果该巡检点有父巡检点，那么需要维护进行过滤的状态，该状态数据必须是父巡检点存在的状态值，导入到后台数据库的时候其是否显示数据列是为选中状态。

（15）数据导入查询。

巡检数据整理完毕后，可以导入到数据库里面，一般应先导入到临时数据库里面，然后进行查询，验证一下导入的数据是否正确，然后在导入到正式数据库里面。

（16）PC 机上 PAD 同步连接软件安装。

PAD 和应用程序进行通信，必须在 PAD 连接的 PC 机器上安装数据同步软件 Microsoft Active Sync。

（17）PAD 端软件安装。

PAD 端软件安装包括 PAD 管理软件、输入法和巡检程序的安装。PAD 手持机的管理软件，用于管理在 PAD 上面运行的程序。设置巡检人员可以运行哪些应用程序，主要用于防止修改 PAD 的系统时间以及运行其他无关的相关程序。

（18）巡检 PAD 使用。

在 PAD 上面安装完巡检程序后，点击巡检程序，进入巡检系统。第一次运行的时候，系统会进行初始化操作，运行后先要设置使用地点和使用专业、下载巡检人员、设置本 PAD 上的使用人员（至少一个管理员）。然后选择巡检用户进行登录。登录后首先应该先点击右侧菜单中的数据通信——区域、路线、计划下载，将巡检路线、巡检区域以及巡检计划下载到 PAD 端。下载后可以创建巡检任务（普通用户要有权限），进行巡检操作。巡检完毕后，点击完成选项，在通过记录上传页面，将最终的巡检记录上传到服务端，该系统还设置了自动上传功能，直接将 PAD 插在通信座上，系统会自动进行上传。

第五节　巡定检系统硬件管理

一、巡检仪 PAD

1. PAD 功能结构

具体功能、结构图见图 7－4 和图 7－5。

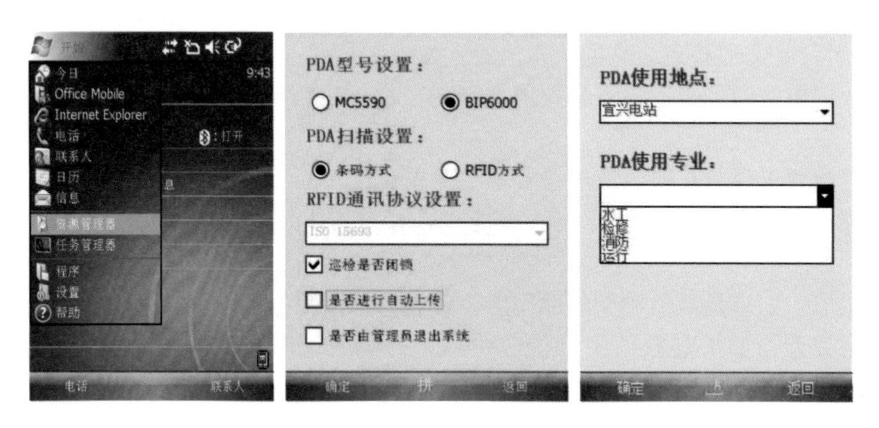

图 7－4　巡检仪 PDA 功能图

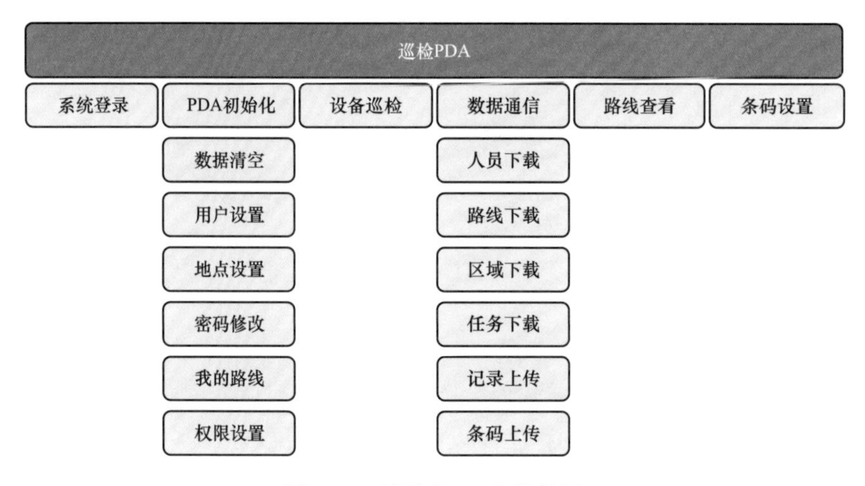

图 7－5　巡检仪 PDA 结构图

2. 功能说明

巡检任务的来源有四种，一种是服务端创建的巡检任务，然后巡检人员下载到 PAD 上；一种是巡检人员按照巡检路线创建的巡检任务（临时巡检，要有权限）；还有一种是按照巡检区域创建的巡检任务（特殊巡视，要有权限）；还有一种是按计划巡检，由巡检人员从服务端下载巡检计划，然后在 PAD 端系统会根据计划周期等条件自动生成巡检任务（计划巡检，系统自动生成）。该页面列出该巡检人员当前的巡检任务，左侧菜单主要功能有巡检记事、创建巡检任务（按路线、区域）、执行、完成、删除等功能。

二、风洞定检登记管理系统 PAD

1. PAD 功能结构

为加强抽水蓄能电站发电机风洞定检的安全管理，防止风洞内遗留异物而导致发电机损坏事故的发生，某抽水蓄能电站研发了“发电机风洞定检进出登记智能管理系统”，替代了人工手填的“风洞登记本”。该系统利用物联网、云服务、RFID、二维码、2.4G 无线通信等技术，实现风洞检修的便捷化和工具带进带出的精准化，提高了风洞进出效率。见图 7－6 和图 7－7。

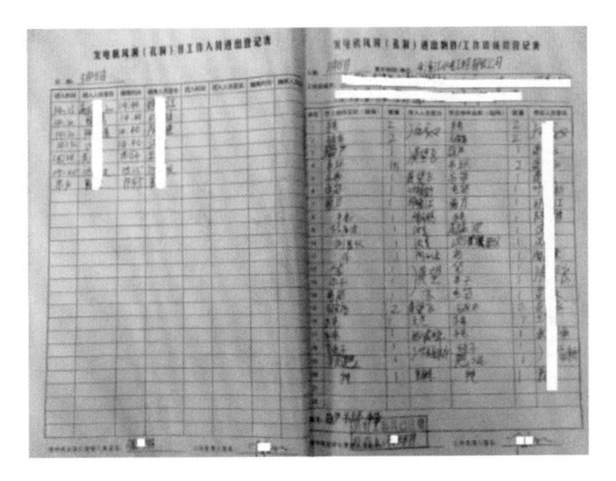

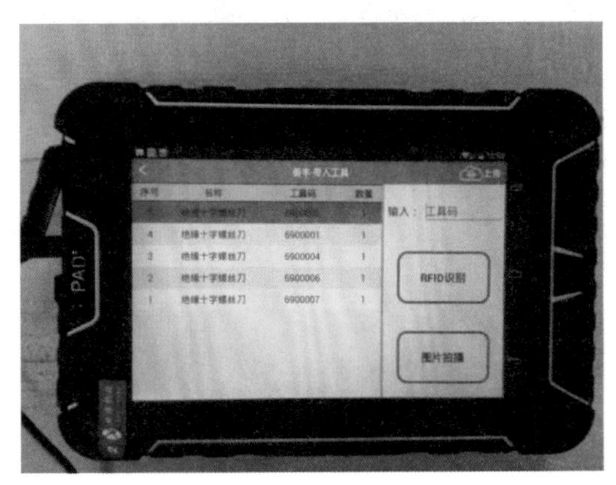

图 7－6　原纸质风洞登记本及 PAD 功能登记

2. 功能说明

（1）创新性方面：“发电机风洞进出登记智能管理系统”综合运用“云服务、大数据、移动媒体、RFID、二维码、2.4G 无线通信及机电自动控制”等技术，开发的智能管理系统。该系统可以实现风洞检修的便捷化和工具带进带出的精准化管理；同时能做到“一具一进必一出”的生产安全保障，简化了冗杂的登记、清点、核验工作，显著地提高了检修作业人员进入风洞的效率；该系统对贴有 RFID 电子标签的工具，进行 RFID 快速登记或快速确认归还，对其他工具进行拍照留证，辅以图像识别，确认被带进的工具被成功带出；解决实际的风洞进出登记的效率问题，是优化电站运维的重要一环。

（2）安全性方面：“发电机风洞进出登记智能管理系统”提供了“未带出工具”置顶红色警报的功能，确保没有工具遗留在风洞内。每次检修任务都采取数据实时上传，实现了“风洞进出登记”信息的共享和多维度监督。发挥电站上下员工的监督职能，任何一个员工或电站管理层都可以通过手机直接查询到机组检修信息登记情况，提高了风洞内检修工作的安全性，同时也优化了电站的管理模式。

（3）经济性方面：“发电机风洞进出登记智能管理系统”优化了电站运维工作和管理模式，提高了劳动生产率和机组风洞检修的安全性。进一步提升企业综合竞争力，高效发挥抽水蓄能电站的作用，提高电站的社会效益和经济效益。

（4）可推广性方面：“风洞登记管理制度”是每个电站检修不可缺少的一环，如何在现有的制度和保证安全生产的前提下合理利用科技手段提高工作效率，是“两型两化”建设所带给我们的新挑战、新机遇。而通过“发电机风洞进出登记智能管理系统”在天荒坪电站机组检修过程中的试用，证明该系统可以提高劳动生产率，方便检修人员的作业。且该系统适用性广、可推广性强，后期通过不断优化系统程序，解决实际使用过程出现的问题。可以实现只要有发电机检修地方都可以使用“发电机风洞进出登记智能管理系统”。同时该系统是根据企业自身情况量身打造，是企业互联网模式下管理提升的新的尝试。该系统提高效率，优化运维工作和管理模式，具有在抽蓄行业推广的价值。

图 7-7　智慧电站风洞登记管理系统

第六节　巡定检数据分析和故障判断

严格落实各种巡定检的定期工作，加强总结分析，能及时发现设备故障，提前做出预防和维护，能有效提高设备健康水平，降低设备故障率。以下列举三个案例进行分析说明。

一、通过精密巡检分析发现设备异常

某抽水蓄能电站在进行 2 月月度精密巡检数据统计分析过程中发现，4 号发电机开关累计烧蚀系数最大，且机组在正常抽水工况停机过程中，其机组开关 GCB 开断电流也相对较大，见表 7-1。

表 7-1　　机组开关停机开断电流及累计烧蚀系数统计表

机组	GCB 型号	发电正常停机		抽水正常停机		过电流（异停机）	上月累积烧蚀系数	本月烧蚀系数	累计烧蚀系数
		次数	开断电流（kA）	次数	开断电流（kA）				
1 号机	HEK4	34	0.225	30	3.664	0	9072	333	9405
2 号机	HEK4	31	0.523	25	2.467	0	1948	202	2150
3 号机	HEK4	36	0.591	25	2.563	0	2027	221	2248
4 号机	HEK4	42	0.446	26	3.498	0	10936	292	11228

注　HEK4 型 GCB 允许最大累计烧蚀系数 20000。

发现该情况后，该电站对4号机组开停机各方面的数据进行收集和分析，召开专题会，合理安排机组的运行方式，并利用3月月初的机组定检机会，对启动机组断路器分闸的所有控制回路进行检查。

检查发现，4号机导叶全关位置开关＝04U＋SC20－S0020固定螺栓松动，该现象引起导叶开度实际开度由10%跑偏至15%，从而导致4号机组开关GCB04抽水方向分闸电流偏大（机组开关正常停机分闸令为导叶全关位置开关），实际导叶开度为15%左右。将导叶位置开关调回原位，后续观察抽水停机分闸电流正常。通过该次精密巡检数据分析，成功延长了机组开关健康状态和使用寿命。

二、通过日常巡检发现异常现象

1. 事件描述

某抽水蓄能电站在进行日常巡检数据分析过程中，发现压力钢管外排水压力UP20有异常增加现象，压力趋势变化见图7－8，压力测点预埋位置见图7－9。2月22日22:30开始，UP20渗压持续增大，至2月23日04:00达到最大值203.93m，后持续下降，至2月25日UP20渗压已降至150m以下，趋于正常值。

针对这一问题，结合周边的渗水情况及UP20历史数据，对其进行了分析。

图7－8　UP20渗压变化曲线图

2. UP20渗压及周边渗水变化情况初步分析

UP20渗压计测量原理及埋设位置：排水孔周围土体内的水通过渗流通道流入排水孔内，排水孔内的水头产生变化，布置于排水孔底部的压力计实时将水头数据采集、传输；UP20埋设于5、6号下平段高压钢管中间，如图7－9所示。

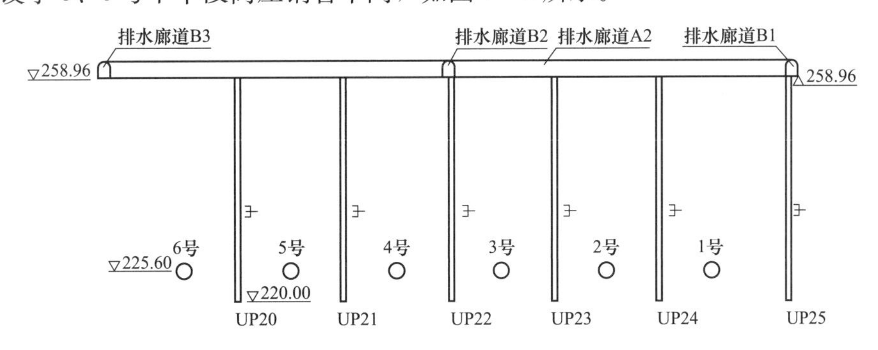

图7－9　UP20埋设位置示意图

从监测数据发现，UP20渗压在2月22日22:30 4、5、6号机停机后开始有小幅度升高的突变，并在4、5、6号机停机转抽水后持续小幅度升高（详见图7－10），由于6号钢管外压力、排水流量及UP20周边的5号洞渗水也有类似幅度的增大（详见图7－11～图7－13），表明UP20的波动不属于个别变化，这是整个2号输水系统下平段周边岩体渗流场的联动变化。从长期变化趋势看，目前它们的渗压渗水都较平稳，其渗压、渗水仍在正常范围内波动，未达到历史极值，周边渗水监测无异常变化，表明附近的水工建筑物运行正常。

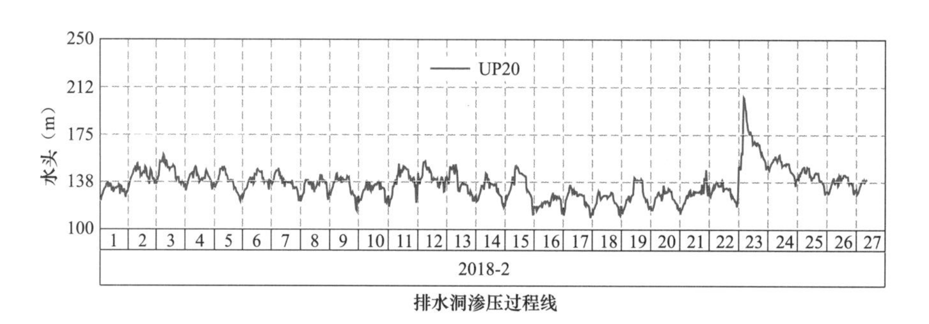

图7－10　2月UP20渗压变化曲线图

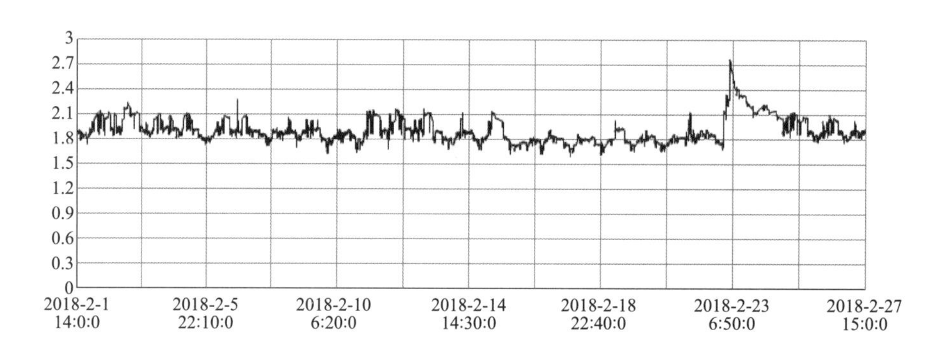

图7－11　2月6号钢管外压力过程线图

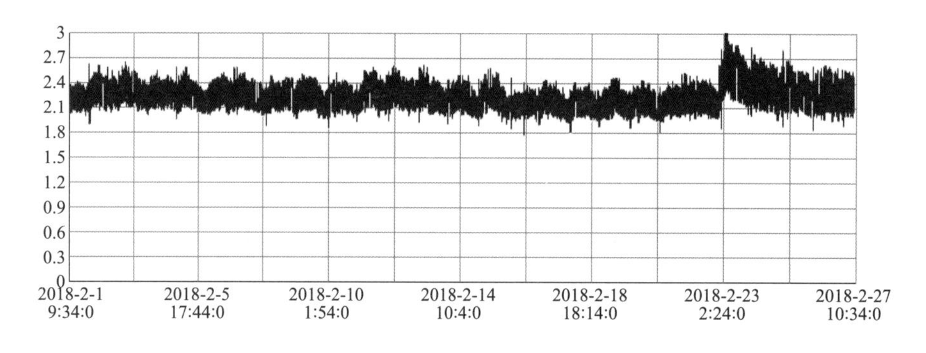

图7－12　2月6号钢管外排水流量过程线图

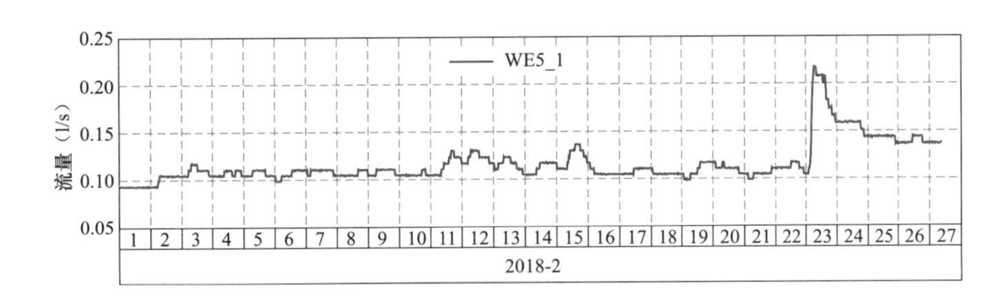

图 7－13　2 月 5 号施工支洞流量过程线图

初步分析其变化原因，UP20 位于 5、6 号机下平段高压钢管中间，且 2 号输水系统周边岩性较差，渗流通道连通性较好，而 2 月 22 日 5、4、6 号机分别于 22:07 开始相继停机，且停机时间间隔较短，停机产生的水锤导致了周边渗流场的小幅突变，表现在 UP20 渗压、6 号钢管外压力及排水流量和 5 号洞渗水量的小幅度增大上，促进了该渗流场的变化，使 UP20 的渗压持续升高达到了一个极值，待机组稳定运行后，该渗流场在与周边大渗流场相互作用下慢慢趋于稳定，因此渗压又开始慢慢下降恢复之前正常情况。

从其历史变化曲线上和经验来看（见表 7－2），这种小幅度突变在 4、5、6 号机开停机时比较常见，不属于缺陷，但应引起足够重视。

表 7－2　　　　2008～2018 年 UP20 渗压年最大值情况表

年度	最大值	发生日期
2008	220.97	1.15
2009	205.66	1.03
2010	186.63	2.14
2011	182.47	1.29
2012	177.66	2.06
2013	169.29	3.15
2014	135.26	1.3
2015	139.68	11.3
2016	149.99	6.01
2017	147.27	12.22
2018	203.93	2.23

由表 7－2 分析可知，除 2016 年外，历年渗压最大值基本都发生在气温较低的月份，初步分析为水温降低，岩体收缩，裂隙增大，引起渗压增大。

3. 处理

经过以上初步分析，认为，目前 UP20 渗压仍属于在正常范围内波动，但不能放松警惕，仍要加强对其监测，并调整了压力报警值；同时，在机组开停机过程中，考虑水锤存在，尽量避免在短时间内开停 4、5、6 号机；并要做好机组同时甩负荷的事故预想；同时应安排机组引水隧道放空进行检查维护。

三、机组定检发现离心飞摆动作值调整螺栓断裂

1. 发现过程

某抽水蓄能电站在进行 2 号机 D 级检修时，发电机检修人员打开离心飞摆保护罩检查，发现内部有大量金属粉末，汇报班组及技术专工，相关人员现地检查发现摆锤与滑动套筒之间、轴与位置开关之间接触且磨损严重，进一步检查发现离心飞摆动作值调整螺栓处于断裂边缘，只有一点粘牢，松动时断裂（见图 7-14）。

图 7-14　离心飞摆调整螺栓断裂实物图

2. 原因分析

查看 2 号机离心飞摆检修维护校验记录，前期离心飞摆检查校验正常，校验动作值为 590r/min，复归值为 531r/min，符合标准，分析螺栓断裂的可能原因有：

（1）螺栓长期受振动和切向应力作用导致产生损伤，逐渐至断裂。

（2）螺栓背帽紧固时力度过大，超力矩使用，长期运行逐渐至断裂。

3. 处理过程

对离心飞摆两个摆锤上其他 3 颗调整螺栓检查未发现异常，同时检查弹簧片等设备正常。

拆除该摆锤限位开口销、松开两个摆锤之间的弹簧，取出摆锤，取出断裂螺栓。

更换 2 颗新的调整螺栓（为平衡同侧摆锤力矩，将该摆锤另一颗好的调整螺栓也进行了更换）。

对离心飞摆动作值调整为 593r/min（595±10），复归值为 545r/min（535±10），测量两侧摆锤与滑动套筒的距离均为 3.44mm。

4. 防范措施

结合机组定检，对其余机组离心飞摆装置进行检查，排查同类故障。

将离心飞摆外观和弹簧片检查列入发电机定检及其他等级检修作业指导书中。

将背帽螺栓不可超力矩紧固写入调速器二次检查指导书该离心飞摆检查校验的注意事项中。

参 考 文 献

[1] 李浩良，孙华平．抽水蓄能电站运行与管理教材．杭州：浙江大学出版社，2009.
[2] 贺小明．发电企业设备点检定修管理．北京：中国电力出版社，2010.
[3] 万正喜，范建强．移动 GPRS 智能巡检系统的应用．水电站自动化，2009.